民族服饰文化研究与文旅融合发展
论文集

杨　源　主编

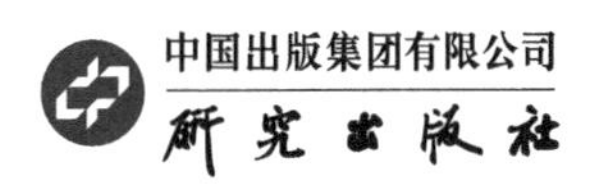

图书在版编目 (CIP) 数据

民族服饰文化研究与文旅融合发展论文集 / 杨源主编. -- 北京：研究出版社，2024.10

ISBN 978-7-5199-1664-0

Ⅰ. ①民… Ⅱ. ①杨… Ⅲ. ①民族服饰 – 服饰文化 – 中国 – 文集②旅游文化 – 旅游业发展 – 中国 – 文集 Ⅳ. ①TS941.742.8-53②F592.3-53

中国国家版本馆CIP数据核字(2024)第071813号

出品人：陈建军
出版统筹：丁　波
责任编辑：于孟溪

民族服饰文化研究与文旅融合发展论文集

MINZU FUSHI WENHUA YANJIU YU WENLÜ RONGHE FAZHAN LUNWENJI

杨　源　主编

研究出版社 出版发行

（100006　北京市东城区灯市口大街100号华腾商务楼）

北京建宏印刷有限公司印刷　新华书店经销

2024年10月第1版　2024年10月第1次印刷

开本：710毫米 × 1000毫米　1/16　印张：21

字数：312千字

ISBN 978-7-5199-1664-0　定价：78.00元

电话（010）64217619　64217652（发行部）

贺　辞 

各位专家学者、同志们、朋友们：

很高兴出席中国民族服饰研究会主办的“民族服饰文化研究与文旅融合发展”学术论坛，这是我国民族民间文化遗产保护和研究的一次盛会。特此向本次论坛的举行表示衷心的祝贺！

中国是一个拥有五千多年悠久历史的文明古国，勤劳的中国各族人民创造了丰富多彩的中华文化，并给我们留下了珍贵的文化遗产。随着社会经济的发展，民族意识的增强，保护文化遗产已成为中国人民的共识，并得到了党和国家的高度重视。

中国是一个多民族的国家，各民族在发展演进的历程中，形成了绚丽多姿的民族服饰，其既是各民族人民在长期的生产生活实践中智慧的结晶，也是人类与自然生态和谐共生的体现。中国民族服饰蕴含着丰富的文化内涵，与各民族的生存环境、生产方式、生活习俗、民间艺术等有着十分密切的关系，作为重要的文化遗产，具有很高的研究和开发价值。

今天，“民族服饰文化研究与文旅融合发展”学术论坛在杭州桐庐隆重举行，众多专家、学者共聚一堂，对民族服饰的传承保护与合理利用进行专门的研讨，很有意义。希望与会代表畅所欲言，共商良策，对如何有效地保护利用民族服饰文化资源、文旅融合促进乡村振兴，提出切实可行的办法和建议，共同促进我国民族文化遗产保护事业的发展。

本次论坛以“美丽乡村・文旅融合”为主题，旨在促进民族地区社会

经济与文旅产业的发展，得到桐庐县政府的鼎力支持。桐庐县位于富春江畔优美地段，拥有典型的江南水乡风貌，自古繁华，民风淳朴，人才辈出，富有诗书传统和人文胜迹。近年来，桐庐县以行动对文化振兴乡村、文旅融合发展进行了全方位阐释，开展了大量卓有成效的工作，打造了新时代的美丽乡村，以高起点构建了莪山畲族乡特色新格局，值得我们称赞。

最后，预祝本次论坛取得圆满成功!

原国家文化部副部长　励小捷

原国家文化部副部长周和平先生做主旨报告

原国家文化部副部长、国家文物局原局长励小捷先生

中国民族服饰研究会2023年年会集体合影

前　言 

中国是一个多民族国家，在长期的历史发展中，各民族共同创造了辉煌的中华文明，丰富多彩的民族传统服饰文化，增加了中华文化的多样性，令世界瞩目。在当今弘扬中华优秀传统文化的大背景下，应该如何保护传承民族服饰文化，应该如何建设美丽乡村，是我们必须思考和践行的课题。为此，中国民族服饰研究会与桐庐县政府、莪山畲族乡政府联合举办了“民族服饰文化研究与文旅融合发展”学术论坛，旨在以文化振兴乡村，促进民族地区社会经济与文旅产业的发展。此举对于保护传承民族服饰文化遗产、建设美丽乡村，具有积极的现实意义和重要的学术价值。

本次论坛围绕民族服饰文化遗产保护传承学术研究、美丽乡村建设与文旅融合发展、民族地区文创产业发展及文创产品研发、非遗技艺与传统服饰的保护开发等内容进行了深入的探讨和交流。这些学术发言讨论，有助于莪山畲族乡作为杭州地区唯一的民族乡，持续深耕民族文化资源，厚积文旅产业发展势能。桐庐拥有锦绣风光，璀璨人文，专家学者将共同努力，助力桐庐文旅产业高质量发展，实现“建设共同富裕县城标杆”这一目标。中国民族服饰研究会与桐庐县人民政府联合推出“美丽乡村·文旅融合”桐庐宣言启动仪式，以襄盛举。期待莪山能以本次活动为契机，持续擦亮“中国畲族第一乡”金名片，奋力打响“西湖边的畲乡”文旅品牌。中国民族服饰研究会作为从事民族服饰保护、研究的专业学术团体，长期以来，一直关注中国民族服饰文化的保护传承与创新发展，本次论坛

充分显示出中国民族服饰研究会一直以来推动民族传统服饰文化的传承保护和创新发展的工作成绩及在这一领域的是有重要意义。

推动文化振兴乡村，契合习近平总书记在中共二十大报告中强调的“推进文化自信自强，铸就社会主义文化新辉煌”“建设社会主义文化强国”的精神。文化是一个国家和一个民族的灵魂，是国家发展和民族振兴的强大力量。本次论坛受到社会各界及相关领导的高度重视，原文化部副部长周和平先生应邀出席论坛开幕式活动并发表主旨演讲；原文化部副部长、国家文物局原局长励小捷先生应邀出席开幕式活动并致辞。两位领导对本次论坛的举行表示了衷心的祝贺。我们期待“民族服饰文化研究与文旅融合发展”学术论坛将为中国民族服饰文化遗产保护事业的推进发挥作用。

本次论坛活动的隆重举行，得益于桐庐县各级政府的大力支持。

感谢桐庐县政府和莪山畲族乡政府，感谢与会领导、专家学者的热情参与，感谢中国出版集团研究出版社本着弘扬中华优秀传统文化的主旨，给予慷慨支持，为本次论坛出版论文集，在此一并致谢！

中国民族服饰研究会名誉会长　杨　源

2023年6月28日

目　录 

- 美丽乡村建设与文旅融合发展之道　杨　源 / 001
- 传统民族服饰在民族地区文旅融合发展中的意义　杨正文 / 010
- 文化产业视域下客家服饰文化的活化路径探究　周建新　谢金苗 / 019
- 多模态视域下中华服饰文化英译与国家形象建构探索　张慧琴 / 034
- 民族服饰文化资源保护传承与乡村文化振兴研究
  ——以广西南宁市古岳文化艺术村为例　梁汉昌　梁颀婧 / 050
- 文旅融合背景下广西民族服饰的保护与发展　樊苗苗 / 056
- 民族服饰文化资源保护、文创研发及产业发展研究
  ——以满族服饰为例　曾　慧　刘鑫蕊 / 066
- 民族传统手工艺的数字化保护及乡村文旅产业发展探析
  ——以“花瑶”为例　肖宇强 / 074
- 文旅融合发展视角下贵州苗族传统服饰的传承与发展　周　梦 / 084
- 大地艺术节在中国
  ——我国艺术乡建的一种实践及其反思　吴希婕 / 103
- 文旅融合背景下民族服饰类博物馆的机遇与挑战　李　红 / 112

● 几种针法技艺在清代民国时期桃源刺绣中的运用
——兼谈特色技艺的把握之于传统工艺振兴的意义
余斌霞　陈钰馨 / 121

● “细针密缕”
——针织旗袍的保护传承及创新应用
邓丽元　张霄鹏　张庄策　霍文璐 / 131

● 从物质文化的角度探讨非遗蓝染的环境可持续性发展　张　瑶 / 140

● 清代女性朝服形式起源与风格演变　王鹤北 / 154

● 清早期皇帝朝服织绣工艺及文化研究
——基于中国国家博物馆馆藏康熙石青实地纱织金单朝服的分析
秦　溢 / 167

● 何以成型：剑河红绣母花本针法路径转化研究　曹寒娟　周　梦 / 184

● 北方少数民族服饰的传承与发展　季　敏 / 202

● 传统元素在当代首饰设计教育中的探索与实践　赵　祎 / 208

● 唐代佛教绣像艺术研究　崔　岩 / 216

● 文化振兴背景下西南民族银饰的工艺传承　唐　天 / 223

● 国家非遗“剧装戏具制作技艺”的保护与传承策略研究
任丽红　郝瑞闽　李荣森 / 233

● 浅谈民族服饰与中国时尚文创产业发展　董苏艺 / 240

● 客家非物质文化遗产数字化路径研究　朱学平 / 246

● 湘西土家族苗族自治州清代官员服饰蕴含的政治一统
——以中南民族大学民族学博物馆馆藏官服为例　张博源 / 257

● 通道侗族织锦服饰中的民族交融研究　洪晓露 / 265

● 从黎族龙被看黎族与周边民族织锦技艺的交流与融合　刘婧映 / 273

● 苗族百鸟衣中服饰纹样的共享性元素解读　罗　焱 / 282

● 从少数民族法衣看中华文化之交融
——以中南民族大学民族学博物馆馆藏法衣为例　王海诺 / 291

● 苗族百褶裙的价值研究　张　泷 / 298

● 浅析中国民间虎头帽　谭　艳 / 305

中国民族服饰研究会工作报告　杨　源 / 312

会议总结　杨正文 / 318

美丽乡村建设与文旅融合发展之道

杨　源

中国妇女儿童博物馆　北京　100005

摘要：文化振兴乡村是当今中国农村社会发展的新思路和新模式，旨在推进文化振兴，推进生态振兴，推进美丽乡村建设，让文化资源不断转化为乡村永续发展的动力。此举有利于提高乡村社会、经济及环境综合效益：有利于提升村民综合素质，延续乡村的整体活力与发展；同时，带动旅游业发展，提高经济效益，实现文化生态富民，让村民走上乡村振兴的幸福路。这是文旅融合，文化生态富民的一条必由之路。

关键词：美丽乡村建设；文旅融合；乡村振兴；文化富民

文化振兴乡村是当今中国农村社会发展的新思路和新模式，旨在推进美丽乡村建设，推进文化振兴，推进生态振兴，让文化资源不断转化为乡村永续发展的动力。建设美丽乡村是文化振兴乡村的核心，此举有利于提高乡村社会、经济及环境的综合效益：有利于提升村民综合素质，延续乡村的整体活力与发展；同时，以文旅融合带动旅游业发展，可提高经济效益，实现文化生态富民，让村民走上乡村振兴的幸福路。

推动文化振兴乡村，契合习近平总书记在中共二十大报告中强调的“推进文化自信自强，铸就社会主义文化新辉煌”“建设社会主义文化强国”的精神。文化是一个国家和一个民族的灵魂，是国家发展和民族振兴的强大力量。

一、美丽乡村建设的兴起

近年来，美丽乡村建设在汉族地区和民族地区都逐渐兴起。美丽乡村建设又称为“艺术乡建”，即民间艺术与乡村建设融合，它的兴起既丰富了乡村文化生活，又激发了古村落的活力。美丽乡村建设而艺术乡建都旨在推进乡村建设，振兴文化，保护生态，富裕民众。

今年二月，我应邀前往贵州省黔西南州安龙县坝盘村，对坝盘村布依族文化馆的建设给予指导。同时，对当地布依族古村落艺术乡建也做了深入考察，感触很深。布依族拥有深厚的文化底蕴：布依族的服饰独具魅力，以手工织、绣、染、缝制，蜡染久负盛名，堪称杰出的民间工艺，织锦是少数民族八大织锦之一；流传于黔西南地区的布依族八音坐唱优美动听；盛行于布依族社会生活中的铜鼓（与布依族的民俗信仰、音乐歌舞密切相关，与布依族的服饰图纹也有关）神秘铿锵；布依族的美味佳肴首推五色糯米饭；还有手工造纸、土法酿酒、构建结构严谨的干栏式建筑群和吊脚楼等古老技艺。这些与衣食住行相关的民族文化艺术，在艺术乡建中对于弘扬布依族优秀传统文化、增强民族感情、培育民族精神、富裕乡村民众，发挥了积极的促进作用。

考察中我看到，艺术乡建是由艺术家、政府、资本、村民这四个要素组成，他们共同构成了艺术乡建的整体性。艺术家（设计师）的参与，丰富了乡土文化的内涵，激发了古村落的活力，使艺术与乡村形成良性互动。这样的精彩，在越来越多的古村落上演。政府（地方政府、政府机构）制定发展目标和政策措施，资助乡村建设，推动传统手工艺实现创造性转化、创新性发展，推动非遗对接现代生活，彰显非遗新魅力。社会资本投资乡村建设，包括社会基金、社团、企业等，共同打造艺术乡建。同时，村民是艺术乡建主要的力量来源，也是促使艺术乡建良性循环的重要保障，而大城市的农民工返乡从艺也代表了这种社会转型。原来空荡荡的村庄，现在外出打工的人都回来了。

这种由艺术家、政府、资本、村民共同参与的艺术乡建模式，我在桐庐县美丽乡村建设中也看到了。应该说，无论是艺术乡建还是美丽乡村，最经典的案例就在桐庐。我对桐庐美丽乡村最直观的感觉就是很震撼，很有高度。

桐庐县以打造“经济美丽、全域景区、人人文明、崇德尚法、幸福向往”的新时代乡村生活样板地为目标，积极推进新时代美丽乡村建设：开创“绿水青山就是金山银山”的乡村经济发展模式，让村民过上向往的幸福生活；营造风清气正的农村社会环境，倡导淳朴的乡村文化风情；以景区理念规划全县，建设更加宜居的农村人居环境，让村民享受家门口的“诗和远方”。

桐庐县精心打造乡村创业环境，让回归乡村的人更有信心；打造艺术乡村建设，使桐庐的美丽乡村更加诗情画意；充分利用乡村资源推进民宿产业发展，以乡村特色为设计理念，建筑以人为本的舒适居住，打响了美丽乡村的旅游品牌。桐庐政府围绕打造“全国艺术振兴乡村高地”的目标，推动艺术融入村庄建设，使桐庐美丽乡村更加诗情画意，适宜栖居。桐庐的莪山畲族乡、合村乡都展示了美丽乡村的优势与特色。

发展乡村旅游是惠及老百姓的事业，不仅有经济利益更有社会效益，实现了传统文化村落惠民发展的目的。乡村的景色、乡村的文化、乡村的生活以及与乡村生态相和谐的精细化设计，让乡村生活更具美感、更有温度，成为人们一再驻足回首、沉浸其中的原因所在，这也正是乡村振兴的愿景所在。

建设美丽乡村，智能化互联网也是重要优势。无线互联网时代是智能化的基石，智能化将成为美丽乡村的新兴产业、文化传承的有力支撑。抖音，以新渠道带动老手艺的传承。绿色、智能、全球网络个性化分享是美丽乡村可持续发展的支撑。未来的桐庐，将是文化旅游+艺术生活+产城融合+互联共享的美好城乡。

美丽乡村建设带给乡村发展的美好前景：一是乡村成为绿色发展的生态之地；二是乡村成为创意产业发展的文化之地；三是乡村成为艺术创作的时尚之地；四是乡村成为宜居生活的幸福之地。最终实现以乡村文化带动旅游业发展，提高经济效益；以文化振兴乡村，做到文化生态富民；让村民共享美好生活，愿意传承乡村文化。

在可持续发展的过程中，不仅要发掘优秀传统文化资源，还需要恢复人与自然的关系，还需要恢复在传统文化中所蕴含的人文精神和人文价值。因

此，乡村不仅是自然的空间，也是具有深厚人文传统的文化的空间，也是大多数历史文化遗产的所在地。

美丽乡村建设的核心是尊重乡村的历史和文化传统，珍惜乡村的自然和生态资源，维护村民的生活和风俗传承。在中国美丽富饶的广阔乡村中，历史人文、自然景观、生态环境以及农业生产活动和民间艺术，塑造出不同民族地域、不同文化特色的美丽乡村，使古村落一跃成为宜居宜游的新农村，村民的生活质量大为提升。美丽乡村做到了传承乡土文脉，发展特色产业，弘扬传统文化，注重生态保护，构建文化自信，文化振兴乡村。所以，建设美丽乡村是文旅融合发展，文化生态富民的一条必由之路。

二、文化创意促进文旅产业发展

在美丽乡村的建设中，传统文化的传承保护、创新发展以及旅游资源、生态环境的优化利用能促进文旅产业的发展。传统文化包括传统节日、传统习俗、传统服饰、传统手艺、传统建筑、传统文学艺术等文化遗产。贵州省黔西南州册亨县布依族美丽村落板万村，位于南盘江边，旅游资源好，文化生态环境也好。村寨错落有致的吊脚楼，与青山相融，如诗如画；大榕树下的凉亭、小广场等新公共空间，增进了村民之间的交流；还有布依族戏曲文化传承基地、戏台、土陶窑等，其不仅传承乡土文脉，也是游客喜爱的网红打卡地。当地县、镇、村三级共同推进，发掘民族特色优势，以艺术设计和艺术活动延续乡村文脉，以乡村振兴、文化振兴和生态振兴促进文旅产业发展。

在时代背景下助力乡村振兴、促进创新发展，需要让艺术为美丽乡村文旅产业发展提供源源不断的动力。民间艺术和文化创意成为发展乡村旅游、助力乡村振兴、培育文明乡风、赋彩乡村生活、探索多元的文旅融合模式、打造特色鲜明的文旅产业形态的新密码。如贵州省雷山县西江千户苗寨将苗族刺绣、银饰锻造、蜡染制作等苗族传统民间艺术与现代审美时尚相结合，开发出了众多文化旅游产品。福建省屏南县依托古村落生态以及文化生态，积极开展油画创作与当地传统村落文化的融合，进行专业绘画教学，培养农民画家，推动了传统村落的保护与修复、传统文化的传承与特色表达。河南省开封市余店村基于自身民俗特色，建设主题旅游村，并对当地民俗文化进行创意开发，打造出乡村特色文创空间，实现文旅融合发展新格局。

美丽乡村的文旅产业主要基于当地传统文化、民间手艺和自然条件。要调动乡村主人的积极性、自觉性，提高他们参与乡村振兴、文旅产业的主动性。同时，乡村文旅产业要以家庭为基础，采用新型合作社的产业模式，形成互联网时代的集成规模效益，使之能够真正服务于乡村的文化振兴。文创产品一定要有销售渠道，有订单，尤其是在民族地区，这需要政府的支持和参与。

我讲一个非常成功的案例。2020年5月我去内蒙古科右中旗（全称科尔沁右翼中旗），为其“中国蒙古族刺绣文化之乡”揭牌。在当地蒙古族乡村考察之后，我特别感动。科右中旗位于大兴安岭南麓，地处科尔沁草原沙化地带，自然条件艰苦，曾经是国家级贫困县、中宣部定点扶贫地区。当地政府用了三年的时间，组织和鼓励28 000多名蒙古族妇女参与刺绣产业，取得了物质和精神“双脱贫”。

科右中旗蒙古族刺绣和服饰在历史上曾经远近闻名，但近20年来没人绣了，蒙古族服饰也没人穿了。科右中旗蒙古族刺绣产业的成功恢复与发展，政府起到了关键作用。为了脱贫，政府制定规划并开展刺绣技能培训，培养出一大批年龄从十六七岁到六七十岁的蒙古族妇女从事刺绣产业。科右中旗的刺绣产业，是一种大型的社会协作模式，由政府牵头成立了非营利性的公司，由旗人大常委会主任亲自负责。公司给绣娘发工具、材料和图样，她们的刺绣作品按品级回收，并支付报酬。这些绣片交给公司进行产品研发和销售，由公司里的返乡大学生负责管理绣娘和收集订单。公司与艺术院校合作，文创设计由艺术家和设计师负责，产品销量很好，订单络绎不绝。

科右中旗的成功经验让我们看到，产业振兴就是在传统手工艺能够给客户深度体验的同时，还必须对传统手工艺产品进行优化设计，创新产品；围绕“创新文创IP助力文旅产业发展”这个主题，以民族传统文化打造全产业链的IP，以生活方式与创意设计，体现乡村文化的美学特征，并且利用“互联网+”等新兴手段，使产业创新发展具有国际视野，以乡村振兴彰显中华传统文化的振兴。

科右中旗的成功经验也告诉我们，推进文化与旅游深度融合，应发挥文创赋能乡村振兴的优势。

一是要打造特色鲜明的产业形态。精准定位产业，并充分利用“互联网+”等新兴手段，推动产业链向研发、营销延伸。发展产业，使农村劳动力就业能力明显增强，带动乡村发展。

二是要彰显特色浓郁的传统文化。让优秀传统文化在经济发展中得到充分发掘利用，历史文化遗存得到良好的保护和展示，非遗活态传承，形成独特的文化标识，与产业融合发展。

三是要激发村民创新创造活力。带动村民参与创作，传承当地的传统技艺。此举在提升手艺人文化修养和创新能力、培育地方特色品牌、激发传统工艺活力等方面，发挥着积极作用。

由此可见，发展乡村经济，一定要明确创新发展理念和创新发展模式，打造创新产业新平台，让优质传统文化资源不断转化为乡村永续发展的动能，实现文化创富、高质量发展，使乡村旅游造福村民、村民在旅游发展中得到实惠。

文化助力乡村振兴的方式，必须着眼于新时代乡村振兴战略，充分发挥民族聚落形态多样、民族文化资源丰富和自然景观的完整性、多样性突出等特点，重视社会系统和环境系统之间的互动作用，发掘调动各种资源，充分考虑人的发展与环境保护的动态平衡，进而探究出民族地区文旅融合的模式创新及实践路径。当今中国文化和旅游市场持续火热，文化复苏发展已跑出了“加速度”。

三、美丽乡村对于民族服饰保护传承的意义

为何谈这一点，是因为近十几年来，传统民族文化、民族服饰、民间手工艺正在快速消失，逐渐成为远去的历史记忆。这让我非常担忧。如何使民族服饰文化传承下去是我们必须关注和思考的问题；我们需要探讨民族服饰保护的最佳模式。建设美丽乡村的提出，让我们看到了希望；相信在民族地区的美丽乡村建设中，民族服饰的保护传承是重要任务之一。

丰富多彩的中华民族服饰不仅织、绣、染工艺精湛，款式多样，制作精

美，图案丰富，更是与各民族的社会历史、民族信仰、经济生产、节庆习俗有着密切的关系，承载着中国各民族古老而辉煌的历史、丰富而精深的文化。可以说，中华民族服饰既是重要的物质文化，也是民族精神文化的载体，堪称当今世界上最突出的文化遗产之一。

在20世纪80年代初至90年代末的二十年间，我亲眼所见全国各民族地区的民族服饰还是比较原生态地保存着。至2005年之前，在一些偏远的地方仍有民族服饰遗存。之后，大部分地区的民族着装都被现代服装替代，虽然有一些改良的民族服装，但无论材料、工艺，还是款式、图纹，都与传统服饰有很大区别。我希望通过美丽乡村的建设，能够重新构建民族服饰的保护模式，延续传承，为中华民族留下那些珍贵的历史文化记忆。

做好民族服饰文化的保护传承和创新发展，有两种方式。

第一，民族服饰的传承方式，对于其文化主人来说，要坚持民族服饰及文化习俗的原状保护和呈现。要恢复民族服饰的传统文化生态，保护和培育民族服饰技艺的传承者。首先要保护好那些掌握传统技艺的老人。我走过很多地方，看到他们的艰难，老艺人手艺很好，但他们的技艺难以传承，政府应该给予他们经济扶持，为他们提供传授技艺的条件，并将他们掌握的手工技艺做详细的记录，以利于永久传承。同时，要鼓励年轻人向老艺人学习技艺，学习传统织、绣、染技艺。年轻人掌握技艺后，他们更能够利用这些传统技艺，创造文化产品，更能够将传统文化传承与社会需求相结合，这是年轻人的优势。美丽乡村建设是行之有效的方法，能把他们吸引到文化传承中来。人才振兴，才能让乡村文化真正在当地民众的生活当中起作用，从而以民族服饰的传统文化价值，提升民族文化自信。

第二，民族服饰的创新发展需要艺术家和设计师的参与。利用民族服饰元素，进行时尚创新设计；开发当代人喜爱的文创产品，服务当代社会，传播民族文化。例如，2019年云南卫视隆重推出的大型民族服饰文化系列节目《丝路云裳——穿在身上的艺术》，出现在节目T台上的有顶级的国际时尚设计大咖，也有云南本土时尚设计师。云南设计师夏华，把大山深处上百万的民族绣娘的手艺打造成一个最现代的IP，创造出最时尚的潮流产品，让精致设计真正走入当代生活，帮助乡村妇女实现了“背着娃，绣着花，养

活自己养活家”的梦想，也让更多都市人看见深山手工艺之美；而赵卉洲、Sheme、劳伦斯·许等国际知名的服装设计师，把中华民族元素与时尚设计结合做到了最好，以民族服饰的文化元素和精湛绣艺，勾勒出当代中国独特的现代时尚艺术，诠释了东方时装文化的精彩。他们的作品既助力中国传统手工艺的传承发展，又一次次惊艳巴黎、伦敦、纽约等国际时尚中心。传统文化有其独特的价值，我们在推进现代化的过程中，应当高度重视传统文化价值的发现和挖掘，并形成传统与现代的有机联结。

作为一种活态文化，民族服饰文化是在长期的社会生活实践中被创造出来的，其中蕴含着中华民族的文化价值观念、思想智慧和实践经验。让民族服饰文化成为“优质IP”，进一步回归日常化、生活化，让民众对传统文化审美的自觉不断加强，温暖的乡愁记忆、历史岁月沉淀的印记、手工艺术和自然材质带来的幸福感都成为民族文化价值的组成部分，反映了更深层面的文化自信与文化认同。

四、结语

恢复民族服饰的传统文化生态，保护和培育民族文化艺术的传承者，都离不开政府的帮扶和引导。最重要的是，由政府组织的规模化生产和提供销售渠道，与地方文化旅游发展和文创产品开发相结合，为乡村文化创造了新的经济价值，提升了民族地区经济发展水平和民众生活水平。可以说，乡村特色文化是亟待挖掘的文化宝藏，充分挖掘乡村特色文化，融现代新技术新需求于其中，以新艺术形态展示、重新定义和发现传统文化的价值，是实现乡村振兴的重要路径。

马克思主义文化观认为，文化具有历史性、民族性、传承性、实践性等特质。美丽乡村的建设非常符合这一观点。从宏观上讲，民族传统文化是人类文明的一部分，其既是人类历史文化的象征，也是人类社会长期发展的文明结晶；中华民族服饰文化是中华传统文化的重要组成部分，更是珍贵的乡村文化遗产，民族服饰保护传承对于当代中华传统文化保护有着重要的意义。

参考文献

[1] 陈履生．“艺术乡建”须尊重乡村历史和文化传统［N］．中国文化报，2023-04-23（3）．

[2] 黄振华，常飞．从乡土中国到乡愁中国：理解中国社会变迁的一个视角［J］．理论月刊，2022（10）：48-55．

[3] 潘鲁生．乡村旅游的新体验［EB/OL］．（2023-03-13）［2023-09-06］．https://mp.weixin.qq.com/s/FOqlrWsaoiDMDaUBWXw.

[4] 闫烁，祁述裕．文化产业研究现状、特点和趋势［J］．山东大学学报（哲学社会科学版），2023（3）：61-72．

[5] 谭宏．变迁中的活态传承：新时代传统手工艺生产性保护的再思考［J］．中国非物质文化遗产，2022（6）：72-80．

传统民族服饰在民族地区文旅融合发展中的意义

杨正文

西南民族大学民族学与社会学学院　成都　610041

摘要：自21世纪初以来，在国家的顶层设计中，既倡导包括非物质文化遗产在内的文化遗产保护，又大力推动文化产业的发展，各地文化事业和文化产业融合发展成为常见的一种业态。在民族地区，地方政府更是将非物质文化遗产视为难得的文化资源推向文旅融合发展的轨道。作为国家非物质文化遗产重要组成部分的民族传统服饰文化所具有的“元展示性”和“强生产性”，往往成为开发利用的首选。实践显示，无论在民族地区精准扶贫中，还是在文旅融合产业发展中，各民族传统服饰及其制作技艺均发挥着重要的资源价值。只要做好传承保护，定能使其在助推地方文化产业发展中提供持续的动能。

关键词：民族地区；民族服饰；文旅融合；资源价值

我国的非物质文化遗产保护工程已推进20余年，国家先后出台了包括《中华人民共和国非物质文化遗产保护法》（2011）在内的系列法律法规，推动各地方非物质文化遗产保护的具体实践，逐渐形成以“记录性、抢救性保护”“四级代表性项目名录体系”“代表性传承人活态传承保护”“生产性保护”以及建立“文化生态保护区”进行“整体性保护”等为内容的保护举措。非物质文化遗产传承保护已然成为社会各界耳熟能详的公共话语，成为知识场域中的热门研究主题。与此同时，自国家“十五”发展计划纲要正式将文化产业发展纳入国民经济和社会发展的主轨道以来，国家也先后确定了文化产业发展的各项目标任务和文化体制改革的重点。2009年，国务院通过的《文化产业振兴规划》，把文化产业上升为国家战略性产业的高度。十七届六中全会通过的《中共中央关于深化文化体制改革推动社会主义文化大发展大繁荣若干重大问题的决定》，进一步明确提出将文化产业发展成为国民经济支柱性产业。2021年中共中央办公厅、国务院办公厅印发《关于进一步加强非物质文化遗产保护工作的意见》，2023年文化和旅游部下发《关于推动非物质文化遗产与旅游深度融合发展的通知》（文旅非遗发〔2023〕21号）明确提出“非物质文化遗产是中华优秀传统文化的重要组成部分，是旅游的重要资源，丰富了旅游的文化内涵”，“推动非物质文化遗产与旅游深度融合发展对于扎实做好非物质文化遗产的系统性保护、促进旅游业高质量发展，更好满足人民日益增长的精神文化需求具有重要意义”，等等。正因为在国家的顶层设计中，既倡导包括非物质文化遗产在内的文化遗产保护，又大力推动文化产业发展，文旅融合蔚然成为各地文化事业和文化产业发展的基本路径，非物质文化遗产的展示也就成为中华大地城乡常见的一道文化亮丽风景。

一、民族传统服饰是我国“非遗”的重要组成部分

从我国《中华人民共和国非物质文化遗产法》所定义的六大类[①]和国家“非遗”代表性项目十个类别看，非物质文化是与人们日常生活紧密关联的各种知识、技能、技艺、口头传统和民俗形式，只不过它们基本是在农牧业社会环境下发生、发展与传承的，进入工业文明主导的现代社会便受到了冲击，出现了式微，因此，也才有联合国教科文组织牵动的全球范围内的非物质文化遗产传承保护理念与行动兴起。换句话说，非物质文化遗产要持续“活态”传承，离不开人们日常生活需要的支撑。国家实施非物质文化遗产保护工程，目标是对已处于式微中的非遗施以干预，使之得以承续。在我国20余年的保护实践中，基于保护初始为摸清家底所进行的普查、记录、建档

① 包括：1）传统口头文学以及作为其载体的语言；2）传统美术、书法、音乐、舞蹈、戏剧、曲艺和杂技；3）传统技艺、医药和历法；4）传统礼仪、节庆等民俗；5）传统体育和游艺；6）其他非物质文化遗产。

等以及自2017年开始实施的代表性传承人抢救性影像记录，形成了较为完善的“固化”保护系列；自2005年启动，2006年公布国家级第一批518项代表性遗产名录开始，已经形成了由国家、省（自治区、直辖市）、市州、县区四级组成的包括民间文学、民间音乐、民间舞蹈、传统戏剧、曲艺、杂技与竞技、民间美术、传统手工技艺、传统医药、民俗十个门类的“名录”保护体系。

自2006年公布第一批国家级非物质文化遗产项目名录以来，先后有五批共计92项各民族传统服饰及其制作工艺入选国家级非物质文化遗产名录，涉及全国123个市州和县区。这些纳入国家“非遗”传统美术、传统技艺类的项目，包括了各民族的传统服饰，以及织、染、绣、剪纸等工艺门类。我们注意到，由于传统服饰及制作技艺是可以进行“生产性保护”的“非遗”类别，在2011年开始启动的“国家级非物质文化遗产生产性保护示范基地”建设中，第一批立项的41个基地，其中有南京云锦木机妆花手工织造技艺、湖南龙山土家族织锦技艺、湖南通道的侗锦织造技艺、广西靖西壮族织锦技艺、四川成都织锦、西藏江孜藏族卡垫织造、陕西西安大唐西市民间绣活（西秦刺绣）、甘肃庆阳香包绣制、青海互助土族盘绣、青海加牙藏族织毯技艺10项入选；第二批立项的共59个基地中，有江苏苏州苏绣、山东鄄城鲁锦织造、湖北黄梅挑花、湖南长沙湘绣、广东潮州粤绣、海南黎族传统纺染织绣技艺、四川藏族编织、黄梅挑花刺绣工艺、羌族刺绣、贵州台江苗绣、贵州丹寨苗族蜡染技艺、云南大理周城白族扎染技艺、新疆哈萨克族毡绣和布绣13项在列。相应地，各省市自治区也参照全国非遗名录体系、代表性传承人名单、生产性保护基地建设等，建立省级、地州市级和县级非遗保护体系，各地具有代表性的传统服饰及其制作技艺也被纳入保护中来。此外，中华人民共和国文化和旅游部启动的“国家传统工艺振兴计划”，在2018年5月公布的第一批383项入选目录中，有包括京绣、苏绣等四大名绣在内的各民族刺绣、染色、纺织等传统服饰制作技艺81项，服饰类22项。足见，中华各民族世代创造、传承、延续的优秀服饰及其制作技艺，作为中华优秀传统文化不仅成为我国非物质文化遗产的重要组成部分，而且其所具有的可生产性、展示性等已成为各地文旅融合发展的重要资源。

二、传统民族服饰“非遗”在产业精准扶贫中发挥重要作用

2021年2月3日，习近平总书记在贵州黔西市新仁苗族乡化屋村考察时指出，特色苗绣既传统又时尚，既是文化又是产业，不仅能够弘扬传统文化，而且能够推动乡村振兴，要把包括苗绣在内的民族传统文化传承好、发展好。[①]这是总书记对化屋村借助苗绣发展产业助农脱贫的肯定，也是对包括苗绣在内的全国传统手工艺产业化发展的殷切希望。苗绣、苗族服饰以其精湛的技艺和文化内涵早在2006年就被列入国家级非物质文化遗产名录，2018年被列入国家传统工艺振兴目录，苗绣、苗族服饰、侗族服饰与刺绣、水族刺绣等先后成为国家或贵州省的非物质文化遗产。党的十八大以后，结合党中央提出的精准扶贫建设小康社会的任务目标，贵州省委、省政府决定自2013年始在全省实施“贵州妇女特色手工产业锦绣计划”，以刺绣、蜡染和民族服装服饰等为重点，促进贵州传统民族手工业发展。各级财政及各部门先后累计投入资金11.2亿元，培训绣娘、染娘、织女20万余人（次），组织妇女手工企业参加民族民间文化旅游商品博览会；与广东、上海、重庆、内蒙古等十多个省区市达成“锦绣计划”东西部协作协议。该计划在全省培育出发展基础较好的妇女手工特色企业和合作社1300多家，带动50多万名妇女实现居家就业。“锦绣计划”覆盖贵州全省88个县（市、区、特区），受此计划推动，台江、榕江、丹寨、册亨等10个县发展为“锦绣计划巧手致富示范县”，创新了民族地区精准扶贫模式，为贫困地区妇女实现脱贫致富铺设了一条锦绣之路。贵州的“锦绣计划”取得了丰硕成果，被写入全国妇联提交联合国的《新时代妇女扶贫减贫的中国经验》中。[②]传统服饰及其制作技艺等“非遗”在各地精准扶贫中取得的成绩不可小觑。例如，贵州黔东南苗族侗族自治州首府凯里市，围绕苗绣、苗族服饰形成了若干“公司+基地+农户”和“非遗+扶贫”的经营模式，覆盖凯里、施秉、台江、雷山等12县市，其中仅“妹旺刺绣农民专业合作社”就累计带动建档立卡家庭绣娘1100人，回收300万余元绣娘绣品，实现每户增收7000元以上，解决了许多农村留守妇

① 见参考文献［1］。

② 相关数据为贵州省妇联2020年提供。

女再就业的难题。合作社绣娘不仅实现了从家庭妇女到刺绣女工的身份转变，还带动了搬迁移民社区的经济发展。2021年7月1日，因此获评2020年全国优秀农民工的合作社负责人杨美身着苗族服饰在天安门广场观看庆祝中国共产党成立100周年大会。在丹寨县宁航蜡染有限公司就业的蜡染画娘、染工共有178人，建档立卡贫困户人数为28人，其中常驻画娘48人，人均工资3500元/月，订单带动8个村130余名画娘不离乡、不离土在家中靠蜡染增收，人均增收8000元/年。[①]

笔者在四川乐山市峨边彝族自治县调查中获悉，乐山市妇女联合会在精准扶贫期间，于2017年举办了“嘉州绣——彝绣技能提升培训班”，培训对象以峨边彝族自治县建档立卡贫困户为主体的绣娘。经过培训的绣娘与开设有小作坊的彝族刺绣传承人对接，刺绣作品按质论价进行收购，并统一销售。如彝绣县级非遗传承人沙妈英生带动100多名彝族绣娘，实现居家灵活就业，脱贫致富，走向幸福生活。2019年3月，沙妈英生被县妇联评为“刺绣巧手”。今年55岁的彝绣省级传承人阿赫秀枝，在过去近十年的时间里，培训的学员达到1000多人，其中彝族妇女居家灵活就业132人。她现在培训的绣娘一年平均能绣出5件衣服。一般她会选择绘好刺绣线和裁剪好的布料，把此半成品交给学员们，学员们一般两个月左右能绣出一件衣服，每件衣服的成本200元左右，由于费时较多，回购时每件衣服大概在1400—1600元，由她来统一出售，出售价格大概在1800元以上。工艺比较复杂耗时较多的礼服等，市场出售价在四五千元以上。以此带动一批彝族妇女走上脱贫之路。

类似的基于传统服饰及其技艺的文旅产业成为贫困人口和贫困家庭脱贫的重要产业，各地的报道很多。例如，四川泸州叙永县在精准扶贫期间，利用非物质文化遗产资源优势，将“文化+非遗+平台+产业+旅游”路径作为工作重点，借助现代化创意打造“非遗扶贫计划”，推动区域发展。叙永县以人才、资源、文旅融合三大方式推进脱贫致富。在人才层面，邀请国家级非遗传承人、苗绣领域人才等深入苗乡，发展出叙永县本土的100多名扎染

① 见参考文献［2］。

文化能人；以三区人才支持计划、阳光志愿者等方式招纳文化人才到叙永县少数民族聚居区开展文化非遗志愿活动累计800多场次。2019年底，叙永县通过脱贫攻坚省级考核验收，实现贫困村全部退出，贫困发生率降低至0.25%。[①]篇幅所限，不一而足。但传统民族服饰在民族地区精准扶贫中所显示出的资源价值和“强生产性”，无疑为今后的文化产业发展提供了重要的借鉴意义。

三、传统民族服饰“非遗”在文旅融合发展中唱主角

民族传统服饰是一个地区一个民族最绚烂的外显符号，也是穿在身上最具视觉观赏性的物质文化形式，同时，在很多民族中，服饰具有“元展示性”。在过去传统社会，一件漂亮的衣服穿在一位年轻女性身上，有为“悦已者容”的意义；一件亲手刺绣的精美绣片赠送给意中人，有向他及其家人展示刺绣者的精湛刺绣手艺、向接受者传达婚后能胜任一家穿衣保暖的信息。于是，我们看到了黔西北地区苗族未婚女子披着刺绣精美的背儿带出现在花山节上，还看到入选国家级非遗项目的云南楚雄彝族自治州的“赛装节”，等等。服饰及其制作技艺的“元展示性”是其被各地开发利用融入地方旅游等文化产业的良好条件。如云南楚雄彝族自治州在传统的“赛装节”基础上，自2003年开始不间断地举办的“云南楚雄民族服装节”（除了疫情3年），内容始终围绕民族服饰，包括民族服饰歌舞巡游、民族服饰展演、民族歌舞表演、火把狂欢夜等环节，该服装节目前已经成为楚雄彝族自治州重要的旅游品牌。

民族服饰“非遗”展示融入旅游与文化产业发展做得比较成功的有贵州省雷山县，该县地方政府借助其拥有四个苗族支系和水族等资源优势，自2000年开始通过政府介入引导举办“苗年文化周”，初期通过展示本县苗族服饰以及邀请临近台江县、丹寨县、剑河县、黄平县、榕江县、凯里市等地的苗族服饰队伍进行展示，烘托节日气氛，经过20余年的持续举办，目前该“苗年文化周”成为全国范围内乃至东南亚、美国的苗族竞相派服装队伍前

① 见参考文献［3］。

来展示的文化品牌。该县还另有“千户苗寨西江”最早开发村寨旅游的郎德上寨等经典案例，展示苗族服饰及其技艺。该县比较早认识到文化资源的重要性，意识到保护好文化遗产对确保文化产业可持续发展的重要性，为此他们积极申报推动非物质文化遗产保护，现有苗族服饰、苗绣、苗锦等国家级非物质文化遗产项目15个，是全国拥有国家级“非遗”项目最多的县之一。2019年全县接待游客1321.95万人次，实现旅游综合收入118.97亿元，[①]这对于一个总人口不足15万人的小县来说是难能可贵的。

从曾经被旅游学界、民族学学界广泛知晓乃至批评为“平均主义”的雷山县郎德上寨“工分制”的旅游分配机制中，更能说明传统服饰在民族村寨旅游中的重要性。郎德上寨自20世纪90年代初开始发展旅游业，每接待一个团队收取500元，散客门票5元/人（黄金周15元/人）。收入的接待费先按15%提成留给集体，用于公益事业如自来水管道、桥、路、寨容维护及表演用芦笙的维修等；85%直接分红，分红的方式是按工分计算，即每次凡是参加接待的村民都有一定数量的“工分”，每月按“工分”分红。于是，形成了一套完整的“工分”制度：在每次旅游接待参加者中，旅游接待组领导成员穿着民族服装并组织接待的获17分，参加所有节目表演的男演员22分，女演员20分，身着老式盛装并吹芦笙、吹莽筒的男性11分，身着银饰盛装参加接待的成年女性11分（未戴银角者要扣2分），女便装陪场的得5分。小学一年级以上孩子都可得分，即一年级穿素装1分，一、二年级盛装4分，三年级盛装6分。四—六年级参加跳舞的小学生获15分，三年级以下参与跳舞的得10分。初中生以上穿民族服装者得17分，不穿民族服装者按陪场计算，得6分。中小学生在周六、周日有客人时，均可参加。为防止迟到早退，还采取按接待程序分时段3次放票的做法，按时到者计3分，进到铜鼓坪者计2分，最后结束时再发票计12分。[②]不难看出，穿着民族传统服饰是一个获得“工分”的重要指标，说明村民在旅游实践中清晰认识到传统服饰是吸引游客到村里来的重要文化符号。

同样，四川岷江上游茂县，灾后重建中在县城岷江西岸建起了一座“羌

① 参见《2020年雷山政府工作报告》。

② 见参考文献［4］。

王城”。这是一处羌族文化主题景观，占地面积215万平方米，建筑面积25万平方米，建筑基础面积14万平方米。“羌王城”由羌族博物馆、羌族非物质文化遗产传习中心、城门、游客服务区、官寨、原始部落、牧业区、狩猎区、神庙、宗教祭祀、祭祀台、羌民居、民族手工技艺加工区、山寨旅馆、演艺中心等组成。目前“羌王城”已成为四川省九寨旅游环线上国家级羌文化核心旅游目的地。每天为游客开放的展演，除气势恢宏的城门仿古开门迎客仪式外，城中基本集中了羌族的国家级、省级非物质文化遗产代表性项目和民风习俗、祭祀礼仪等展演展示。在“羌王城”的主体建筑核心区域，展示着包括国家级非物质文化遗产项目羌族刺绣、羌笛演奏及制作技艺以及省级非遗项目释比祭祀、麻纺织技艺等，国家级非遗“羌戈大战”则转化为舞台戏剧形式，且将多声部民歌、铠甲舞、羊皮鼓舞等国家级或省级非遗项目纳入其中，向观众展演。可以这样说，进入茂县“羌王城”旅游景区，目之所及都是羌族非物质文化遗产，但最具视觉冲击力的还是早上“开城”羌族服饰展示，数百人盛装从平地广场一直排列到几百级台阶之上的城门，是令游客按下快门最勤的展演盛宴。

“2023云南文山魅力马关咪彩民族服饰文化节”“马边苗族民族服饰节”等，是经历三年疫情之后各地积极推动文旅融合发展的信号，民族服饰成为人们发展旅游所借助的重要资源。

综合观之，在近十几年各地文旅融合发展、旅游产业发展过程中，民族传统服饰成功实现了创造性转化和创新性发展，其主要呈现形式是以下几种。

第一，作为重要元素被创意为实景性演出，成为旅游著名品牌。此类始自张艺谋创意的《印象刘三姐》的实景演出，该实景演出以几百名女子穿着苗族盛装在漓江江面向观众袅袅走来开始，画面极具震撼力。受此影响，之后的《印象丽江》《文成公主》等实景演出，均将民族服饰作为重要的元素吸纳到创意之中，成为文旅融合的成功范例。

第二，民族服饰成为景区重要民族文化特色展示的组成部分，也是游客喜爱体验消费的重要旅游产品。上文所举之“千户苗寨服饰展示”“古羌城”服饰展示等即属于此类。民族服饰也是很多年轻人深入旅游景点穿着体验拍照留影的主要消费方式，因此，各大旅游景点特别是民族地区旅游景

点不乏“民族服饰出租”业务，这也是民族服饰产生经济效益的一种方式。

第三，民族传统服饰成为一些旅游发展较好的县市用以创意室内演出剧的重要元素。如贵州雷山县《蝴蝶妈妈》大型室内演出，峨边彝族自治县的《甘嫫阿妞》大型室内演出，都是根据当地流传的神话创意的旅游产品，服饰在其中起到了强化“民族特色”以及提升审美和增加视觉观赏性的作用。

第四，也是最重要的一点是传统民族服饰制作技艺织、染、绣等是实现文旅融合的重要技术基础。除随处可见的各旅游点的各种旅游纪念品，特色服饰外，传统服饰技艺还有开发成为其他创意产业的可能，以及可以成为青年学生学习体验消费的一种方式。这部分尚有较大的潜力可挖。

四、结语

传统民族服饰及其制作技艺是我国各民族创造、传承的重要非物质文化遗产。在响应习近平总书记“创造性转化、创新性发展”重要论述的今天，如何进一步推动其转化和创新发展，已有很多实践提供的经验借鉴。各地在精准扶贫过程中创造性地使民族服饰及制作技艺助力广大乡村贫困人口走上脱贫之路。在近几十年各地旅游发展、文化产业发展的过程中，人们也进行了有益的探索。这些经验、成功范例将成为文化赋能乡村振兴，推动包括民族服饰及技艺在内的文旅融合发展有价值的借鉴。

参考文献

[1] 张晓松，朱基钗，杜尚泽. 黔山秀水喜迎春[N]. 光明日报，2021-02-07(001).

[2] 中国纺联非遗办. 振兴苗绣产业，让非遗走进当代生活 中国纺联赴贵州苗绣产业考察深度行[J]. 纺织服装周刊，2021(28)：12-13.

[3] 陈静瑶. 融合民间非遗技艺 四川叙永谱写脱贫致富新篇章[EB/OL]. https://feiyi.gmw.cn/2020-11/10/content_34356425.htm.

[4] 杨正文. 从村寨空间到村寨博物馆——贵州村寨博物馆的文化保护实践[J]. 中国农业大学学报(社会科学版)，2008(3)：5-20.

文化产业视域下客家服饰文化的活化路径探究

周建新　谢金苗

深圳大学文化产业研究院　深圳　518060

摘要: 文化产业是实现服饰文化创意转型的必由之路。服饰文化是文化产业发展的重要资源，文化产业是服饰设计与创新的重要路径。随着人们消费水平的不断提升及消费理念的日益更新，个性、多元及创新等因素已成为新时代人们选择服饰的重要追求。服饰文化与文化产业的融合是适应新时代人类审美理念、满足人们对美好生活向往的内在要求。客家服饰是客家人在长期的生产、生活中创造的文化遗产，种类多样，工艺精湛，文化内涵丰富，融入了客家人的民俗风情、艺术智慧和审美情趣，是汉族服饰艺术的一朵奇葩。在客家服饰中融入文化创意，既能融合具有年轻人文化气息的创新元素、满足年轻人对个性化服饰的多样需求，又能在传承与创新中进一步发展客家服饰。文章立足于文化创意与文化创新，结合客家服饰文化创意实践案例，梳理了活化客家服饰的文化创意灵感来源，探究客家服饰活化的新思路与新举措，思考新时代客家服饰的创新发展方向。

关键词: 客家服饰；文化产业；活化路径；文创开发

服饰文化是文化产业发展的重要资源，文化产业是服饰设计与创新的重要路径。随着人们消费水平的不断提升及消费理念的日益更新，个性、多元及创新等因素已成为新时代人们选择服饰的重要追求。新颖的创意可以通过文化创新来实现，以文化背景为依托，将传统的文化元素进行革新，或者寻找巧妙新颖的文化元素，使其与服装设计相结合，便能够创作出好的服

装设计作品。①

可见，服饰文化与文化产业的融合发展是适应新时代人类审美理念、满足人们对美好生活向往的内在要求。服饰的精心设计与创新发展是表达灵感、创意与新意的过程。随着服饰的多样化发展，人们更多地将目光聚集在文化创意设计上，追求个性化、创新化、多样化的服饰样式。

客家服饰是汉族服饰艺术的一朵奇葩，种类多样、工艺精湛、文化内涵丰富，融入了客家人的民俗风情、艺术智慧和审美情趣。作为汉族服饰的重要组成部分和典型代表，客家服饰是客家人在长期生产、生活中所创造的，它以中原汉服为基础，吸收了生活在赣闽粤边区的畲、瑶等少数民族的服饰元素，并逐渐适应当地地理环境而发展起来的艺术结晶。它源于中原汉人服饰，又有移垦生活和本地化的强烈特征，具有独特而丰富的文化内涵、艺术特色和浓郁的地方色彩和族群特性。但自近代以来，客家服饰和其他传统服饰一样，不断受到现代服饰时尚化、潮流化和世界化的冲击，逐渐被边缘化，甚至面临消失的危险。这让客家服饰的新时代转型更为迫切，亟待探索新的客家服饰创意活化路径，以寻求未来新的客家服饰创新发展方向。在客家服饰中融入文化创意设计，既能融合具有年轻人文化气息的创新元素、满足年轻人对个性化服饰的多样需求，又能在传承与创新中进一步发展客家服饰。

一、客家服饰与文化产业融合的必然性

近年来，随着经济发展水平的不断提升，人们的消费理念和审美观念不断转变，这对服饰文化的创新发展提出了新命题。新时代客家服饰如何创新应用、未来发展路在何方，这既给客家服饰提供了新机遇，也提出了新挑战。客家服饰作为客家文化资源的重要载体，具备独有的传统手工艺、创意设计、文化内涵等特色，与文化产业资源互为基础，可以共同丰富文化内涵，实现资源优化配置，两者紧密关联。文化创意的意义在于通过创新文化产业形式，将文化资源的文化价值、艺术价值和经济价值有机结合在一起，激发

① 见参考文献［1］。

人们对文化的求知欲、对商品的购买欲，发挥出文化产业的最大价值。具体来说，文化产业与客家服饰融合具有以下几点必要性。

一是服饰与文化的联系密切。服饰是人类文明进步的体现，自服饰诞生之日起就与文化密切相连。一般而言，服饰具有御寒、遮羞及装饰等功能，进而逐步延伸了文化属性，能够对外传递某种信息，成为社会文化的基本载体，这种功能具备了文化产业的发展特性。另外，服饰的设计与创新也是文化加工的过程，设计师在设计服饰时会综合考虑到消费群体的喜好、习惯、心理等因素，同时结合社会文明这一文化因素，将其有效融合在一起，进而显现成符合社会需求、大众预期的服饰文化。

二是服饰艺术与文化产业的结合顺应时代发展趋势，有助于实现服饰产业的转型升级。在互联网时代的推动下，服饰产业同质化、单一化等问题突出，亟待融入更丰富的创新创意设计以及文化产业发展理念，实现服饰产业的转型升级。例如，有助于推动服饰品牌转型，能将服饰的“传统观念”转向“潮流前线”，进一步吸引新生代消费群体关注服饰文化；有助于实现数字化转型，拓展线上宣传平台或网络销售渠道，拓展并稳固消费群体，创造全新的服饰消费体验等。服饰与产业的融合能形成更为强大的竞争力，在资源配置、渠道推广以及消费体验等方面实现互利共赢，不断释放新的产业活力。

三是客家服饰亟须与文化产业相融合，共同迎接更大的时代发展机遇。当前，客家服饰正在遭受多元化的冲击，面临着时尚潮流挑战和潜在危机，不得不寻求新的客家服饰活化途径。然而，客家服饰的传播途径较为局限，人们大多前往客家主题的博物馆、体验馆、民俗文化馆等实体展馆进行参观学习，其服饰较难以常态化的形式走进大众视野。由此，出于客家服饰创新发展的需要，人们要将客家服饰与现代生活紧密联系起来，找到一个最佳契合点，既秉承客家服饰文化的传统，又能契合当代人的潮流选择，如客家服饰文创产品的开发与推广。这种形式能将客家服饰的艺术价值与商业形式有机结合起来，使客家服饰走进年轻人的视野，走向人们的日常生活中。

四是文化产业丰富了客家服饰衍生的周边文创产品形式，进一步拓展并稳固了年轻消费群体。目前，不少以客家服饰为主题的文创产品走进了大众

视野，既让人们了解了客家服饰的基本特性与设计风格，又拓宽了客家服饰的衍生转型渠道，如客家服饰元素T恤、扎染“蓝”个性帆布包、服饰元素手机壳、双面烤漆钥匙扣、服饰图案纸扇等。这种以客家服饰为主题衍生的周边文创产品极大地吸引了年轻人的注意力，让更多年轻人感受到服饰文化与时尚元素结合的惊喜感，以更加便携的方式带走“客家服饰”衍生的软经济又有个性的周边文创产品。文创产品的潮流趋势可以推动客家服饰产业的创意发展，实现传统产业向创意文化产业转变，赋予文化产业以新的活力和发展动力。

二、活化客家服饰的文化创意灵感来源

客家服饰历史悠久、品类多样、内涵丰富，并且涵盖多种艺术特色，具有良好的创新创意基础，能为文化产业的发展提供源源不断的创意灵感。

（一）客家服饰品类

服饰包括服装与饰物两个部分，客家服饰的品类大体上可以分为服装和装饰物两大类，再依据不同体位将服装分为头衣、上衣、下衣和足衣四个主要部分，装饰物亦可分为头饰、耳饰、项饰、腰饰和手饰等类别。由此可见，客家服饰的配饰丰富，能为文创产品的开发提供足够的创意来源，设计灵感亦可多样化。以“赣闽粤边区客家传统头衣”为例，不同年龄、性别的客家人有不同的头衣饰品，均可为文创产品提供丰富的灵感来源，且具备便于携带的特性，如表1。又以“客家童帽”为例，其特色主要在于：一是装饰性强，除婴儿帽较少装饰外，其他童帽普遍采用绣花纹样、吉祥文字、银制饰品等装饰；二是寓意深刻，赣闽粤边区山水灵异飞动，蛇蟑横行，客家婴孩成长不易，人们往往赋予客家童帽深刻的“趋吉辟邪”的寓意。无论是帽型的造型设计，还是解读文化内涵的深刻寓意，相关的文创产品往往能引起人们的积极性，获得消费者对便携、小巧、精致的“周边文创品”的青睐。

表1　赣闽粤边区客家传统头衣部分品类

	男	女
儿童	材料：布帽、线帽；形制：狗头帽、狮头毛；功能：风帽、保耳风雪帽	
青年	瓜皮帽、毡帽、索顶布帽、线帽、斗笠、草帽	冬头帕、半冬头、纱巾、包头巾、有帘帽（凉帽）、斗笠、草帽
中年	瓜皮帽、风帽、斗笠、草帽	
老年		

（二）多彩的装饰物

服装的装饰物是在服装功能构建基础上，为满足审美或文化心理需要而增设的具有纯粹装饰功能或实用与装饰功能结合的部件，有时与服装浑然一体，有时相对独立。客家服饰的装饰物品类较为全面，其中主要以妇女和儿童的头饰品类最多且最典型，其次是儿童项饰、妇女腰饰和手饰等品类。在众多配饰中，客家人对银饰特别钟情。新中国成立前，客家妇女一直都有以佩戴银饰为美的习俗，女子出嫁需置备一套银器，有银簪、银钗、银手镯、银戒指、银耳环等，即使系围身裙也要胸吊银牌、背系银链。以银手镯为例，手镯造型丰富多样，形状独特，款式吸睛，如串珠镯、线环镯、绳扭镯、体环镯等，其中体环镯和绳扭镯特色鲜明。体环镯是一种双层空心镯，横切面常见半圆环、圆环两种；绳扭镯好似两个线环镯按照编绳的方法缠扭成麻花效果呈现，镯体较宽。这些造型独特的配饰便于携带、质地精美、题材丰富，能很好地将传统造型与时尚元素结合在一起，具备设计“时尚感”文创产品的基本特性。

（三）传统纹样符号

符号是由人创造的有象征性意义的识别形式，识别性、象征性是符号的重要功能与特征。“象征是某种隐秘的，但却是人所共知之物的外部特征。象征的意义在于试图用类推法阐明仍隐藏于人所不知的领域，以及正在形成的领域之中的现象。”[①]赣闽粤边区客家传统服饰的造型符号就是具有象征意味的标识，它向我们标识客家文化的源流、特质与精神等，成为解读

① 见参考文献［2］。

客家人文化心理重要的物态密码，成为客家服饰文化特色重要的视觉识别载体。

赣闽粤边区客家传统服饰上经常使用的纹样符号有动物、植物、文字、人物、物品和几何纹六大类，其中又以前三种最为多见。动物纹样有蝴蝶、鱼骨纹、凤鸟、蜜蜂和公鸡等，这些纹样符号象征着客家人对美好生活的向往和祈福，如公鸡纹样被广泛使用的动机就是取“鸡”和“吉”的谐音，公鸡也是许多地方辟邪镇宅的祥禽；植物纹样是赣闽粤边区客家传统服饰上使用最为广泛的纹样符号，常有牡丹花、芙蓉花、石榴花、莲花、梅花、竹叶花（纹）等，这些花卉纹样与动物纹样也常常融为一体；文字纹样是一种独特的纹样，由阿拉伯数字和汉字组成，常常出现在客家人的冬头帕和围裙上。以上纹样往往寄寓了美好的寓意内涵，并展现了客家服饰绚丽多姿的纹样绣工，可广泛应用于文创产品的案例营销、故事营销中。

（四）传统工艺技法

在赣闽粤边区客家传统服饰文化中，加工工艺是一种针对原材料表现出来的行为美，也是区别于工业化的技术美，主要表现为手工技术的特色。客家服饰的手工美可以在服饰布料本身的制作工艺中体会到，还能在刺绣、布贴、镂空（裁剪）、银饰等技法中体现。刺绣技法：绣品有平绣、垫绣、补花绣与十字绣，针法有齐针、劈针、扎针和接针等，绣纹形成手工人为的肌理美和色彩美；布贴技法：指一些布头通过手工拼贴缝合形成图形的方法，包括使用五色布来制作服饰的方法，既能丰富服饰的色彩层次，也能用来塑造功能构件；镂空（裁剪）技法：基于功能需要对服饰的局部做结构性镂空（裁剪），使服饰创造性地表现出新的功能特性或审美特性；银饰技法：是一种与布料加工工艺有关，又比较特殊的技法形式，既有依附于布的加工技法和装饰功能，又有脱离于布的加工工艺和相对独立的装饰功能。目前，这些传统服饰技艺已经应用于现代生活中的潮流服饰、手工首饰、刺绣精品、创意背包等文创产品，较其他产品更为实用，深受年轻消费群体的喜爱。

（五）客家情感内涵

客家服饰在客家人的人生礼仪中扮演着重要的角色，是客家人联结亲情、友情等情感的重要纽带。尤其是在客家人的爱情生活中，客家服饰具有举足轻重的作用。在客家山歌的传唱中，也有大量关于客家传统服饰作为爱情信物的传唱。在赣南兴国县有一首山歌《十送郎》，歌词反映了客家姑娘送给情郎的十件信物，其中八件是传统服饰，一件是装饰物品。它们分别是鞋、袜带、荷包（香包）、袜底（鞋垫）、罗布巾、褡裢、肚兜、披风和牙牌等，说明客家情人之间互赠服饰信物是非常普遍的，而定情信物的服饰品类也是非常丰富的。客家地区至今婚嫁迎娶“定红单”时都会有“绣花利师”一项。“绣花利师”是男方付给女方结婚彩礼的一部分，用以酬谢姑娘赠送男方绣花鞋垫、鞋或其他服饰物品。这类鞋垫常会绣上“花好月圆”等字样，以表达对美满婚姻的祝愿，有的在鞋垫中央绣上一个“正”字，表示以正压邪，这类服饰倾注了客家姑娘深厚的感情。由此说明，客家人具备朴素的爱情观念，客家服饰也是客家恋人之间传情表爱的重要信物。在客家情感内涵的加持下，客家服饰文创产品能够增添新的思想内涵，设计出丰富多彩的文创信物，并配以故事营销手段走进大众视野。

三、客家服饰创新创意发展的典型案例

（一）创意IP：深圳甘坑客家“小凉帽”

客家凉帽，是岭南客家地区广泛流行的服饰，也是当地客家移民的创意发明，极具客家地方特色。深圳市龙岗区甘坑曾是著名的凉帽村，以工艺品“凉帽”命名，曾有过“家家都是凉帽作坊，人人都会织凉帽”的美誉。甘坑的客家凉帽，外形上，整体精致典雅，顶上镂有圆孔，通风透气，适合南方湿热气候；篾条上，涂着一层薄薄的特制青绿染料，能达到防霉防潮的效果；寓意上，穿插了各种好看秀美的纹样图案，更有“福禄满堂”“风调雨顺”等字样，既实用又漂亮。2013年，客家凉帽制作技艺被列入广东省第五批省级非物质文化遗产名录。

甘坑客家凉帽发展至今，已经不仅是普通的传统客家帽子，而是一种代表了客家民俗特色的、辨识度高的、工艺精湛的客家创意服饰。位于深圳龙岗的甘坑客家小镇将“凉帽”的价值重新提炼，采用了“IP Town”的创新发展模式，将服饰文化转换成一个超级IP——“小凉帽”，衍生出了一系列的场景和产品，迎来了全新的转型发展机会。

一是以广东客家凉帽经典形象为原型，推出了《小凉帽》系列动画，以欢快风趣、深入浅出的风格讲述了孩子们勇斗邪恶、拯救生命的精彩故事，全剧传递了尊重生命、众生平等、大爱无疆的正能量。《小凉帽》动画自诞生以来就深受观众喜爱，先后斩获了多项大奖，俨然成为讲好岭南故事乃至中国故事的文化典范。二是以“客家凉帽”为主题，打造了一个特色古镇村落，涵盖了主题农场、酒店、餐厅、文创商店等，随处可见的“小凉帽”身影穿梭在客韵古镇中，讲述着时空交错中“传统遇见未来”的故事。三是小凉帽IP拓展了相关产业布局，从小说、绘本、动画，再到主题乐园、主题酒店、主题农场等，直到多种主题衍生产品同步推出，使小凉帽形象不再局限在单一领域上，而是通过更为丰富多样的形式扩大影响力。四是小凉帽文创产品以创意形式走进了大众视野，它抓住了关键内容，围绕“关爱自然”的生活主题，拓展了一系列主题文创产品，如毛绒玩偶、时尚配饰、3C周边、休闲服饰、益智玩具、潮萌文具、家居生活、原创书籍、绿色食品等特色文创。与此同时，深圳华侨城文化集团以“奇幻与冒险”为主题，举办了历届“小凉帽国际绘本奖——文创设计类”，面向世界范围内的出版机构、创意机构、绘本画家、绘本作家、教师和学生在线征集“小凉帽”主题文创设计作品，开发了系列根据“小凉帽”IP形象及其属性设计的文创产品，此举不仅丰富了小凉帽文创的产品形式，也在更大范围内宣传了“小凉帽”IP。小凉帽从活泼趣味的卡通形象，到风靡全国的超级文化IP，让人们看见了文化与市场有机融合的创新路径，更为客家服饰的创新创意发展提供了新的可能。

（二）特色工艺：广东河源墩头蓝客家传统染织工艺

墩头蓝客家传统染织工艺于2015年被列为第六批广东省级非物质文化遗产项目，主要分布在广东省河源市和平县彭寨镇彭镇村墩头自然村，是客家地区蓝靛染色工艺的重要分支。据悉，墩头蓝染织工艺起源于明代，土布织造业是当时的重要谋生行业，由此墩头村村民热衷于种棉织布，染织技艺精湛，色彩吸睛夺目，更以自然且平和的蓝色而闻名，被称为“墩头蓝”。

客家先民经历了艰苦迁徙，经受了资源匮乏、条件苛刻的恶劣生存环境，养成了俭朴、务实的生活生产方式，由此，客家服饰的布料、款式与色彩都体现了区域自然环境特征，投射出客家人的勤劳、务实的生活作风。另外，墩头蓝染织工艺也生动地展现了客家男女协作、并肩前进的精神面貌，如男性辛勤耕织、女性参与起缸等画面，以下墩头民间传唱的歌谣便很好地证实了这一点。

嫁郎爱嫁墩头夫，
打扮阿妹盆（满）身乌。
争（正）月十五探媒（娘）家，
六角蓝来洋布喳（伞）。
豆角领来出跳（翘）衫，
墩头蓝来着裤带。
钩子鞋来踏惊脚，
带携阿妹好安落。

墩头蓝布艺的原材料均取于自然，天然的棉麻通过传统的纺织和染色技艺，在纺纱、染色、织造过程中，呈现丰富的织物视觉效果，独具民间特色。墩头蓝的色彩不局限于“蓝”，其色泽沉着且稳重，以乌青、深蓝色等蓝色为主调，也有红色及黄色等色调。最为常见的蓝色来自马蓝，当地也称“大蓝”。经过自然发酵，加入石灰石提取靛蓝，按照水分及染色次数的多少而呈现出深浅不一的蓝色及蓝灰色系。

在客家服饰的应用上，墩头蓝简洁温润且结实耐用，常用于大襟衫、大裤裆、袜子、头巾、帽子、围裙、背带、手袖、鞋子等服饰，又用于蚊帐、被套、床单等家用纺织品，还可作为储物袋、豆腐袋、种子袋等生活用品，以及字画装裱、书籍装帧等相关布艺。墩头蓝被广泛应用于群众的日常生活中，兼

具审美意义与实用价值。以“续蓝工坊”为例，该工坊以墩头蓝扎染技艺为基础，以客家“蓝”为主题，设计了多种客家文创伴手礼，如蓝染蚕桑丝围巾、蓝染菩提子手串、竹叶纹样披肩、手工编织挂饰、刺绣驱蚊香囊等；同时开设了多种扎染研学体验课程，并发放了“客家蓝染”体验券，供研学机构、亲子娱乐、公司团建、学校美育等参与体验，使客家蓝染文化以创新创意方式走进了人们的日常生活。

四、新时代客家服饰创意活化的思路与举措

随着经济全球化和文化大融合的时代发展，人们的文化修养逐渐提升，对物质产品及文化精神的需求日益丰富，文化产业成为新时代服饰创新发展的主流渠道，也成为服饰文化传播及发展的重要途径。服饰文化是文化产业中的重要组成部分，从服饰发展及产业背景的角度来说，客家服饰与文化产业的结合是必然趋势。近年来，不少服饰创新创意案例萌生，这些创新举措为客家服饰活化注入了新的活力，提高了产业竞争力和文化影响力，其成功案例值得学习和借鉴，由此提出新时代客家服饰的创意思路与发展举措。

（一）发挥族群优势，走进大众视野

客家文化是汉民族中一个系统分明的地域文化，是具有我国地域文化普遍特征的文化形态，是中华民族文化不可或缺的重要组成部分。客家文化又是一个极具特色的族群文化，客家人对自身文化与族群有着高度的自觉与认同感，以对文化的坚守和传承及其突出的族群凝聚力和向心性而著称。早年间，客家先民历经了颠沛流离，不断迁徙跋涉，用勤劳智慧的双手将沟壑纵横的蛮荒之地开垦为鸡犬相闻的扎根之所，这种翻山越岭的经历进一步促成了客家人齐心聚力的族群美德。客家人一直秉承着“宁卖祖宗田，不忘祖先言”的文化观念，对族群文化有着坚定不移的守护精神，其悠久的历史传统、丰富的客家文化乃至客家服饰艺术都能依托庞大的客家族群得以传承。

客家族群有着较大的人口基数，加上他们有着较强的文化认同感和向心凝聚力，世界各地客家人先后举办了各种交流活动，以客家文化节为例，

就有“深圳客家文化节”“台北客家文化节”“河源中国客家文化节”“中国（赣州）客家文化节”“台湾桃园客家文化节”“马来西亚客家文化节”等。这些活动产生了较好的社会影响力及媒体效应，提高了客家服饰的影响力和知名度。客家文化交流活动为客家服饰提供了很好的展示、交流和转化平台，在服饰展示、弘扬民俗、激发灵感、扩大影响力、拓宽消费群、增进内涵认知、实现价值传承以及产业融合共赢等方面均有重要意义。

世界客属恳亲大会（简称“世客会”）是目前最具影响力的客家华人盛会之一，也是海内外客属乡亲联络乡谊和进行跨国跨地区交往的重要载体。长期以来，世客会持续发挥影响力，成为弘扬客家精神、传播中华文化、联络客属乡谊的知名盛会。在世界客属第25届恳亲大会上，由三明学院设计的吉祥物“葛藤娃·阿明”精彩亮相，呈现了一个活泼可爱、积极向上的客家娃形象。葛藤娃身着客家服饰，张开双臂、快步向前，迈着欢快喜悦的步伐展现了客家文化跨越发展的良好势头。葛藤娃是一个由龙角、龙鼻、葛藤叶、客家服饰等文化要素组合而成的卡通形象，时尚地融合了“龙”和“葛藤”等传统元素，寄寓了客家人求生存、盼安宁、祈幸福的美好愿望。这种在客家文化交流活动中展现出客家服饰元素的吉祥物，既能打造出鲜明的客家服饰形象，又能让人们了解到客家人的好客特质与族群风情，在潜移默化中起到了宣传推广的作用。

客家服饰文化的传承与创新最大的优势在于突出其“族群性”，通过此类兴盛的客家交流活动，能有效推广客家服饰、传播文化内涵。但文化的传承不能局限于客家族群，更要超越“族群性”，让更多的非客家人认识客家、喜欢客家、爱上客家。例如，上文提到的葛藤娃吉祥物精彩亮相后，一批批实体葛藤娃吉祥物陆续出现在福建省三明市12个县（市、区）城市广场，更出现了葛藤娃实体雕塑，与当地市民零距离接触。这种呈现形式不仅维系了客家人的情感，也走出了客家族群，走进了大众视野，让广大市民群众更加了解客家文化、关注客家文化、支持客家文化。传承客家服饰文化不能局限于客家族群，更要通过各种渠道加强对客家服饰文化的宣传推广，让更多非客家人了解客家服饰的历史源流及文化内涵。

（二）添加非遗元素，实现跨界融合

非遗元素与服饰艺术的融合能赋予服饰文化产业新的生命力，通过创新途径提高服饰文化的知名度和影响力，产生更强的社会效益及宣传效果。非遗本身就具备丰富的文化内涵，能为服饰艺术的设计提供新颖独特的文化元素，更能吸引文化领域以及设计界的广泛关注，形成良好的传播效应。在跨界融合中，不同领域的文化碰撞与融合既能萌发出新的设计理念和创作灵感，为服饰的创新设计带来源源不断的活力，又能延伸新的相关产业链，开发更多的衍生产品及新兴业态，拓展宣传推广渠道。

近年来，“岭南舞蹈”走进大众视野，高品质佳作频出、屡获大奖，深圳原创舞剧《咏春》便是其中之一。该剧讲述了武与舞的故事，以咏春拳叶问师傅的英雄经历为序幕，演绎了一群平凡人为追逐梦想奋力打拼的时代故事。《咏春》的编剧冯双白在佛山进行创作采风时，感受到岭南地区浓郁的民间武术氛围，并寻求了多种艺术创作方式加以渲染，最终锁定了两种国家级非物质文化遗产——咏春拳与香云纱。香云纱染整技艺于2008年入选了国家级非物质文化遗产，它是采用植物染料薯莨染色的丝绸面料，是制作工序繁复、生产周期最长的纯天然植物染丝绸制品，被纺织界誉为“软黄金”。《咏春》中演员身着的服饰，均采用了来自佛山的香云纱，为艺术的表达带来了视觉上的升华，让古老的传统手工艺融入了更多的艺术形态，带来了全新的跨界融合与新奇认知。自《咏春》舞剧巡演开始后，许多观众纷纷表示，过去认为香云纱是一种遥远的工艺品，通过舞剧才真正认识了这种手工艺术，他们更倾心于以香云纱制成的流行服饰，如裙子、背心、衬衫、托特包等。香云纱制成的服饰令人感到一种随性、放松的美感。这部原创舞剧《咏春》进行了一次“双非遗”融合的梦幻联动，推动了国家级非遗咏春拳和香云纱技艺的传承与创新，为其注入了新的文化活力，同时这也是一次全新的跨界融合示范，为未来服饰艺术与文化产业的融合发展树立了新的标杆。

当然，不少结合非遗元素实现跨界融合的活化案例陆续出现，如深圳龙华舞蹈影像作品《满堂红》，以舞蹈演员优美的肢体形态，舞出了省级非遗红釉彩瓷满堂红烧制技艺背后的故事，获得了观众的一致好评。要参考

《满堂红》《咏春》这些文化精品力作，结合客家服饰文化资源，如客家麒麟、小凉帽等，将其搬上影视舞台，拓宽影视受众群体，实现服饰文化的跨界融合发展。在进行创意构思的过程中，客家服饰企业要主动与影视公司建立合作关系，为其提供客家服饰及道具支持，助力客家服饰走向影视舞台；要针对不同主题及场景的需要，设计富有主题特征的客家服饰，使观众感受到客家文化氛围；要将客家文化元素融入影视剧情中，深挖其文化内涵及审美价值；要结合热门影视作品开发相关的周边文创产品，活化影视IP的文化与经济价值等。融入富有历史底蕴的非遗元素，结合新型跨界融合发展模式，可以产生较好的媒体传播效应，极大地拓展客家服饰受众群体。

（三）借助文化展馆，做好集中展示

当前，客家服饰的传承大多仍处于静态展示的阶段，需要进一步创新发展，尽管如此，展馆展示依然是客家服饰的传承与创新的重要手段。一般来说，可以在客家主题的文化馆、民俗博物馆、艺术展览中心以及客家服饰的专题展览馆等地进行展示。各大展馆在多个方面均有一定的优势，如专业性强，能系统展示客家服饰的历史源流及文化内涵；环境设施好，具备专门的展厅及先进的陈列设施；群众基础广，展馆通常吸引了较为固定的观众群体，有一定的受众基础；宣传效应佳，展馆的宣传方式及内容更易吸引各大媒体和广大群众的关注，有利于达到推广客家服饰的目的。

具体而言，文化展馆在客家服饰文化展示上具有以下几个明显优势：一是展示客家服饰的历史源流，梳理整合客家服饰的发展历史，结合实物加以展示并陈列，使群众了解其主要历史变迁；二是结合地域风格特色，按赣闽粤地区的不同风格进行展示，让群众充分感受客家服饰的地域差异；三是按服饰的品类及构成划分展区，如头衣、上衣、下衣、足衣、发饰、配饰等，使群众了解客家服饰的整体构成及穿着方法；四是设置文化解读区，通过文字、视频、图片等方式讲解客家服饰中的原材料、工艺技艺、民俗行为、刺绣图案等富含的文化内涵和象征意义。

在文化产业的创新创意发展上，上述展馆形式对客家服饰的活化主要有以下几点：一是产业推广与品牌建设，向更多人集中展示客家服饰的文化

品牌及形象，提高了客家服饰的影响力及知名度；二是整合创新设计资源，能聚集一批文化创意设计师及相关研究人员，加强展馆与人才的合作，共同推动客家服饰产业的创新创意设计；三是增设服饰体验区及文创购买区，既能让群众试穿不同的客家服饰，体验客家服饰的着装美感，又能拓展文创产品的销售渠道，让群众自觉将客家服饰带回家。由此，结合各大展馆丰富的展示手段和体验形式，系统而全面地展现客家服饰的历史源流、地域特色及文化内涵，同时提供充分的互动体验，是展示客家服饰的良好应用方式。

（四）强化联动效应，开展创意营销

客家服饰要做好创新创意发展，要在保留传统工艺的基础上，结合现代美学和生活方式，加强新时代文化创意特色营销。一是开展故事营销。例如，客家服饰形成的主要动因在于移民精神（如中原情结、开拓精神）、文化融合、自然人文环境、客家传统制器思想，这些均能结合客家服饰独特的衣裙结构、幽古的色彩组合以及神秘的图形符号加以营销，讲述客家服饰背后的文化故事及设计理念，增强消费者的文化体验和品牌认同感。二是增设体验环节，设置客家服饰的体验馆，让消费者可以亲身感受客家服饰的美感，并借助新媒体平台如微博、微信、抖音、小红书等进行推广，制作并发布有关客家服饰体验感的短视频、直播、网红推荐等内容，吸引当代年轻人的关注。三是强化文创联动效应。随着新时代经济社会的高速发展，纯粹依靠传统手段发展的客家服饰已经难以适应市场的需求，文化创意产品的引入能够有效推动文化产业的转型升级，通过文创产品的手段能使客家服饰在消费者心中的印象从“传统”转向“创新”。可以通过深挖文化内涵，如原材料的加工工艺、客家服饰的民俗行为、花色图案的文化寓意等，均可融入产品设计中；可以在原有工艺的基础上，对工艺技法进行创新与升级，开发出富有时代特色的文创产品等。

综上所述，要做好文化创意营销，必须深挖客家服饰文化内涵，对客家服饰形成的主要动因、艺术风格、工艺技术、民俗行为、情感观念等进行深度挖掘，提取其精神标识，并加以创新转化，用心讲述当代年轻人喜闻乐见

的客家故事。另外，加强跨界合作和人才培养、运用新兴技术手段、开展文化创意展示活动、强化新媒体营销及网红效应等，都是活化客家服饰文化产业的关键所在。

五、结语

自古以来，衣、食、住、行是人类生存生活的四大必要元素，人们将“衣”排在首位，足见中华民族对服饰文化的重视和认同。中国素有“衣冠古国”“衣被天下”的美誉，加之海陆“丝绸之路”的开通，一度让古中国成为世界服饰文化的中心，服饰成为诸多传统民族文化的重要组成部分。中华传统服饰融合了不同时期人们的美学思想与审美情趣，形成了中华民族特有的服饰文化系统，反映出每个时代的社会发展状况以及人们的精神追求和文化底蕴。故《春秋左传正义》有言：“中国有礼仪之大，故称夏；有服章之美，谓之华。”中华服饰华彩之美，历来被万邦推崇，影响深远，其文化属性已经深深植根于服饰行业中。

客家服饰是客家文化的重要载体，蕴含了丰富的客家历史、工艺特色及民俗行为等文化内涵，是客家文化不可分割的组成部分。客家服饰属于传统工艺品，是发展客家文化产业的重要基础，深入挖掘和利用好客家服饰这一文化资源，可以有效推动客家服饰产业的转型升级，实现产业链的延伸和文化产业的创新发展。从传承客家服饰、推动产业转型、吸引年轻人、增强竞争力、实现创意发展以及可持续发展等方面来说，都必然要求客家服饰走文化产业发展道路，这也是客家服饰文化活化、提高吸引力、影响力和魅力的必由之路。

参考文献

[1] 郑彤，罗锦婷. 服装设计创意方法与实践［M］. 上海：东华大学出版社，2010.

[2]［瑞士］Carl Gustav Jung. 分析心理学的理论与实践［M］. 成穷，等，译. 上海：生活·读书·新知三联书店，1991.

多模态视域下中华服饰文化英译与国家形象建构探索

张慧琴

北京服装学院中外服饰文化研究中心　北京　100029

摘要：随着我国综合国力的不断增强与国际影响力的逐年提升，如何站在中华文明的新高度，探索多模态视域下新时代国家形象的构建，已经成为学界关注的焦点之一。中华服饰作为民族传统文化的载体，在对外文化翻译中成为参与国家形象建构的重要组成部分。本文基于全球数字化浪潮与现代媒介技术的快速发展，聚焦奥运中华服饰，挖掘中华优秀服饰文化内涵，充分利用现代技术，借助“图文并茂、视听融合、参与体验”的多模态服饰文化翻译，协调文化差异，实现不同模态之间的协调并用与相互补充。最终的结论是：首先要激发民族凝聚力和自豪感；其次是充分利用多模态，采用、阐释能够引起情感共鸣的服饰文化内涵，拉近与受众群体之间的情感距离；借助多模态创新服饰文化表达，打破传统译文单一模态的桎梏，讲好中国服饰故事，助力塑造“可信可爱可敬”的新时代国家形象。

关键词：多模态；国家形象；服饰文化翻译

随着我国综合国力的增强和国际影响力的不断提升，世界了解真实中国的客观需求引起国际社会的关注，向世界展示真实中国形象的主观愿望也成为时代所需，主客观原因助推我们对新时代国家形象建构进行思考与探索。服饰也是民族优秀文化的重要组成部分，在文化交流中具有流动性强、传播速度快、波及面宽、易于相互借鉴与模仿的特点，在国家形象建构中具有得天独厚的优势。如何借助现代技术，在多模态视域下探索中华传统服饰文化英译表达，方便异域受众群体对于服饰文化内涵的理解与认识，展示中华文化独特魅力，拉近不同民族之间的情感距离，助力塑造“可信可爱可敬”的国家形象，成为目前亟待解决的问题之一。

一、国家形象研究概述

学界普遍认为“国家形象”的研究最早始于20世纪50年代，其相关研究主要分为四种学说。第一是“认知说”，由美国著名经济学家肯尼思·艾瓦特·博尔丁（Kenneth Ewart Boulding）[①]率先提出，认为“国家形象是本国自身的认知与国际体系中他国认知结合的产物，是一个国家对自身形象认知输入和输出共同作用的结果，是自塑形象和他塑形象的总和”；第二是“声誉说”，美国学者罗伯特·基欧汉（Robert O. Keohane）认为各国从利益角度出发，参与并遵守国际制度规范，树立维护好的国家声誉；第三是“建构说”，由美国国际关系理论学家亚历山大·温特（Alexander Wendt），从身份认同与文化认知角度提出的，认为不同国家间存在三种不同的文化，不同国家间相互构建性质不同的国家形象；第四是“品牌说”，由英国市场营销专家西蒙·安霍尔特（Simon Anholt）提出，认为国家形象与国家品牌相关联，创立了“国家品牌六边形”。[②]上述四种学说从不同角度出发，针对国家形象展开实践层面的应用研究。

国内对于国家形象的研究则起始于20世纪90年代，特别是关于国家形象概念的界定，其观点主要分为两类。一类认为国家形象是由国际社会认定的，完全取决于他塑。具体包括“国际媒介认定说”，认为国家形象是“一个国家在国际新闻流动中所形成的形象，或者说是一国在他国新闻媒介的新闻和言论报道中所呈现的形象”。[③]也包括“国际公众评价说”，认为“国际社会公众对一国相对稳定的总体评价”，以及“国家形象是一国在其他国家人们心目中的综合评价和印象”。[④]另一类认为国家形象是由国内民众以

① 见参考文献［1］。
② 见参考文献［36］。
③ 见参考文献［35］。
④ 见参考文献［13］。

及国际社会的评价综合而成的，这就意味着国家形象是自塑与他塑的融合。“国家形象是国家的外部公众和内部公众对国家本身、国家行为、国家的各项活动及其成果所给予的总的评价和认定。”①学界对于国家形象概念的理论探索，为国家形象建构指明了方向。

国家形象具有极大的影响力与凝聚力，是“构成国家实力的基础”，②是“国家结构的外在形态……是国家质量及其信誉的总尺度，更是国家软权力的最高层次”③“国家形象对内影响一个国家的凝聚力和国民的归属感，对外决定国家间交流与合作的深度和广度”。④良好的国家形象不仅是谋求国家利益、增强一国在国际事务中话语权的重要手段，也是有效促进国家经济与社会发展，推动一国文化和价值观在海外的传播和接受，扩大其在世界范围内影响力的有力保障。⑤正因为如此，作为国家社会科学基金重大项目预期的研究成果，学界着手从跨文化生成、国家公关关系、新闻媒体、话语机制、新闻生产、国家利益、全球传播效果、传媒话语的权力场与国家形象建构之间的关系展开深入研究的同时，还从德国《明镜》周刊、英国《泰晤士报》、涉华纪录片等不同角度进行中国国家形象生成的实证研究，⑥王宁、曹永荣以小见大，⑦从城市形象研究入手，基于“十三五”规划中的北京城市形象，借助计算机辅助数据分析的方法，聚焦英德法三国媒体中的北京形象展开研究，探索北京未来新形象构建路径。范红、胡钰则从文明互鉴的角度，⑧聚焦中华优秀文化与中华文明精神气质的挖掘和探索，结合历史发展变迁与时代特征，关注不同文明之间的对话与交流，在新媒体背景下，创新呈现国家文化形象传播的载体，正视人类命运共同体建设的现实问题，从品牌文化的角度探索国家形象塑造。

除此之外，在2021年清华大学国家形象传播研究中心举办的“新时代中

① 见参考文献［19］。
② 见参考文献［27］。
③ 见参考文献［28］。
④ 见参考文献［39］。
⑤ 见参考文献［38］。
⑥ 见参考文献［36］。
⑦ 见参考文献［30］。
⑧ 见参考文献［21］。

国美·时尚峰会"上，范红教授聚焦"以服饰之美塑造国家形象"，认为服饰是体现中华文明最直观的文化符号，并从个人海外经历（日本同事和英国同学每逢重大场合都会选择体现民族特色的服饰）、学术理论［依托国家形象多维塑造模型，结合吉尔特·霍夫斯泰德（Geert Hofstede）文化洋葱模型，通过服饰特色彰显民族特性，阐释中华传统文化的精神内涵和价值理念，培养当代中国人最深层的文化自信］和实践路径（服饰塑造国家形象属于系统工程，既需要海内外同胞的躬身力行，也需要主流媒体、新媒体等多渠道传播，更需要借助多模态将中国服饰之美更广泛、多触点地融入人们的认知范畴和日常生活）三个维度，阐述了中华服饰对于彰显文化自信、塑造新时代中国形象的作用与影响。

事实上，早在1971年，美国心理学家艾伯特·梅拉比安就曾通过实验证实，人与人之间第一印象取决于"55387"定律，在彼此之间产生印象的过程中，55%来源于外表穿着、38%来源于肢体、语调和语气、7%的印象来源于谈话内容，英国伦敦时尚学院的服饰历史学家克里斯托弗·布鲁沃德（Christopher Breward）在1995年也曾经强调，在全球营销策略与广告形象的品牌化过程中，服饰已经成为快速打破社会和区域界限，广为人们接受的世界语言。由此可见，服饰在人际交往中作为形象塑造的无声语言，体现着装者的身份、地位、品位等。那么，借助现代技术的多模态服饰文化英译，聚焦服饰文化内涵的解读，在一定程度上可以打破不同民族的心理隔阂，拉近彼此之间的情感距离，使服饰成为多姿多彩的有声语言，助力国家形象建构。

二、多模态视域下服饰文化英译与国家形象塑造的理据

"模态"是指在社会文化中形成的创造意义的符号资源，"多模态"是指在设计一个符号产品或事件时使用的多个符号模态。[①]意义的生成根据具体的情景语境，由包括言语、图像、听觉符号等在内的符号模态以特定方式组合，通过一定的媒介系统实现。随着社会科学发展，"多

① 见参考文献［11］。

媒介性（multimediality）逐渐成为社会文化实践的基本模式，多模态化（multimodality）也相应成为意义构建与互动的普遍特征”。[①]在翻译学研究领域，陈曦、潘韩婷、潘莉提出了“翻译研究的多模态转向”，[②]关注文本不同模态层面的转换，而不是仅仅把翻译看作“跨文化交际实体的文本模态，从原语受众转而传递给目标语受众”。[③]翻译文本的构建不再局限于传统线性文字，翻译范式也从印刷范式向数字范式转变。[④]这就意味着翻译从原本以文字模态为主，逐渐转向以绘本、漫画、戏剧、电影、游戏、网站等多种模态，共同参与再现和创造原文意义。

Liu指出多模态翻译是指视觉元素用于传递语言信息，[⑤]图文符号同时呈现，图像以不同的模态“翻译”文本。González提出随着科技快速发展和翻译走向主流文化产业，多模态必将成为未来翻译界的研究焦点。[⑥]多模态翻译主张“翻译不应该被窄化至语言意义的传递，而是要设计出跨越文化障碍的文本”，[⑦]强调充分利用现代数字媒体技术，借助原文本模态的多种表现形式（文字、视觉、听觉等符号），以及这些符号作为媒介的具体表现形式（如戏剧、漫画等），乃至现代物理传播渠道（如广播、电视等），[⑧]使模态与媒介结合，由此生成具有直观、具象与生动特点的多模态文本，方便受众者对于原文本的理解接受。吴赟，牟宜武聚焦多模态翻译的两种主要范式，[⑨]认为“模态内翻译（intramodaltranslation）是指将原文本中的模态在译本中翻译为相同类型的模态，属于同种符号的转换”，比如原文与译文在不同语种之间的文字转换；“模态间翻译（intermodaltranslation）则是指将原文本的模态通过不同层面的协调，转化为另一种模态”，比如从单一的文字模态转化为影视、漫画、绘本等不同类型的多模态，再现原文本的文化

① 见参考文献［33］。
② 见参考文献［44］。
③ 见参考文献［9］。
④ 见参考文献［4］。
⑤ 见参考文献［13］。
⑥ 见参考文献［5］。
⑦ 见参考文献［6］。
⑧ 见参考文献［12］。
⑨ 见参考文献［34］。

内涵。Zhang、Feng聚焦多模态翻译的路径与方法，[①]结合《孙悟空》《花木兰》和《孙子兵法》等典型案例，从语内翻译、语际翻译、符际翻译三个层面探索、论证翻译属于模态间的转化，其本质在于将原文本的符号模态转换为与之不同的符号模态，以期为目标受众带来不同的感受与体验。这就意味着多模态翻译跨越文字的桎梏，激活翻译的创造活力，成为当今对外讲好中国故事，塑造新时代国家形象的创新路径之一。

中华服饰文化历史悠久，据《春秋左传正义》记载，"中国有礼仪之大，故称夏；有服章之美，谓之华。"华夏服饰文化，承载文明历史记忆、传递传统价值内涵、彰显民族身份认同，是国家形象最具标志性的文化符号之一。在跨文化翻译中，有些传统文化元素很难在其他文化中找到"对等物"，如果仅仅拘泥于文字模态层面的翻译，则无法充分实现"由原语文化发起，其目标是弘扬原语文化"的翻译目标。[②]比如我国传统的以祥瑞神异动物和龙凤为装饰的图纹，以及象征婚姻美满与吉祥福瑞的阴阳和谐图纹等，译者如果拘泥于罗曼·雅各布森（Roman Jakobson）提出的"语言中心主义"的翻译定义，[③]显然是远远不够的。需要"综合运用多种符号模态来生成一个符号产品"的多模态翻译，[④]把语言符号"只是作为多模态网络中的一种模态"，[⑤]借助图像、声音、颜色等非语言符号模态作为创造意义的资源，并在各自符号模态的特定意义与其他符号模态交互的基础上，共同促成文本整体意义的产生。诸多研究表明，视觉元素能像语言元素一样传递文化的价值和烙印，以及清晰的指示和象征关系，可以把一种文化的形象传递到另一种文化中。《习近平谈治国理政》英文版正是借助45幅插图，富含图像、文本和色彩等元素的多模态翻译，塑造出中国亲仁善邻、爱好和平与具有大国风范的形象，同时建构出中国国家领导人主动自信、纵横捭阖和求真务实的形象。[⑥]中华传统服饰文化内涵丰富，服饰色彩与图纹的象征意义，类似马面

① 见参考文献［10］。
② 见参考文献［25］。
③ 见参考文献［7］。
④ 见参考文献［11］。
⑤ 见参考文献［8］。
⑥ 见参考文献［43］。

裙的独特款式，扎染、缂丝以及点翠等传统工艺等，都需要文字、图像、声音等相互配合与协调表达，进而使服饰文化内涵在“图文并茂”（借图阐释文本内容）、“视听融合”（视觉和听觉融合的基础上强化文字表达）以及“参与体验”（鼓励引导受众在感受和体验中加深对原文本的认知与理解）的多模态翻译中最大限度地呈现，帮助异域受众通过服饰文化了解、理解中华民族文化，增进对于当代中国人和中国事的感性与理性认知，使国家形象塑造在“自塑”与“他塑”中走向“合塑”。

三、多模态视域下服饰文化翻译与国家形象建构的实践

多模态视域下的服饰文化翻译需要仔细审读原文，充分考量不同文化中存在的差异，正如孟华所说，“任何一种相异性，在被植入一种文化时，都要做相应的本土改造。找到与原文对应，又能为本民族读者理解或接受的词语来进行置换。文化翻译的目的不仅是为了达意，更是为了促进文化交流。如果为了语用层面的交际而人为牺牲原语文化色彩，势必减损世界范围内的文化多样性”，[①]这就意味着翻译中一方面要注重挖掘文化内涵，另一方面要尝试对其进行多模态转化，在保持“博大精深、富有魅力文化形象的同时，树立现代与传统和谐融合的文化形象”。[②]下面以多模态视域下的奥运服饰文化翻译实践为例，探索服饰文化英译助力国家形象建构的具体路径。

例1：水墨轻岚，天人合一。

拙译1：A Dreamy Touch of Ink, a Colorful World of Link; Man and Nature in One.

拙译2：A Dreamy Touch of Ink, a Shared Future of Link; Man and Nature in One.

翻译实践过程剖析：服饰色彩文化寓意厚重，无论是代表释迦牟尼的白

---

① 见参考文献［26］。

② 见参考文献［42］。

色与《俱舍论》中的黑色，还是《道德经》中的“知白守黑”，都体现出不同民族的独特个性与审美情趣，包括我国传统的阴阳五行宇宙观。原文前半句“水墨轻岚”以借代手法阐释中华文化色彩，体现出传统色彩的唯美、干净、浪漫、和谐；后半句“天人合一”则体现人与服饰、人与自然的和谐统一。翻译的难点在于科学解读中华传统色彩“水墨轻岚”黑白简素的文化寓意，借助多模态对其补充阐释，方便异域受众理解其深刻的文化内涵。因此，翻译中首先尝试打破原文本的单一文字模态，“同一文本，是否配有图像会带来完全不同的阅读体验”，[①]在译本中合理植入图像，使其内容更加多彩与生动，充分展示中国水墨画韵味的笔触、浓厚单薄的线条、远近虚实的层次，以及传统美学和冰雪运动的巧妙融合；其次，翻译中要阐释展厅中服饰色彩（沉稳墨色、跃动霞光红、长城灰、天霁蓝和瑞雪白）相互映衬的恢宏场景与空间意境，传递中华传统思想“道法自然、天人合一”的和谐理念。最后，比照2008年北京奥运会专用色彩（中国红、琉璃黄、国槐绿、青花蓝、长城灰、玉脂白），扩展延伸2022年冬奥会“水墨轻岚”的水墨意象与文化意境，进而感受冬奥会主题口号“一起向未来”（Together for a Shared Future），回顾2008年北京奥运会口号“同一个世界，同一个梦想”（One World, One Dream）的“博大胸怀”，理解面对世界百年未有之大变局，我国作为国际大赛承办国的责任与担当，在奥运服饰展厅，巧用“水墨轻岚”色彩主题，呼吁世界各国携手并肩，相互支持，“一起向未来”，共同成为全球疫情抗击者、生命至上坚守者、绿水青山保护者、世界和平维护者以及友好竞争拼搏者。

在充分理解原文语义层面表达的同时，查阅视频资源，尝试在多模态视域下进行“图文并茂”的翻译实践，借助视频资源《水墨语——淡墨轻岚为一体》（古典舞），使目的语受众从原本的“图文”理解过渡到“试听融合”的感受与体验，在欣赏淡墨轻岚的乐曲中，品味中华传统色彩的和谐美好。拙译1借助“水墨轻岚”的四两（A Dreamy Touch of Ink），拨动多彩世界千斤（A Colorful World of Link），关照World和Dream（One World, One Dream）之间的“同一”关系，注重World of Link中的“Link”与A Dreamy

① 见参考文献［15］。

Touch of Ink中“Ink”押韵，体现奥运促进“世界的互联互通”。拙译2则更强调共享未来（A Shared Future of Link），相比拙译1，则更具时代感。原句中的“天人合一”协调翻译为Man and Nature in One，传递出保护环境，爱护自然，追求和谐的中国理念。同时，补充古典舞《水墨语》的画面，突破文本桎梏，通过多模态表达，提供《水墨语——淡墨轻岚为一体》的相关视频，方便读者在阅读文本与欣赏体验的多模态感受中，加深对于“水墨轻岚，天人合一”的文化内涵理解，进而实现从奥运服饰色彩文化理念层面，向世界传递出别具匠心的中国特色文化符号，体现新时代中国形象。

例2：“龙纹”战袍。

拙译1：Tarbards with golden loong pattern.

拙译2：Tarbards with Chinese golden dragon pattern indicating good luck and success.

翻译实践过程剖析：原文本“龙纹”战袍是指2022年北京冬奥会自由式滑雪女子大跳台谷爱凌夺冠的比赛服。拙译1和拙译2都属于传统文本译文，前者将“龙”直接音译为“loong”，顺应中国龙逐渐为西方读者理解的趋势，后者则将龙直译为“dragon”的同时，考虑到西方读者对于“邪恶、怪兽”龙的原有文化联想，补充龙在中华传统文化中的吉祥寓意（good luck and success），采用“增益”策略协调文化差异，方便西方读者理解接受。但是，如果补充相关图片，借助多模态英译，更可方便受众对象在多模态融合中深刻理解“中国龙”的文化寓意，进而理解“龙纹”战袍的文化内涵，包括红、白、黑、金传统色彩的合理搭配、现代插画风格的巧妙借鉴，以及飞龙从最下角的龙尾一直飞舞到右肩的吉祥寓意，使“龙纹”战袍展示了“龙”的传人乐观豁达、从容淡定、坚韧不拔、蓬勃向上的时代形象。

例3：奥运颁奖礼仪服装之“青花瓷”系列，造型上采用极具中国传统服装元素的旗袍领和小包袖，工艺上采用传统苏绣中“乱针绣”和镶、嵌、滚等传统旗袍制法，色彩与图案来源于传统经典的青花瓷，蓝白对比色彩鲜明，格调柔和淡雅又不失华丽。剪裁采用当时国际流行“立体剪裁”，贴身、合体，凸显女性楚楚动人特质。

拙译：The “Blue-and-white Porcelain” Series of Ceremonial Costumes for Beijing Olympics and Paralympics.The costumes adopt cheongsam collar and sleeves with traditional Chinese clothing design elements in the style. “Disordered needle work” in traditional Suzhou embroidery and traditional cheongsam tailoring methods such as inlaying and piping are adopted in the technical process. The color and pattern originate from classic blue and white porcelain in China. The blue and white colors are bright in contrast to the soft outlines, making the whole costume elegant and resplendent. In the tailoring, the designer adopts the international popular “three-dimensional tailoring” or “draping” at that time, ensuring the dress fitting the body very well and highlighting the lovely figures and manners of women.

翻译实践过程剖析：原文从造型、色彩、图纹、工艺和款式入手，全面介绍颇具民族特色的北京奥运颁奖礼服“青花瓷”系列。在具体的英译实践过程中，“青花瓷”先后翻译为“Blue-and-white Porcelain”“Series of Ceremonial Costumes for Beijing”“classic blue and white porcelain in China”，凸显其属于蓝白瓷器系列的礼服；而针对“旗袍领和小包袖”，则英译为“cheongsam collar and sleeves with traditional Chinese clothing design elements in the style”，并未具体阐释旗袍领和小包袖的特殊形制，只是表明领和袖都是中国传统元素设计；传统苏绣中的“乱针绣”英译为“Disordered needle work in traditional Suzhou embroidery”，强调此工艺属于中国苏州的传统特色针法，并未描述“乱针绣”的具体特色。而“镶、嵌、滚”等传统旗袍制法则英译为“traditional cheongsam tailoring methods such as in laying and piping are adopted in the technical process”，同样无法想象展示其具体特色。如此文本层面的英译，在一定程度上实属无奈之举。

结合现代技术，在多模态视域下，充分利用现有的网络资源，在文本翻译的基础上补充一些图片，使译文表达更加形象直观。通过奥运青花瓷礼服图片的展示，以及借助《青花瓷》的歌曲演绎与英文专题介绍，引导受众欣赏罗艺恒（Laurence）演唱的英文歌曲，[①]品味歌词“素坯勾勒出青花笔锋浓转淡（Blue strokes tailing off），瓶身描绘的牡丹一如你初妆（Peony lying against the vase, like only you）……天青色等烟雨而我在等你（Waiting for you, like the most beautiful porcelain colour expecting rain），炊烟袅袅升起隔江千万里（Smoke dances towards the sky, across the distant river），在瓶底书汉隶仿前朝的飘逸（The calligraphy records a Han style）……月色被打捞起晕开了结局（Moon in the water disturbed by a ripple, suggest a possible ending）……临摹宋体落款时却惦记着你（Of you the Song-style signature is a reminder），你隐藏在窑烧里千年的秘密（The secret sealed for generation in the kiln），极细腻犹如绣花针落地（is more delicate than a fallen needle）……在泼墨山水画里你从墨色深处被隐去（You are fading now, in the heavy ink of a landscape painting），关注其巧用“素坯”“仕女”“汉隶”等系列词汇描摹青花瓷洗尽铅华与典雅的风采，帮助受众在对柔情而古典的唱腔、绝妙填词的赏析中，理解“青花瓷”特有的淡雅格调与沉稳华丽，在“美美与共”中产生情感共鸣，拉近不同民族之间的心理距离，使中国美在异域受众心中生根。

同样，在文本翻译的基础上补充相关的图片与介绍，也在一定程度上使“旗袍领、小包袖，以及镶、嵌、滚”的传统特色元素“一目了然”。特别是配合关于苏州乱针绣交叉针的视频，以及旗袍包绲边和镶嵌的制作工艺视频，吸引对旗袍工艺感兴趣的异域受众模仿学习，在参与学习过程中理解感受中华服饰文化的独特魅力，加深对于中国人的智慧、勤劳与审美的认识，文化的理解与沟通以服饰美为媒，融会贯通于日常的衣食住行之中。

---

① 见参考文献［45］。

四、多模态视域下服饰文化翻译与国家形象塑造的反思

文化是民族的灵魂，服饰文化体现中华传统文化价值观，多模态视域下的服饰文化英译唤起全球视域下中国文化价值观、审美情趣、生活方式的国际关注与认同，成为中华"服饰之美塑造国家形象"的有力手段。

多模态视域下服饰文化英译的关键之一在于深刻理解文化内涵，并能够在翻译过程中协调文化差异，使翻译不局限于针对汉语文本的翻译，还应该包括针对汉语微视频的字幕、中文图片的注解，以及传统工艺制作视频教程的英文注解等，这就意味着译者应该是多面手；也可以尝试与平台合作，为平台相关内容的文化交流提供翻译服务。另外在翻译过程中还要坚持多模态的合理借鉴与协调并用，使不同模态之间能够互补并支撑，最终实现用外国人乐于接受的方式，阐释中华服饰文化内涵，助力塑造新时代开放包容、儒雅大度、"可信可爱可敬"的大国形象。

综上所述，多模态视域下的服饰文化英译，首先，要严把"翻译关"，最大限度地忠实于原文，充分尊重、关照目标语读者的文化习俗与理解接受能力，"适度"协调文化差异，借助现代技术图文并茂，在乐音中"优化"源语的文化表达。其次，要打好"情感牌"，换位思考，选用目标语读者乐于接受的方式讲述"中华服饰故事"，多管齐下，科学调配，多模态并举，拉近原文读者和译文读者之间的情感距离。最后，要力争创新服饰文化表达，实现新时代"服饰新演绎"；充分利用数字媒体技术的最新成果，对传统服饰文化内涵进行深度挖掘，结合时代审美进行"二度"创新演绎。打破源语与目的语之间语言文本层面的桎梏，补充图像以实现"图文并茂"，借助视频以实现"试听融合"，查询或创作多模态相关内容，多制作英文版本的相关教学视频，使原文本在"不拘一格"中"脱胎换骨"，重获新生。比如，原文本的文字描述可以通过链接一首赞歌，一部微电影，相关人物采访片段或某个工艺制作的视频教程，引导鼓励译文读者在"参与体验"或"有奖竞答"中，从传统的文本阅读转换为"沉浸体验"或"身临其境"，在"过关斩将"的互动交流中，使原本陌生、抽象、晦涩难懂的服饰文化内涵，借助其直观、形象、生动的多模态创新表达，逐步被异域读者理解、接受或认同，使中华服饰在

"民心相通"与"美美与共"中成为塑造国家形象的文化"软实力"。

五、结语

服饰是人类历史和社会生活的缩影，也是人类文明和文化艺术的载体，更是民族精神和国家形象的体现。多模态视域下服饰文化的英译历程，是理解文化内涵，严把"翻译观"，忠实原文，充分利用现代数字媒体技术，借助服饰文化多模态表达，使中华服饰文化走进国际视野，进而走向世界的历程；是打好"情感牌"，通过参与国际合作交流或国际活动，主办类似奥运盛会的国际赛事，使中华服饰文化"多模态"走向国际主流大众，融入世界的历程；是"服饰新演绎"，扎根传统服饰文化，"多模态"传承创新服饰表达，扩大中华服饰文化国际影响力，助力塑造新时代国家形象的历程。多模态视域下的服饰文化英译对于展现中国形象的可信度、增强中国形象的可爱度、传递和谐美好中国形象的可敬度而言，任重道远。

参考文献

[1] Boulding K.E. National images and international systems[J]. Journal of Conflict Resolution, 1959(3): 120-131.

[2] Breward Christopher. The culture of Fashion:A New History of Fashionable Dress[M]. Manchester:Manchester University Press, 1995.

[3] Davis Fred. Fashion,Culture and Identity[M]. Chicago:University of Chicago Press, 1992.

[4] Gambier Yves. Rapid and radical changes in translation and translation studies[J]. International Journal of Communication, 2016(10): 889.

[5] González L P. Multimodality in Translation and Interpreting Studies: Theoretical and Methodological Perspectives[J]. A Companion to Translation Studies, 2014: 119-131.

[6] Holz-Mänttäri J. Translatorisches Handeln : Theorie und Methode[M]. Helsinki: Suomalainen Tiedeakatemia, 1984.

[7] Jakobson R. On Linguistic Aspects of Translation [M] //On Translation. Harvard University Press, 1959: 232-239.

[8] Jewitt C, Bezemer J, O'Halloran K. Introducing Multimodality [M]. London: Routledge, 2016.

[9] Kaindl K. Multimodality and Translation [M] //The Routledge Handbook of Translation Studies. London: Routledge, 2013: 257-269.

[10] Zhang M, Feng W D .Multimodal Approaches to Chinese-English Translation and Interpreting [M]. London: Routledge, 2020.

[11] Kress G R, Van Leeuwen T. Multimodal discourse: The modes and media of contemporary communication [J]. College Composition and Communication, 2002, 54 (2): 318-320.

[12] Lee T K. Performing multimodality: literary translation, intersemioticity and technology [J]. Perspectives: Studies in Translatology, 2013, 21 (2): 241-256.

[13] Liu, Fung-Ming Christy. On Collaboration: Adaptive and Multimodal Translation in Bilingual Inflight Magazines [J]. Meta: Translators' Journal, 2011, 56 (1): 200-215.

[14] Morgenthau H J, Thompson K W, Clinton W D. Politics among nations: The struggle for power and peace [M] .New York: McGraw-Hill, Inc., 1985.

[15] Weissbrod R, Kohn A. Translating the visual: A multimodal perspective [M]. London: Routledge, 2019.

[16] Breward C. The Suit: Form, Function and Style [M]. London: Reaktion Books, 2016.

[17] [美]兰斯·班尼特.新闻:幻象的政[M].杨晓红，王家全，译.北京:中国人民大学出版社，2018.

[18] 管文虎，邓淑华，罗大明. 国家形象论 [M]. 成都：电子科技大学出版社，2000.

[19] 杜预. 春秋左传正义 [M]. 上海：上海古籍出版社，1990.

[20] 范红，胡钰. 国家形象：文明互鉴与国家形象[M]. 北京：清华大学出版社，2021.

[21] 李正国. 国家形象建构[M]. 北京：中国传媒大学出版社，2006.

[22] 刘继南. 大众传播与国际关系[M]. 北京：北京广播学院出版社，1999.

[23] [美]A.L.Kroeber. 霸权之后：世界政治经济中的合作与纷争[M]. 苏长和，译. 上海：上海人民出版社，2001.

[24] 吕世生. 中国“走出去”翻译的困境与忠实概念的历史局限性[J]. 外语教学，2017，38(5)：86-91.

[25] 孟华. 试论他者“套话”的时间性[M]//孟华. 比较文学形象学. 北京：北京大学出版社，2001：185-196.

[26] 王沪宁. 作为国家实力的文化：软权力[J]. 复旦学报(社会科学版)，1993(3)：91-96.

[27] 王家福，徐萍. 国际战略学[M]. 北京：高等教育出版社，2005.

[28] 王宁. 国家形象的建构与重构[N]. 社会科学报，2018-03-01(006).

[29] 王宁，曹永荣. 翻译与国家形象的建构及海外传播[M]. 北京：清华大学出版社，2022.

[30] 汪榕培. 为中国典籍英译呐喊——在第三届全国典籍英译研讨会上的发言[J]. 中国外语，2006(1)：66.

[31] 吴友富. 中国国家形象的塑造和传播[M]. 上海：复旦大学出版社，2009.

[32] 吴赟. 媒介转向下的多模态翻译研究[J]. 上海外国语大学学报，2021，44(1)：115-123.

[33] 吴赟，牟宜武. 中国故事的多模态国家翻译策略研究[J]. 外语教学，2022，43(1)：76-82.

[34] 徐小鸽. 国际新闻传播中的国家形象问题[C]//刘继南主编. 国际传播——现代传播论文集. 北京：北京广播学院出版社，2000：27.

[35] 徐明华. 中国国家形象的全球传播效果研究[M]. 武汉：华中科技大学出版社，2019.

[36] 习近平. 加强和改进国际传播工作 展示真实立体全面的中国[N]. 人民日报，2021，6(2)：1.

[37] 曾利沙. 概念内涵·政治意涵·形象塑造[J]. 上海翻译, 2021(6): 60-66+95.
[38] 陈琳琳. 中国形象研究的话语转向[J]. 外语学刊, 2018(3): 33-37.
[39] 张慧琴. 中华传统服饰文化翻译协调美[M]. 北京: 外语教学与研究出版社, 2020.
[40] 张慧琴, 刘颖. 中华服饰文化的多模态表达与新时代国家形象建构探索[J]. 艺术设计研究, 2022(5): 25-30.
[41] 张昆, 刘爽. 国宝传播: 中国国家形象构建的新路向[J]. 中南大学学报(社会科学版), 2022, 28(1): 182-190.
[42] 陈风华, 董成见. 多模态翻译的符际特征研究——以《习近平谈治国理政》为中心[J]. 学术探索, 2017(10): 90-95.
[43] 陈曦, 潘韩婷, 潘莉. 翻译研究的多模态转向: 现状与展望[J]. 外语学刊, 2020(2): 80-87.
[44] 罗艺恒Laurence.《青花瓷》罗艺恒 Laurence~英文版![DB/OL]. (2020-01-05)[2023-09-06]. https://www.bilibili.com/video/av82227972/.

民族服饰文化资源保护传承与乡村文化振兴研究

——以广西南宁市古岳文化艺术村为例

梁汉昌[1]　梁颀婧[2]

1 广西民族文化艺术研究院　南宁　530023

2 广西南宁市青秀区古岳艺术馆　南宁　530023

摘要: 民族服饰是民族地区极为重要的文化符号，其承载了民族图腾、信仰、礼仪等方面的含义信息，是宝贵的文化资源。保护传承好民族服饰这一宝贵的文化资源就是留住民族文化的基因，而民族文化基因正是乡村文化振兴的源头活水，也是民族地区文旅融合发展的基石。

关键词: 民族服饰；文化资源；保护传承；乡村文化振兴

中国少数民族的着装，由于地理环境、气候、风俗习惯、经济、文化等原因，经过长期的发展，各具特色，五彩缤纷，绚丽多姿，精美绝伦，具有鲜明的中华民族特征，成为全球民族优秀历史文化的重要组成部分。在我国广大的民族地区，民族服装是各个村寨、乡镇、市县的重要文化资源，甚至成为具有代表性的文化符号，成为传播民族文化和嘉宾、游客体验重要的载体。保护传承好民族服饰这个宝贵的文化资源就是留住民族文化的基因，而民族文化基因正是乡村文化振兴的源头活水，也是民族地区文旅融合发展的基石。广西壮族自治区人民政府近年来着力打造的“壮族三月三·八桂嘉年华”文化品牌，民族服饰文化一直是重要的内容。头两年是居住在乡村的壮族人穿民族服装，之后是居住在城市的壮族人受感染纷纷跟上穿戴，而今年的“三月三”节日庆典活动则发展到其他各民族一起，城乡一起，领导干部和群众一起，男女老少一起，皆着民族服装欢度佳节，民族服饰文化受瞩目的程度可谓前所未有，从而带旺了广西城乡的文化旅游产业。

本文以广西南宁市青秀区南阳镇施厚村古岳坡（古岳文化艺术村）为例，探讨作为文化资源的民族服饰的历史与内涵、该村保护传承民族服饰的路径和方法以及民族服饰在乡村振兴中的作用和效果。

一、作为文化资源的民族服饰

所谓文化资源，一般认为可用于指称人类文化中能够传承下来，并可资利用的那部分内容和形式，它是发展文化产业的基础和核心资源，也是稀缺资源。

民族服饰则指各民族本身文化中独有特色的服饰。在一些民族国家的城市生活中，日常生活以便服、西服为主，但在节日庆典场合中，则会以民族服饰打扮出现。通过服饰的形制样式、色彩搭配、装饰用品大致可以推断出穿戴者的民族成分、婚姻状态、社会或宗教地位等。民族服饰文化内涵丰富，包括原料制作、纺织工艺、印染工艺、刺绣工艺、纹样图案、色彩表现等，具有物质和非物质两种文化属性。民族服饰及其文化与特色民居等是重要的文化资源。

2015年年初，古岳坡被几位艺术家和政府选中做乡村生态综合振兴示范村，项目定名为“古岳文化艺术村”。在做项目策划顶层设计时，策划团队把民族服饰及其文化作为重要的文化资源来考虑，设定为其中一个核心内容。考虑的理由是：古岳文化艺术村所在的青秀区是广西首府南宁市一个城区，它有理由作为广西的窗口，承载和展示12个世居民族的民族服饰等文化艺术。

二、古岳文化艺术村保护传承民族服饰的路径和方法

习近平总书记强调：“要加强非物质文化遗产保护和传承，积极培养传承人，让非物质文化遗产绽放出更加迷人的光彩。”作为重要文化资源的民族服饰文化，是中华优秀传统文化的重要组成部分，是技艺之美、匠心之美，是我国各族人民宝贵的精神财富、文化遗产，体现着中华民族五千多年

文明的继往开来传承发展。对传统之美、生活之美的再感知，也是感悟中华文化、增强文化自信的过程。古岳文化艺术村的发起人团队和运营团队，把保护传承民族服饰文化作为助力乡村振兴的重要抓手，从2017年起开始探索了一条独特的路径和方法。

（一）引进传承人开设工艺坊和传承基地

为复兴古岳坡濒危的服饰文化遗产，古岳文化艺术村策划和运营团队引进了自治区级非物质文化遗产代表性项目壮族纺织工艺传承人梁秀兰、梁桂花建立“桂布坊”；引进了中国工艺美术大师、中国织锦工艺大师、自治区级非物质文化遗产织锦技艺代表性传承人谭湘光，建立“中国织锦工艺大师谭湘光壮锦技艺传承基地”。几年来，工艺坊和传承基地挖掘和增加了壮族棉纺织工具近200件，设计了青少年纺织染绣研学体验课程，培训了超过万名学生和社会人士。非遗传承人的进驻，激活了村民的传统文化记忆、复兴了濒危的服饰文化遗产，“到古岳体验非遗”成了古岳文化艺术村的一张名片。2018年6月，古岳文化艺术村获得自治区文化和旅游厅授予“广西传统工艺工作站（广西古岳文化产业有限责任公司站）”的牌匾，成为广西首批6个传统工艺工作站之一。

广西传统工艺工作站（广西古岳文化产业有限责任公司站）建立后，推荐选送了黄茜婷、赖德芹等9名新时代手艺传人参加文化和旅游部、教育部、人力资源和社会保障部联合举办的“中国非物质文化遗产传承人群研修研培计划”广西民族大学培训班，全部学成结业，为工作站注入了新生力量。

（二）收藏中国西南民族服饰实物

古岳文化艺术村策划和运营团队在准备策划创建艺术村过程中得以接触许多民族服饰珍品，其间产生的强烈意识是如果不将其保留下来，它们的结果只有两个：一是不为人知地泯灭（保存不好自行腐朽），二是散乱地流失不知所终。而将它们收集起来，进行整理，建一座中国西南民族艺术博物馆，将是它们最好的归宿。因此他们筹措300多万资金收藏了壮、侗、苗、瑶、水、布依等民族的传统服饰及背带、包被、壁挂、门帘、窗帘等，总计两千五百多件（套）。这些民族服饰上的花纹图案，对于没有文字的民族来说就不仅仅是装饰，它是记述民族图腾、历史、神话和生活习俗的载体，是民族识别的符号和精神寄托，是民族的无字史书。

（三）建立民族服饰资源库

在收集服饰实物的同时，古岳文化艺术村策划和运营团队将其做了梳理并形成叙述性的文字，以作为展览的说明。可以说，一个“中国西南民族服饰博物馆”的前期工作已完成。与此同时还有二十万张在这些民族村寨中拍摄的照片。这些照片以壮、苗、侗、瑶、彝、仡佬等民族传统服饰及其服饰制作工艺为主线，同时从民族学、社会学的视角，呈现其在民间艺术、宗教信仰、婚丧、节庆、习俗、饮食、居住等方面展示出的、生息繁衍在祖国大西南这片热土上的、中国三大远古族系（羌氏系、苗瑶系、百越系）延续千年、鲜为人知、摇曳多姿的服饰文化。

（四）举办“大美非遗绚丽八桂——广西民族服饰文化展”

2017年9月起至今，广西传统工艺工作站（广西古岳文化产业有限责任公司站）在古岳艺术馆举办“大美非遗绚丽八桂——广西民族服饰文化展”，展出广西12个世居民族服饰文化摄影作品300多幅和相关视频，几年来共接待国内外嘉宾、学生五万余人次（如图1）。

图1　观众在古岳艺术馆观摩“大美非遗绚丽八桂——广西民族服饰文化展”

（五）开展民族服饰文化研究

研究就是探求事物的真相、性质、规律等。为更好地保护传承民族服饰文化，古岳文化艺术村策划和运营团队聘请民族服饰研究专家对中国西南民族服饰文化进行研究，出版《山地的彩虹——瑶族服饰》《锦绣广西》《美美与共》系列日历书，《隆林苗族服饰图鉴》《没有围墙的民族博物馆：广西隆林》学术著作；在中文核心期刊《民族艺术》发表“瑶族服饰”图文专题，在《广西民族大学学报》哲学社会科学版发表“隆林苗族服饰”“金秀瑶族服饰”“壮族服饰”“隆林汉族服饰”图文专题；在杨源教授主编的《锦绣华装——中华传统服饰之大美》论文集中发表壮族纺织工艺调研报告；参加广西民族博物馆和韩国国立博物馆联合举办的“美的瞬间：中国广西纺织文化”展览等。

（六）发展民族服饰文化产业

为推动民族服饰文化产业，古岳文化艺术村策划和运营团队积极开展广西壮族自治区民族宗教事务委员会的委托课题“广西世居民族新装设计制作”的研究工作；申请并主持完成省部级社会科学规划课题“广西壮族服饰文化传承与创新设计”，并开始将研究成果在南宁市桂雅路教育集团开泰校区进行成果转化；指导广西京衫贸易有限公司开展“民族文化传承与校服文化创新设计”课题研究。

三、民族服饰在乡村振兴中的作用和成效

古岳文化艺术村位于南宁市东部，距离市中心60多公里，相对比较偏僻。全坡总共有83户，总人口316人；有山林面积约2048亩，耕地面积约810亩。粮食生产以水稻、玉米、红薯等为主；经济作物主要有甘蔗、花生、龙眼等；畜牧水产主要有猪、鸡、鸭、鱼等。在建设古岳文化艺术村以前，古岳坡可以说是个空心村，年轻人全部外出打工，留守的是十几位70多岁的老人。传统民居所剩无几，非物质文化遗产传承濒危：传统戏剧采茶戏已经失传，南阳大鼓、芭蕉香火龙、纺织工艺、五色糯米饭制作技艺后继无人，传统民

居、民俗在现代化生活的冲击下逐渐衰落，面临消亡。

2015年以来，古岳文化艺术村借助创建市级生态综合示范村的机遇，引进民族服饰非遗专家、非遗传承人、创客和艺术家等，对民族服饰文化、民族音乐等文化资源进行深度挖掘和弘扬，经过几年的探索和实践，建成了本地文化氛围浓厚、民族非遗特色显著、艺术创作气息浓烈、生态环境宜居宜游、公共设施配套完备、村民生活富裕文明的市级特色综合示范村。截至目前，古岳文化艺术村被有关部门评为“中国少数民族特色村寨”“中国美丽休闲乡村”“国家森林乡村”“全国文明村镇”“广西五星级乡村旅游区”“广西休闲旅游示范区”“广西文旅厅民族团结进步示范联系点”“广西中小学生研学实践基地”，以及“南宁市文化产业示范基地”等。古岳文化艺术村反映了广西近年来乡村振兴取得的成就，深受公众和游客的欢迎，已成为广西乡村文化振兴的鲜明样本。参见图2、图3。

图2 古岳文化艺术村俯瞰图

图3 市民在古岳传统工艺工作站体验壮族纺纱工艺

文旅融合背景下广西民族服饰的保护与发展

樊苗苗

广西民族博物馆　南宁　530028

摘要： 广西民族服饰的保护大多聚集于博物馆与学术层面，呈现出趋同于舞台效果的现象，使得传统民族服饰与视觉影像中的民族服饰差别较大，混乱的认知并不利于民族文化的宣传和弘扬。随着人们文化自信的增强，尤其是文旅融合后，广西民族服饰作为民族文化的代表性符号，越来越受到重视，成为社会不同群体的着装需要，这对本地区民族服饰的保护与发展也提出了新的课题和挑战。

关键词： 文旅融合；民族服饰；保护；创新

民族服饰是中华民族传统文化的重要载体，是中华优秀传统文化的重要组成部分。广西各民族服饰种类繁多，精彩纷呈，它们为中华民族服饰增添了无限光彩，展现出百变多样的服饰特征和民族间交往交流交融的文化特色。各民族因生活环境、历史传统、风俗习惯、审美意识相异，服饰风格也各有特色，像壮族服饰的沉稳、瑶族服饰的绚烂、苗族服饰的亮丽、侗族服饰的精巧等，种类繁多，别具风采。各民族的服饰质地、形制、色彩、装饰、结构等方面都有民族文化交流共融留下的很多痕迹，而这些文化的生成与广西长期的民族团结、社会稳定是分不开的。自从文旅融合以来，作为民族服饰文化资源大省的广西，也在思考如何在保护和传承好民族服饰文化的同时，进一步利用自身的优势资源促进文化与旅游业的发展，尤其是助力民族地区的乡村振兴。

一、文旅融合与民族服饰

文旅融合是当前国内研究和探讨的热点。2017年颁布的《“十三五”时期文化产业发展规划》明确指出，文旅产业发展需要更加注重融合的深度，文化产业与旅游产业的融合形式需要更加多样化。2018年国家旅游局和文化部合并，组建文化和旅游部，是从国家战略层面推动文化和旅游融合的重要一步。文旅产业已经上升到国家层面，由此迎来文旅产业发展的新格局。文化与旅游的融合，不仅能够促进文化的繁荣发展，而且能够促进当地旅游产业的发展。文化是魂，是软实力，也是最能吸引人和打动人的。

随着国内外对“文旅融合”的关注度不断提高，文旅融合的相关研究成果数量也快速增长。但是，文旅融合和民族服饰的相关研究成果则显得略有不足。应该看到民族服饰在民族地区的旅游业，或在展示民族文化的旅游景区都发挥了重要作用，这在广西表现得尤为明显。广西有“山水甲天下”的桂林，有中国第一大的“跨国德天瀑布”，有龙胜龙脊梯田，有乐业大石围天坑等无数旅游胜地，每年吸引着国内外众多的游客，旅游业已经成为地方经济的重要组成部分。当游客到了桂林，除欣赏峻峭的喀斯特地貌的山峰，婀娜清澈的漓江水之外，还能看到龙胜梯田中的壮族和瑶族人民，他们的民族服饰也吸引着游客的目光，尤其是“龙胜红瑶晒衣节”早已经把民族服饰和旅游紧紧地结合在一起。而在新晋网红城市的柳州，除最为知名的螺蛳粉外，其下辖的三江侗族自治县和融水苗族自治县也是风光优美，民族文化资源丰富的地区。从国宝单位程阳风雨桥到普通的宜阳风雨桥，从侗族鼓楼到苗族吊脚楼，都有身着靓丽耀眼的民族服饰的倩倩身影。

南宁作为广西壮族自治区的首府，每年“三月三”时，在节日欢歌中，广西各族群众身着民族服饰和外来的游客们一起齐聚欢度的场景，不仅是一幅展示民族团结、社会和谐的民族风情画卷，也把民族服饰文化的呈现推向新高潮。

二、广西民族服饰的保护情况

民族服饰是一个民族重要的文化符号，各民族地区在宣传地域文化、

民族文化和旅游资源的时候，民族服饰都是一个重要的展示窗口。广西各民族服饰在广西文化宣传中也不例外，成为重要的显象代表。事实上，大众对于民族服饰的保护的关注是逐渐聚焦于非物质文化遗产的各项热点的。但是，民族服饰的保护实践并不是突然兴起，而是一直在践行着，主要从博物馆的收藏、田野或传统村寨活态着装，以及私人收藏和学术界的研究等方面得到体现。

（一）博物馆收藏的民族服饰

民族服饰是博物馆收藏的一个重要组成部分，尤其是民族博物馆收藏的重要组成部分。广西收藏民族服饰的博物馆有广西民族博物馆、柳州博物馆、桂林博物馆、右江民族博物馆、崇左市壮族博物馆、广西边疆民族博物馆、靖西市壮族博物馆、金秀瑶族自治县瑶族博物馆等，这些博物馆内的一部分馆藏就是纺织品，民族服饰就属于纺织品中的重要内容。除广西地区的博物馆收藏本地的民族服饰外，在北京的民族文化宫博物馆、贵州省民族博物馆、云南民族博物馆、中央民族大学民族博物馆、北京服装学院民族服饰博物馆、中南民族大学民族学博物馆等相关单位也收藏着广西各民族的服饰。博物馆为作为藏品的民族服饰提供了很好的保护环境，如防虫防蛀的樟木柜、恒温恒湿系统等，能够很好地保护和保存民族服饰，延长其寿命。

博物馆收藏的广西民族服饰，主要为壮、瑶、苗、侗等12个世居民族的服饰。广西12个世居民族都有自己独特的服饰，品种、款式、花样各有不同。或简单，或庄重，或典雅，或华丽，或反映民族历史，或表现民族身份，或展现雍容华贵。此外，还有男女、老幼、便装、盛装的服饰区别。其印染、刺绣、织锦，既蕴含着他们辛勤的劳动，又体现了他们的聪明技巧；既饱含他们丰富的感情，又深藏他们悠远的历史；既反映民族的和谐统一，又体现民族的高度智慧。广西各族服饰和染织工艺品，可谓争奇斗艳，组成了一个五彩斑斓的世界。

就博物馆收藏的民族服饰情况分析，20世纪80年代至21世纪的前十年，博物馆开始大量收藏民族服饰，此期收藏的藏品价值较高。博物馆收藏民族服饰大都是成系列、成套的收藏，使民族服饰从造型、形制、款式等角度表现出不同的特征。广西各民族服饰款式上有袍服、上衣、裤子、裙子等。整体来说，大都以上衣下裳为主要着装形制，显然和南方的生活环境息息相关。此外，各种装饰品是服饰的一个重要组成部分。由于时代的不同，各民族服饰在不同时期的装饰品也略有不同。博物馆收藏的民族服饰是一座资源丰富的文化宝库，具有传统与典型、文化信息完整、可作为标准器和民族文化基因库等文化特征。

（二）田野或传统村寨的民族服饰

事实上，随着经济的发展和社会快速的变化，在民族地区仍然以民族服饰作为日常着装的现象已逐渐淡出人们的视野，除了少数民族节日，一般都很难从服装上去识别民族地区与其他地区的不同，大部分的广西地区情况也是如此。所以，目前仍然以活态民族服饰着装出现于日常生活中的县城乡镇、乡间村寨的影像显得尤为稀有，成为重要的民族文化旅游资源，吸引外人的目光。广西的隆林各族自治县、金秀瑶族自治县、三江侗族自治县等县城，南丹县里湖瑶族乡、龙胜龙脊镇等民族文化保存相对完整的村寨就是其中的代表。

隆林各族自治县，位于广西西北部，隶属于百色市。那片土地上生活着壮族、苗族、彝族、仡佬族、汉族，由于生活环境、风俗、经济上的差异，每个民族的服饰风格都不尽相同。在隆林的德峨、猪场、金钟山等地的山村乡镇，依然保留丰富的民族服饰文化资源，每逢圩日，乡镇的市场就是一场活态的民族服饰展演。在壮族的“三月三”、彝族的“火把节”、仡佬族的“尝新节”、苗族的“跳坡节”等民族节日里，隆林县城都会涌动着无数穿着民族盛装的群众，因此隆林也被称为“没有围墙的民族博物馆”。同样的情况，在金秀瑶族自治县和三江侗族自治县等地区也同样呈现。

南丹县里湖瑶族乡的瑶族是因其男子穿及膝白裤而得名，可见服饰在其民族文化中的代表性。白裤瑶的服饰绚丽多彩，工艺精湛，自成一体，造型美观且独具风格特色。白裤瑶服饰是其族群传统的典型体现，以其浓郁的民族特色和民族标识性，彰显着白裤瑶文化的地域特征和历史人文气息。白裤瑶服饰已经成为其族群的重要象征，因其独特的文化表征在民族文化研

究方面成为学术界的宠儿，研究内容涉及服饰文化、服装设计、图案纹样、制作流程、传承和发展、审美人类学等方面，研究成果极为丰富。白裤瑶服饰的保护情况，堪称广西民族服饰保护的标杆，从学术到民间，都展现出生机勃勃的景象。

（三）私人收藏的民族服饰

民族服饰作为收藏品的一个种类，并不像瓷器、玉器、青铜器那样热门，而是属于小众冷门的收藏。即便如此，收藏界的私人藏家手中的藏品也是数量可观的，并且品质也不错。

从收藏的品质来看，许多私人收藏因为比官方层面收藏得要早，民族服饰制作的时间、品相和质地等方面或许比官方收藏要更胜一筹。部分私人收藏家同时是人类学家，在收藏民族服饰的同时在做田野工作，因此伴随服饰留存下来的文化信息也显得弥足珍贵。就目前私人收藏的大部分情况来看，有一手收藏，但更多的是二手或者几经交易后的藏品，藏品信息由此出现很多的错误传递，民族服饰的来源、搭配、性别属性、功能等出现错误的情况，也不在少数。

三、民族服饰的学术研究

广西民族服饰的学术研究出现了很多的成果。自推动非物质文化遗产的保护和传承以来，学术研究达到一个新的高潮。以“广西民族服饰”为主题，从中国知网、万方、维普等网站中搜到的相关论文多达上千篇，学科涉及轻工业、手工业、美术书法雕塑、旅游、文化、职业教育、工业经济等方面，内容丰富，研究角度各有不同。就出版的成果来说，在论著方面，既有以广西各民族服饰为研究对象的论述著作，如玉时阶的《濒临消失的广西少数民族服饰文化》《广西世居民族服饰文化》，也有以单个民族服饰为研究对象的论述，如陈丽琴的《壮族服饰文化研究》等；在图册方面，既有充分展现12个世居民族的图册，如王梦祥的《民族的记忆》，也有单个民族的图册，如李元君、梁汉昌的《美丽的锦绣——壮族服饰》《山的彩虹——瑶族服饰》等。

四、广西民族服饰的创新设计

民族服饰在很长的一段时间内，往往维持着一个相对稳定的状态，变化过程很缓慢，主要是受到朝代更迭、交通流动等带来的外部环境的影响。进入现代社会后，民族服饰的创新设计，往往聚焦于舞台、影视剧中的呈现，或者旅游市场这类极具变化的场合。此外还有一个场合，就是高校科研需求和设计从业者的职业需要。近年来，广西多次举办民族服饰设计大赛，也把广西民族服饰的设计创新推向一个新高潮。

（一）舞台、影视剧中的民族服饰

实际上，无论是影视剧，还是舞台上的民族服饰都与传统的民族服饰不尽相同，为了表现艺术、深化艺术，往往采取夸张、放大局部元素的办法，从而达到刻画主要人物的艺术效果。

广西民族音画《八桂大歌》荟萃了近四十首质朴美丽的民歌，用音乐艺术的表现形式，尽情地演绎和礼赞八桂大地上苗、瑶、侗、壮、京等各族人民劳动和爱情两大主题。这是一部完整体现广西12个世居民族艺术精髓和民族风情的经典剧目，民族服饰在其中也起到重要作用。《八桂大歌》中的舞台民族服饰，为了达到演出的效果与目的，在服装的款式、配饰、色彩和形制等方面都进行刻意的夸大、叠加、塑形等，如采用现代机织金银色面料进行缝缀，以突出丰收的喜悦等，这与传统的民族服饰大相径庭。然而，当人们在欣赏这样一出音画剧目的时候，会不由自主地把舞台演出的民族服饰看成广西各民族的典型服饰，问题也就随之出现。

（二）旅游景区和市场的民族服饰

创新的广西民族服饰主要在旅游景区和市场等地方出现。旅游景区中常见的民族服饰，以景区导游和景区中的表演人员的着装为主，另外还有景区内“民族服饰试穿体验”服务所展陈的民族服饰。旅游景区市场提供的民族服饰，作为营销的商品，主要提供试穿拍照等业务，商家提供的民族服饰主要购买自网络平台，以化纤、塑料、白铜等质地为主，色彩、款式等较为夸

张，往往只能从某个夸张的元素来辨识可能是某一个民族的民族服饰。实际上这些商家提供的民族服饰更多的是在多民族、多元素、多地区间杂糅使用的民族服饰，属于一种混搭的误读的民族服饰。民众享受服务的过程，也是一种错误文化信息传递的过程。大部分旅游景区的民族服饰，并不是“原汁原味”的传统民族服饰，而是根据景区需要进行了各种改良、适应景区发展需要的民族服饰，不可否认的是，这些改良后的民族服饰对旅游业的发展，具有一定的推动作用。

市场上的民族服饰，主要可以分为民族地区市场的民族服饰和网络平台销售的民族服饰。在广西，民族地区市场上的民族服饰，以当地传统裁缝制作为主，呈现出小作坊或小店铺的布局，生产的民族服饰分为传统民族服饰和现代改良民族服饰。基本上，传统民族服饰因手工制作，定制所需的时间长，很难随时购买。店里出售的大多是以电脑机绣、现代化纤面料为主的民族服饰，并且因价格便宜、容易换洗，而受到民族地区少数民族群众的欢迎。网络平台方面，主要以淘宝网、拼多多等为主。通过对这些平台的商家来源、生产的商品等进行分析，发现生产地多在山东、杭州等地，商品中的民族服饰元素也呈现混搭的现象，做工相对粗糙，但价格便宜。随着每年“三月三”等民族节日中各种活动的开展，这类服饰比较容易受到广大群众的喜欢。

（三）设计领域的民族服饰

一直以来，民族的相关元素是设计界人士喜欢使用的元素之一。把时尚和传统、民族进行结合，也是当下服装领域的一个时尚潮流。就广西民族服饰而言，设计领域主要分为学院派的设计和非遗传承人的设计。

学院派的设计主要以高校和职业院校的教师和学生为主要力量。他们对民族服饰设计的创意主要来自书籍、影像资料，体验多是来自田野采风或参观博物馆等，设计服饰的过程往往是一次次的创新实践。相较于舞台影视剧和旅游市场上的民族服饰，学院派的设计讲究追根溯源、概念、灵感等。这类服饰多以概念化呈现，多在秀场或展览中呈现，推广较难，与市场接轨不容易。

非遗传承人的创新设计背景与学院派的创新设计不同，是在陆陆续续开展的“非遗传承人培训班”的大环境下展开的。通过不同层次的平台，非遗传承人认识、了解和学习了与自身文化不同的知识，尝试着把这些文化元素应用到自己的作品中，开始对传统民族服饰进行改良创新。由于改良者具有“非遗传承人”的称号，无形中使其创新的服饰附加值增加，价格上较传统民族服饰艺人略高，因此普通群众在购买时也会慎重选择。

五、广西民族服饰保护与发展过程中的几点思考

广西民族服饰在保护与发展的过程中，也遇到许多问题，最常被外人提起的一个问题就是：为什么在博物馆和去村寨里看到的民族服饰，与舞台、旅游景区的民族服饰差别那么大？该问题之所以被大多数人无数次地提出，一个重要的原因是人们在认知上出现了偏差。

（一）节日活动加大人们对民族服饰的了解

自从广西“三月三”节庆以官方假期形式实行以来，每年都会举行丰富多彩的活动。在这盛世欢歌的节日中，着民族盛装成为人们过节的一种认知，并在中小学的学生中非常盛行。因此，家长为自己和孩子挑选一套合适的代表本民族的“民族礼服”已经成为一种普遍的文化现象。随着节日文化的不断发展和人们审美追求的不断提高，人们逐渐不再满足于市场上都能买到的千篇一律的民族服饰，开始寻找本民族的文化之源。

实际上，民族服饰的光彩被现代服饰淹没也是近几十年的事情，大部分广西地区的老人都能翻出曾经的着装或者能够回忆起自己民族的盛装。当越来越多的“80后”“90后”的家长们咨询家中长辈或翻出家传的压箱底的民族服饰时候，对市场上销售的民族服饰所产生的疑惑会越来越大。随着疑惑的增大，也促使人们更多地走进博物馆、走进知识的海洋，寻找真正的民族文化，寻找真正的民族服饰盛装。

（二）精英人士的带动

在国际着装规则中，民族服装是与燕尾服、黑色套装等并驾齐驱的最高

等级服饰，在特殊、庄重、盛大的场合，民族服饰也成为人们的一种选择。在每年的全国人民代表大会上，少数民族代表的民族服饰作为一道亮丽的风景线，被来自海内外的媒体所追捧就是很好的例证。而在民间，民族服饰也成为重要的礼服。譬如，一位被华为派驻印度科技园区的技术人才，同时她也是在城市里长大的瑶族人，在她受邀参加印度同事婚礼时候，特意咨询来自广西大化瑶族自治县的母亲关于她们布努瑶的民族服饰。随后，在婚礼当天，为了以示尊重，她特意穿着布努瑶传统服饰参加，不仅得到印度同事的称赞，也得到汉族同事的赞扬，她从穿着民族服饰参与活动中获得心理上的莫大满足，越发喜欢在重要的场合穿着民族服饰，诸如此类的现象在不同地方都有所发生。所以，不同领域的专业人士、学者在对外活动或者一些特殊活动需要表达民族身份的时候，穿着蕴含着优秀民族文化的传统民族服饰显得尤为重要。故而，每当出席重要活动和高规格的仪式的时候，民族服饰也成为人们的选择。因此，各族群众对于代表本民族文化的象征性服饰的要求越来越关注，从而促使民族服饰在现代社会的应用得到更好的推广。

（三）民族服饰文化产业的兴起

自从2015年以来，“汉服爱好者”引发的“汉服热潮”成为一种时尚，2019年汉服产业总值已经超过100亿元。由此可见，身着汉服已经不再被视为社会中的“奇怪现象”，当人们能够用平常心去对待一种新生现象的时候，时尚潮流就逐渐被推广开来。

进入21世纪后，大多数民族地区在服装来源上已经普遍市场化。随着文化自信的提升，当这些地区的民族群众想穿着传统民族服饰的时候，发现本土民族服饰已经淡出了市场。根据市场调研分析，民族服饰爱好者从年龄上看大都为新生一代，还有一部分是“80后”“90后”以及一直以来致力于保护民族传统文化的专业人士。出生于21世纪的“00后”“10后”的新生一代，大都生活在中国人日益变“强”的社会大背景之中，对于传统文化具有高度的文化自信，并由此衍生出对于民族服装着装的需求。如今，汉服产业每年能产生颇为可观的经济效益，相信民族服饰产业也可走同样的发展路径。民族服饰产业属于文化创意产业，与民族旅游业融合后便会形成民族服饰文化创意旅游业。当前，文化创意旅游正逐渐成为旅游的一种潮流趋势。如今，对文化创意追崇的年青一代正在蓬勃成长，民族服饰文化产业的发展方兴未艾。

六、结语

在广西旅游资源中，除山水文化、海洋文化之外，民族文化也是重要的内容，旅游市场一直是广西民族文化产品推广的重要渠道。随着人民文化自信的增强，尤其是文旅融合后，广西民族服饰作为民族文化的代表性符号，越来越受到重视，成为社会不同群体的着装需要。对广西民族服饰保护与发展的探讨，有利于思考如何在传统民族服饰文化基础上对民族服饰进行创新设计、研究应用，这对保护传承民族文化、增强民族自信、提升广西形象、推动乡村振兴都有积极的意义。

参考文献

[1] 曾艳红. 民族服饰文化产业与旅游业融合发展研究——以广西壮族自治区为例[J]. 广西社会主义学院学报, 2017, 28(6): 62-66.

[2] 樊苗苗, 梁小燕, 陆思宇等. 文旅融合下博物馆藏民族服饰的保护与思考[J]. 民博论丛, 2021(0): 213-222.

[3] 卞芳. 民族服饰在旅游项目开发中的应用研究[J]. 化纤与纺织技术, 2022, 51(12): 67-69.

[4] 韦飞. 旅游发展背景下民族服饰文化的传承与创新[J]. 当代旅游, 2020, 18(29): 20-21.

民族服饰文化资源保护、文创研发及产业发展研究

——以满族服饰为例

曾　慧　刘鑫蕊

大连工业大学服装学院　丹东　118003

摘要：服饰是人类文化的重要组成部分，是认识和了解一个民族、国家文明发展的重要途径。满族服饰是中华民族服饰文化的重要组成部分，在历史发展过程中满族与其他民族不断碰撞、融合，形成了民族特征显著、文化内涵深厚的特点。本论文以满族服饰为研究个案，在文献研究、田野调查、研发文创产品等基础上，对满族服饰从保护与传承两个层面探究在现当代背景下如何将民族服饰优秀文化进行传承发展、为复兴中华民族服饰文化寻找一条可行性道理，同时为我国文化产业提供新的研究领域和思路。

关键词：民族服饰文化；满族服饰；文创研发；产业发展

服饰是人类生活不可缺少的一部分，是构成人类生活资料的重要因素，是人类区别于其他动物的重要标志之一。服饰自产生起不仅具备了御寒遮羞的实用和伦理功能，还是人类劳动成果的物化形式，更是人类精神成果的表现，它具有文化的属性。服饰具备文化的符号功能，是文化的一种积淀，反映了人类不同历史时期的民俗风情、审美观念以及心理等方面的内容。在历史发展进程中，服饰作为民族和朝代的符号代表具有重要的作用和意义。满族服饰在中华民族服饰文化这个大的生命有机体中占有着重要地位，它为中华文化多元互补的历史格局增加了因子，注入了活力，使其呈现出多元化趋势和异彩纷呈的局面。自2002年党的十六大报告提出“积极发展文化事业和文化产业”，民族文化的传承和发展看到了希望，迎来了曙光。本文以满族服饰研究为个案，将其放在中华民族服饰文化大的有机生命体中进行研究，挖掘、整合其优秀的服饰文化元素，尝试进行文创产品研发，试图为民族服饰的传承发展、为复兴中国传统服饰文化寻找一条道路，同时为我国文化产业提供新的研究领域和思路。

一、满族服饰概述

满族是中华民族发展史中占有重要地位的少数民族之一，它建立了中国最后一个封建王朝。满族在漫长的历史发展过程中逐渐形成了具有自己特色的文化，这种文化的形成与满族的形成发展是同步进行的。在探寻满族服饰艺术发展的过程中，我们可以看到满族服饰艺术主要受到自身经济、生产生活方式、居住的地理位置、环境、气候和居住方式的影响，同时受到中原汉族以及其他主要少数民族的影响，他们之间存在着相互制约和相互作用的关系。满族服饰艺术就是在这样一个大环境下一步一步形成、发展和成熟起来的，它成为满族最为直观、最为根本的特征文化。满族服饰艺术的发展离不开人类服饰艺术发展的一般规律，从满族先祖肃慎开始，服饰艺术的特质和审美特征慢慢地出现，清代，功利和审美成为影响满族服饰发展的主要因素。到了现、当代，审美已经成为满族服饰传承、发展、创新的首要因素。满族服饰形制之独特、佩饰之繁复、纹样之唯美，既体现出满族在文化艺术上的精湛造诣，也反映出满族的审美意识和审美意趣，审美特征突出而明显。满族服饰的发展过程是多元化与一体化相结合的过程。多元化是指满族服饰在其发生、发展的过程中，继承了许多其他民族服饰的优秀部分，在交流和融合中形成了具有本民族特色的服饰，如清代皇帝龙袍上的龙凤图案、佩饰和面料上的八吉祥、暗八仙图案等；一体化是指满族服饰的一部分如旗袍、马褂、坎肩已经成为具有代表性的中国服饰之一，它是满族服饰的再生，是具有新的生命力的中华民族服饰的代表。

自现、当代以来，满族服饰文化并没有停止发展，它随着历史的前进和满族的进步，越来越丰富多彩。2001年和2014年APEC会议上，各国国家首

脑身穿由满族马褂演变的“新中装”正是说明了民族服饰在与现代接轨。服饰文化是一定社会、一定时代的产物，每一代人都生长在一个特定的文化环境中，他们自然地从上一代那里继承了传统文化，又一定会根据自己的经验和需要对传统文化加以改造，在传统文化中注入新的内容，抛弃那些不适时的部分。服饰文化既是一份遗产，其演变又是一个连续不断积累、扬弃的过程。在面对人类文化遗产的时候，人们首先想到的就是“保护”，尤其是工艺美术方面，但是，保护并不能改变资源的有限性，因此，问题的根本不在于单纯的“保护”，而在于在保护过程中的“创新”。满族服饰之所以能够保存下来，说明它有自己的优越之处。要使民族服饰既不落伍又能长久保持其特色，就必须对服饰有所改革，有所创新，赋予它蓬勃的生命力。传统的图案和工艺运用在现代服饰上，是服饰再生性的体现，它使民族服饰既保持了民族风格，又融入当代时尚社会，顺应了民族服饰的发展趋势。

二、满族服饰文化保护与传承探索

文化资源是人类社会文化、经济、政治活动的基本精神要素和文明动力资源；是一个民族、一个国家或是一个地区在历史发展进程中凝聚、流传下来的影响后世人的生活习惯、思维方式、价值观和世界观的物质资源和精神资源。因此如何挖掘、保护和传承文化资源是我们当代人应该思考的问题。笔者就多年来对满族服饰的研究，提出满族服饰文化保护和传承的途径和方法。

（一）满族服饰文献资料、考古资料、田野调查资料的收集整理和研究

满族作为一个新生的民族，并不完全等同于他们的先祖，它是从肃慎、挹娄、勿吉、靺鞨到女真，经过多次分化与融合形成的民族。相近的生产和生活方式使满族无可选择地继承了其先祖的文化传统。满族服饰与女真人的服饰一脉相承，与肃慎到女真这一时期的服饰文化有着千丝万缕的联系，但又不等同于女真时期的服饰文化。满族服饰文化不仅继承了女真服饰文化，还在历史发展的进程中不断地丰富和变化着。在满族服饰文化中可以找

到许多从他们先祖那里继承下来的痕迹，其中一些内容已成为满族服饰文化发展的基因和核心，可以说其服饰文化的种子从先祖那里就已经种下了。满族先祖有火葬的习俗，加之在金代以前，满族作为少数民族存在，年代距今过于遥远，而服饰尤其是织物质料又远不及陶器、铜器那样久存不朽，因此金代以前相对来讲资料比较少，只得借助于器皿纹饰、文献中的只言片语等进行研究。清代中期以后，满、汉民族服饰的发展越来越融合，这是中华民族服饰文化发展的必然趋势，但是这种融合并不是满族民族服饰的消失，而是在新的历史条件下，民族服饰表现出新特点。因此，对满族服饰进行文献、考古以及田野调查资料收集、整理和研究，具有重要意义和价值，也是为后期研究打下坚实的基础。

（二）树立满族服饰品牌，形成具有满族服饰文化元素的作品

1. 对满族传统民间服饰进行复制还原设计

目前这一类的产品还是很有市场前景，消费者主要是以满族人为主体。对传统满族服饰复制的根本是要把握住满族服饰的精华部分，如传统经典的色彩、真丝和香云纱的面料、与传统相似的图案、传统的服装造型等，并且采用高级定制的方式来进行。

2. 根据满族服装与配饰的部分元素进行创新性设计

2012年我们研制开发、设计了系列产品——“服满天下”满族服饰工艺品系列，该系列产品在首次参加2013年中国（丹东）国际工艺美术品和旅游商品博览会上得到了消费者的认可和欢迎，部分产品一度脱销。截至目前，该产品获得省、市、高校各类奖项6项，取得了意想不到的成果。2018年参加了中国（大连）国际纺织服装博览会，几百件文创作品在展览会上大放异彩，得到了商务部、省市以及社会各界人士的认可和好评。

3. 创建线上销售渠道和实体店

2014年11月26日，我们在淘宝网上申请了“服满天下”的宝贝店；自媒体产业的兴起为民族文化的广泛传播带来了新的机遇，目前正在准备在抖音等平台进行传播的计划与方案。2014年大连黑石礁食尚广场窄巷物语董事长邀请产品进驻商场，在那里“服满天下”有了自己的实体店。这些实践经历

让我们看到，在当下中国民众对传统文化的认知和接受大有潜力可挖，关键是如何将这种潜力转化成市场竞争力和消费力，如何将产品打造成知名品牌，如何从人类学民族学文化学的角度出发，探究文化创意产品及其产业在当下社会可以长久生存的路径，为政府和市场提供理论支撑……这些都是我们在文化创意产业发展方面既要面对又要解决的问题。

三、民族服饰文化创意产业策略与方法

民族服饰文化创意产业发展的总体思路是以挖掘、保护、研究与弘扬民族服饰优秀元素为重点，提高民族服饰文化地位和文化影响力，增强象征性和符号性以提高国际竞争力。提高设计创意水平，培养文化设计创意人才，拥有自主知识产权，创造民族特色品牌。引导政府重视，加大投入；同时和高新科技融合，与高校及科研院所合作，加大研发力度。在这几年的挖掘、保护、研发、设计满族服饰文化创意产品的过程中，笔者认为应建立和形成文化产业的五环发展模式：即政府制定政策指导、引领、搭建平台；学者进行学术性挖掘；对民间艺人及非遗传承人扶持和保护；提高国人对传统文化学习的自觉意识以及企业家、投资者的融入。最终五个方面共同交流与合作，形成良性循环圈，打造高视野、高品位、高品质的三高文化产品，形成具有娱乐性、体验性、参与性和民族性的文化创意产业。

（一）学者

在满族服饰文化创意产业发展过程中，笔者认为学者在其中的作用是重中之重。民族服饰文化创意产业和文创产品的研发首先需要学者们摸清家底、找准优势和劣势，也就是在现有文献、调查的基础上，将隐藏在满族服饰背后的文化内涵和实质进行最大限度的挖掘和整合，并对其进行“文化自觉”性的剖析和研究；打造满族服饰文化创意产业和文创产品应以富有中国特色和民族特色的满族文化资源为依托，产品不仅应具有文化性，更应在商品性上下功夫，否则很难在社会市场中进行推广和传播。文化产品应表达中国人的品位、品质和情感，既要把你的品位表达出来，又要找到能够让对方接受的路径。而在挖掘、保护、整理文化遗产的过程中，学者将起到至

关重要的作用。发挥自己的优势即核心竞争力，要有自己在内容上的绝活儿，也就是要有自己独特的创新，让别人无法取代，这些都需要学者的力量：一方面学者对于文化遗产的研究是从理论层面展开，具备一定的科学性、严谨性、全面性和逻辑性；另一方面，学者具有理论高度的研究成果，能对文化产业的文化创新发展起到引领作用。

（二）政府

纵观国内外文化产业发展进程，凡是成功案例都不可缺少政府这个角色。民族服饰文化创意产业发展需要政府的引领和支持。一是建立民族服饰产业集群，打造区域品牌效应。二是精心打造民族服饰文化品牌项目，包括服饰的复制生产、旅游产品的生产以及工艺品的生产。衡量文化产业的实力，不仅要看文化产品的数量，更要看文化产品的质量。据统计，目前我国服饰文化产品中，属于重复、模仿、复制的比重约占90%。所以，推动文化产业跨越式发展，使其成为国民经济支柱性产业，不能仅限于提高其占GDP的比重，还要转变文化产业发展方式，提高文化产品质量。三是民族服饰文化创意产业园区的建立要从文化的凝聚力、创新力和带动力去看园区的建构，包括整体规划，不仅看它的产业带动度，还要看它的影响力和传播力。

（三）投资商、企业家

民族服饰具有悠久的历史传统，但是作为中华儿女，我们不能捧着老祖宗留下的文化遗产坐吃山空。仅在经济上崛起的民族还不是一个真正强大的民族，中国崛起需要民族精神的重建。民族服饰文化产业的可持续发展离不开有序的产业链和成熟的商业模式。这就需要有热情、有实力的投资商和企业家介入，按照市场发展规律，系统构筑民族服饰文化产业链，为产品或项目进行准确定位，围绕龙头项目打造产业链；探寻切实可行的商业模式，整合发展、合作共赢，最终形成强有力的产业集群。目前大多数民族服饰的生产、制作是家庭作坊式的模式，向外延伸的力量薄弱，因此应成立一个整合优势资源的机构，将各地区的散户以松散式的方式组织起来，逐步形成资源最优化配置、产业链的最优化整合。在一个产业里面，产品的种类越不同，

产品的多元化竞争力就越能够提高。把整个服饰文化创意产业结合在一起，不但有同质化，更有差异化，多层次的需求我们都可以满足。产品研发时可将多种形式的传统文化工艺如剪纸等艺术形式组合应用，研制出具有中国文化和精神实质的民族产品，然后与企业进行合作，将服饰文化产品借助企业现有运营机制，推向市场。

（四）民间艺人

民间艺人和非物质文化遗产传承人是植根于中国大地上的文化守护者，他们拥有丰富的实践经验和满腔的民族情结。充分发挥他们的作用和价值，是文化创意产业和研发文化创意产品的重要内容。我国目前在这方面已经开展了多项工作，取得了较好的效果，但是距离我们成为文化大国和强国，还需继续努力。

（五）百姓

要想文化立国、文化强国，应先将消费者的文化意识培养起来，以文化带动经济，然后是持续的购买力。各国在发展文化产业的时候，都会通过文化产品抢先影响人的价值观和消费观，笔者建议：(1)将城乡一定区域的环境打造得具有中国特色、民族特色、地方特色，并通过各种宣传渠道，进行民族传统文化的教育和普及使群众能耳濡目染地感受民族服饰文化的魅力；(2)从小抓起，让孩子们从小在中华传统文化的教育和熏陶下成长，长大了自然就喜欢具有传统文化元素的产品了。当代中国人处在价值观的十字路口上，只有打造中国人的视觉系统和听觉系统，中国人才有自豪感，自豪以后才会自信，自信以后才会去创造。如果用西方的元素做中国的文化产业，未来的发展道路只能越走越窄。

四、结语

服饰是人类文化的重要组成部分，是认识和了解一个民族、国家文明发展的重要途径。满族服饰是中华民族服饰文化的重要组成部分，在历史发展过程中满族与其他民族不断碰撞、融合，形成了民族特征显著、文化内涵深厚的民族服饰文化。文化是一个民族、一个国家骨子里的自豪。文化带动的是经济，然后是持续的购买力。挖掘民族优秀元素，找回作为泱泱大国的自信和自豪，并将之延续下去，是我们这代人不容推辞的责任和义务。

参考文献

[1] 陈少峰，张立波. 文化产业商业模式[M]. 北京：北京大学出版社，2011.

[2] 戴平. 中华民族服饰文化研究[M]. 上海：上海人民出版社，2000.

[3] 段梅. 东方霓裳：解读中国少数民族服饰[M]. 北京：民族出版社，2004.

[4] 费孝通. 论人类学与文化自觉[M]. 北京：华夏出版社，2004.

[5] 费孝通. 中华民族多元一体格局[M]. 北京：中央民族大学出版社，1999.

[6] 费孝通. 文化与文化自觉[M]. 北京：群言出版社，2010.

[7] 黄淑娉，龚佩华. 文化人类学理论方法研究[M]. 广州：广东高等教育出版社，2004.

[8] 张佳生. 中国满族通论[M]. 沈阳：辽宁民族出版社，2005.

[9] 李燕光，关捷. 满族通史[M]. 沈阳：辽宁民族出版社，2003.

[10] 王云英. 清代满族服饰[M]. 沈阳：辽宁民族出版社，1985.

[11] 向勇，赵佳琛. 文化立国，我国文化发展新战略[M]. 北京：北京联合出版公司，2012.

[12] 熊澄宇. 世界文化产业研究[M]. 北京：清华大学出版社，2012.

[13] 曾慧. 满族服饰发展传承与文化创意产业研究[M]. 北京：中国纺织出版社，2020.

民族传统手工艺的数字化保护及乡村文旅产业发展探析

——以“花瑶”为例

肖宇强

湖南女子学院美术与设计学院　长沙　410004

摘要：民族传统手工艺是我国民间文化艺术中的瑰宝，其随着乡村社会的发展和人们物质生活的需求形成，具有历史的、人文的、科学的、审美的诸多价值。曾有一段时间，传统手工艺被视为落后的代名词，未能得到较好的保护与传承，特别是在城市化进程中，以乡村为存在背景的民族传统手工艺遭到了不同程度的破坏。在数字化时代，如何利用新的技术手段和方法来实现民族传统手工艺的创新保护与传承是一个亟待解决的问题。论文以花瑶传统手工艺为例，探讨在乡村振兴战略背景下，如何挖掘、提炼民族传统手工艺中的各项价值因子，以对接、融入乡村文化旅游产业的发展，为“十四五”期间我国社会主义文化建设提供智库支撑。

关键词：花瑶手工艺；民族文化；数字化保护；乡村振兴；文旅产业

一、民族传统手工艺的属性与价值

传统手工艺是随着乡村社会发展和人们日常生活需要而形成的一类民间工艺形式，其亦属于一种劳动技能。在我国众多少数民族地区和古村落，民众衣、食、住、行所需的服装服饰、生活用品、房屋建筑、交通工具等都离不开手工艺的参与。手工艺同时具有物质与非物质的双重属性。说它是物质的，是因为世界上没有什么事物可以离开物质而单独存在，如若离开了器物这一载体，所有的手工艺都无以附着、无法表达；说它是非物质的，是因为该类技艺往往看不见、摸不着，只能通过祖辈的心口相传和言传身教得以传承、延续。因此，以手工艺为代表的非物质文化遗产是人与物相结合对应的文化遗产形式。

民族传统手工艺具有历史的、文化的、科学的、经济的、审美的、教育的诸多价值。以花瑶[①]传统手工艺来看，其主要存在于该民族的服饰以及生活物品制作中（如花帽的编织，布料的染色，服饰的制作，挑花刺绣等）。2006年，花瑶挑花被列入第一批“国家级非物质文化遗产代表性项目名录”，花瑶挑花筒裙就是这项非遗技艺呈现的载体。

据史书记载，花瑶先民原居于江西吉安，后由于战乱，辗转迁徙到湖南洪江，再到溆浦龙潭，最后来到隆回县境内。在逃难的路途中，花瑶民众躲藏于山间田野的黄瓜、白瓜架下，才幸免于难。于是，花瑶女性便将这些难忘的经历和保护过她们的树、木、花、草等事物抽象、概括、组合，刺绣于筒裙上。这些图案纹样能使花瑶族群的民族认同感得到加强、民族意识精神得以铸牢。而安定下来的花瑶民众在日常生活与实践经验中，发现树皮、植物经脉可以制成纺织原料，树叶和果实搓捻、揉碎后可以渗出有色液体，于是她们学会使用植物纤维纺织、植物液体染色，以制作服饰与生活用品，并将这些技艺代代相传。

从审美角度来看，花瑶挑花的图案并非写实的，而是一种经过高度抽象和概括出来的纹样，其是以多个“X”形刺绣单位构成不同图案后再组合而形成的，体现出点、线、面的元素转化及形式美法则。此外，花瑶筒裙的长短和大小也是一定的，所以装饰于上的图案也要符合裙子的面幅和制式。通常来说，筒裙的裙片分左右两片，呈对称式结构，故装饰于上的挑花图案也是以左右镜像对称的方式分布。裙片的材质一般为黑色棉麻面料，而挑花图案用的线为白色棉线，这黑白的对比强烈而有力，体现出民间工艺淳朴的风格。

同样，在花瑶挑花等手工艺中还体现出教育的价值。由于花瑶没有自

① 花瑶聚居于湖南省邵阳市隆回县小沙江镇、虎形山乡、大水田乡和麻塘山乡等地。虽被称为“瑶”，可他们不知瑶家鼻祖“盘王”，没有过“盘王节”，甚至与其他瑶族支系无任何共通特点。但在早年的民族认定中，这支独特的古老部族还是被圈定在“瑶族”范围内。花瑶女性的挑花技艺精湛，且多用于服饰装饰，其穿戴绚丽多姿，故被外界称为“花瑶”。

己的文字，所以，她们无法将这些工艺技巧用文字进行记录。当地女孩到了七八岁，就要跟随母亲或女性长辈学习挑花刺绣技艺，并要在不断地学习过程中完成自己未来生活中的服饰（如婚嫁服饰）制作，长辈们是通过口传心授和言传身教的方式来教导该手工艺技巧的。是故，其中蕴含有族群的信仰、制度规范、家风家训，亦含有为人处世的道理，它无时无刻不在培育当地民众的审美情趣和吃苦耐劳精神，并成为花瑶民众重要的精神支柱和无形财富。

二、民族传统手工艺保护中出现的问题

联合国教科文组织曾提到："在世界全球化的今天，此种文化遗产的诸多形式受到文化单一化、武装冲突、旅游业、工业化、农业人口外流、移民和环境恶化的威胁，正面临着消失的危险。"①在我国，民族民间传统手工艺同样面临着上述问题。如一些依靠口传心授等方式得以传承的非物质文化遗产正在消失，与之对应的那些传统手工艺形式濒临消亡；国家法律法规的制定步伐赶不上民间手工工艺被破坏的速度；若实施非物质文化遗产保护的民间组织未在民政部门进行登记，则无法获得政府部门的相应补助及享受优惠政策，也无法得到有关部门的帮扶与指导。②此外，某些地区制定的非遗保护标准和管理目标不够合理，收集、整理、建档、展示、创新利用等工作相对薄弱，新的保护措施落实不到位，管理资金和人员不足的情况还普遍存在。

自20世纪80年代以来，我国的城市化建设步伐加快，在城市化建设背景下，许多民族地区、传统村落被纳入城市化的进程从而得以被开发。但由于少数民族手工艺等非物质文化遗产大多聚集于乡村，在"同质化"和"片面化"的开发模式下，这些蕴含历史文化底蕴的有形遗存和无形遗产都随着城市化的扩张逐渐消失，其对我国民族文化的发展进步造成了不可挽回的损害和影响。

在上述现象出现后，文化和旅游部等部门就提出了对于民族民间文化

---

① 见参考文献［1］。

② 见参考文献［2］。

和非物质文化遗产的保护方案，出台了如《中华人民共和国民族民间传统文化保护法（草案）》《关于加强我国非物质文化遗产保护工作的意见》《关于加强文化遗产保护的通知》等文件，制定了一系列保护制度与措施。随即，各地都兴起了保护本土民族民间文化与非遗的潮流。而此时，又浮现出另外一个问题，即由于理解错误或认知不足，一些地区在加强对本地民族民间文化和非遗的保护过程中，进行了超负荷的利用和破坏性开发。如某个地域的某项非遗或民间工艺被确定为保护对象后，一些机构和人员片面地追求业绩，大肆去挖掘其经济价值（如对古老村落进行过度旅游开发①、对手工艺制品进行大量机械性复制、篡改民间音乐、歌谣以迎合流行文化潮流等），使得民间文化艺术和非遗保护出现了不同程度的异化现象。殊不知，这些看似集中的保护与传承方式却暗藏着商业化、均质化的危机，损害了民间文艺和非物质文化遗产保护的本真性。②将非遗项目产品（商品）化、碎片化、拼盘化，或将非遗进行所谓产业化的运作方式，实质上是在加速非遗的消亡。

此外，从非遗保护的教育层面来看，我国的非遗教育还存在碎片化和零散化的情况——各级、各类教育未形成连贯的、系统的"非遗"教育与传承体系。如从幼儿园、小学、中学直至大学，都是依托语文、美术、音乐、历史等课程，在其教学内容中穿插少量的非遗和民族文化知识点，缺乏此专业知识教育应有的连贯性和系统性。③该做法势必会让非遗和民族民间文化的教育普及落后于其他学科，长此以往，非遗的保护宣传与教育传承工作将会愈加困难。

三、数字化时代民族传统手工艺的保护、传承方略

当今，信息化、数字化技术蓬勃发展，所有的事物都得以在数字化时空下取得关联，民族传统手工艺也必将插上数字化的翅膀实现传承与创新保护。

① 云南丽江古城似乎就存在过度开发的情况。笔者曾于2015年9月到访丽江古城，整个古城弥漫着商业气息，街边叫卖声不断，垃圾遍地都是，消费和购物掩盖了古城古朴、自然、生态的本色，许多商家甚至还有欺客、宰客的行为，给第一次去往丽江古城的游客留下了非常不好的印象。

② 2015年11月，联合国教科文组织保护非物质文化遗产政府间委员会（IGC）第十届常会审议通过了《保护非物质文化遗产伦理原则》，原则第八条提到："非物质文化遗产的动态性和活态性应始终受到尊重。本真性和排外性不应构成保护非物质文化遗产的问题和障碍。"

③ 见参考文献［3］。

事实上，许多发达国家在民族民间工艺、文化的数字化保护中已取得丰硕成果，而发展中国家由于信息技术相对落后，还存在着缺乏动力和经验不足等情况。联合国教科文组织注意到，要树立平等的文化观念，就必须消除各国文化交流与对话之间的数字鸿沟。只有技术上的进步，才能革除不平等的游戏规则或技术壁垒。2001年，联合国教科文组织在《实施教科文组织世界文化多样性宣言的行动计划要点》中就倡导信息传播新技术在非物质文化遗产保护中的合理应用。提出要促进数字化保护方式的多样化，鼓励通过全球网络媒体等传承与传播非物质文化遗产知识，并为其他国家利用这些具有文化、艺术、教育、科学价值的资源提供便利。同时，利用数字化信息技术还可以创造出一些数字文化遗产，有利于形成一套全人类互认、共享的参考标准，更好地保护人类文化的多样性。

从花瑶传统手工艺的保护来看，2001年，隆回县文化局就组织开展了大规模的花瑶挑花项目普查，征集花瑶挑花作品240余件；2002年，隆回县人民政府拨付专款举办了“首届花瑶挑花技艺大赛”；2003年，隆回县人民政府又设立专项资金，引导、鼓励花瑶民众日常统一穿着花瑶服饰；2004年，隆回县人民政府出资与中国政法大学合作进行花瑶文化的调查研究；2006年，隆回县人民政府拨付专款举办了“第二届花瑶挑花技艺大赛”；2007年，隆回县人民政府制定了《隆回县非物质文化遗产杰出传承人评定奖励暂行办法》，县财政局依照每人每月800元的标准给予传承人发放津贴（2009年提高到每人每月1000元）；2010年，隆回县非物质文化遗产研究中心成立，专门负责全县非物质文化遗产的抢救与保护工作；2011年，隆回县人民政府又拨付专款举办了“第三届花瑶挑花技艺大赛暨首届花瑶挑花旅游饰品开发创作大赛”；2012—2013年，隆回县非物质文化遗产研究中心连续两年在虎形山瑶族乡组织开展了挑花技艺培训班，还在崇木凼古村落建立了“花瑶挑花技艺传习所”，由花瑶挑花非遗代表性传承人定期向花瑶女子传授挑花技艺。

可以说，上述保护、传承方式是以政府为主导的一种较为普遍的非遗保护与传承方法，其对于花瑶传统手工艺的保护与传承具有一定成效。但随着时代的发展与科技的进步，传统手工艺的保护也面临着新的挑战。那些传统的方法已显得跟不上时代的潮流，特别是花瑶手工艺不仅有挑花一项，应该分门别类地进行其他手工艺的素材收集、整理、分析与研究，尤其是选择合适的数字化手段来开展其保护、传承工作。

具体来看，花瑶传统手工艺对应于其承载物品的形式体现为纺、编、染、绣等方面（过程）。首先，应对这些手工艺类别进行调研、整理、分析，创建资源（数据）库。其次，要将整理与分析的结果进行系统化、规范化建档，以分类编码和图文对照的方式进行记录（如纺织原料、编织手法、染色技艺、刺绣工艺等）。此外，还需对传承人的身份和资料进行建档立卡，如将不同手工艺传承人及其师承关系通过树状图及谱系学方法进行梳理、呈现。再次，还需将这些手工艺数字化资源与当地公共文化服务机构进行对接，如在公共文化服务机构开展本地手工艺、非遗的信息查询与科学普及，建立手工艺、非遗博物馆或民俗档案（资料）馆。在这些博物馆、民俗档案（资料）馆存放（展示）收集到的手工艺文献、实物素材，在固定区域放置多媒体展示设备，将通过数字化手段拍摄、记录的传统手工艺制作影像资料编辑后进行展示播放。特别是可利用AR、VR等虚拟技术，筹划非遗手工艺的观摩、学习与体验，让博物馆、民俗档案（资料）馆成为当地民族民间文化、非遗教育传播、学术交流和互动体验的新场所。

四、乡村振兴战略背景下民族传统手工艺对接乡村文旅产业发展的思考

2017年，习近平总书记在党的十九大报告中提出了乡村振兴战略构想。2018年1月，中共中央、国务院发布了《关于实施乡村振兴战略的意见》。同年9月，中共中央、国务院印发了《乡村振兴战略规划（2018—2022年）》。乡村振兴战略的提出及具体文件的发布对于以民间村落为存在背景的民族传统手工艺保护、传承与创新发展具有非同一般的意义。

对于民族传统手工艺等非物质文化遗产的保护与传承来说，实施乡村振兴战略具有两方面重要意义：其一，保护乡村的自然生态环境和文化艺术资源就是对广大乡村、民族非遗项目（如手工艺）的最佳保护方式；其二，民族传统手工艺有了良好的生态环境、保护策略和传承措施，其又能以它蕴含

的诸多价值因子来推动乡村的经济、文化与社会发展。就第一点来说，为了使民族民间原生态的工艺形式或非遗永久地留存下来，就应重视呵护与之对应的文化生态环境。在城市化进程中，要将传统民族民间文化保持在原有的自然生态环境和条件下，不让其发生任何改变是不现实的。但在一个有限的时空中，采取相应措施，让民族民间传统文化保留较长的时间是可行的。是故，应针对不同民族的地域特色、文化背景和工艺形式，推行相应的保护制度。如建立民族文化生态保护区，以数字化手段、联合多方力量共同参与都是可行的方式。就第二点来看，当下文化与旅游产业是促进我国经济与社会发展的重要一环。在乡村振兴背景下，如何让乡村的民族民间文化及非遗手工艺对接文化和旅游产业的发展是一项重大课题，既要避免上文提及的过度开发等问题，又要让应有的保护与传承落到实处。

对此，我们可以参照和借鉴国外的经验。如韩国就十分注重利用本国的非遗、文化资源来促进文化与旅游产业的发展，同时，还善于利用特色的文化旅游产业来反哺民族民间文化，助推非物质文化遗产的传承与创新。在韩国首尔的城南有一个古代民俗村，村口竖有一块木牌，木牌上用韩、中、英、日四国文字介绍了该村的基本情况。进入村内，游客便可见到李朝时期先民的衣食住行、建筑景观和祭祀活动。①观众、游客还可以在此扮演古人，亲自参与仿古宫廷宗庙祭祀等活动，深度体会韩国的传统民间文化和非遗项目。自该“非遗+旅游”的项目实施以来，民俗村的游客络绎不绝，不但有效地传播和推广了韩国本土历史文化、非遗项目，还促进了特色文化旅游产业的发展。

在日本，越后妻有地区的“大地艺术祭”也蜚声海内外。越后妻有位于日本大裂谷上（群马、新潟两县交界地带及周围地区），随着日本各地城市化的扩张，使得越后妻有所辖的六个市镇的年轻人口大量外迁，当地人口老龄化加剧，农田与耕地随之闲置。②由于越后妻有的自然生态环境优良、古村落保护较好，因而引起各国艺术家们的关注。2000年，此地举办了第一届“艺术三年展”。艺术家们将此前用于搬运木材的雪橇改成可穿行于当地各

① 见参考文献［4］。

② 见参考文献［5］。

站点之间的交通工具，供游客出行、观光；将一百多所废弃的老屋、厂房改造成美术馆、文化馆、民宿等；他们还将一些废弃的工业、生活用品重组、设计成公共艺术雕塑等，作为室外景观，并通过每年一次的“火神祭”等民俗活动来吸引游客。在民俗节日期间，各国游客纷至沓来，与艺术家们一起互动娱乐，祈祷着新的一年风调雨顺、幸福平安。可以说，“大地艺术祭”活动使日本越后妻有的自然景观和人文风俗得到充分融合与展现，其不但激活了当地传统村落文化，为之带来了一系列经济收益，还促成了一幅人与自然、人与人和谐相处的生动景象。正所谓，物质文化遗产与非物质文化遗产流传于后世的价值就是从经验记忆凝聚、转化升华形成的审美意象。从此意义来看，非物质文化遗产的活态保护与传承创新，其核心内涵就是从生活经验向美学价值的生成转换。①

对于花瑶来说，其所处地理位置偏远，古村落还未得到过度开发，这无疑是一件好事。但隐藏深山，也让花瑶传统手工艺未能引起足够的社会关注，甚至影响了其创造性转化与创新性发展的进程。当地政府曾于数年前在隆回小沙江镇开建了“大花瑶旅游服务景区和游客服务中心”，将崇木凼古村落开发成花瑶旅游的核心景点，期望通过开发旅游产业来吸引游客，带动花瑶的经济与社会的发展。但笔者于2018年7月到访该地，却发现游客不多。虽然，开发后的崇木凼村较好地保留了花瑶古村落的基本形式（如依照原村落传统格局，在山上、河边建立了一排排木质楼房、客栈，打造了梯田、灯光等景观）。但是，其人文景观并未依托花瑶传统手工艺和非遗项目等进行布局，外地游客在此仅能看到一些穿着花瑶服饰的本地居民，购买那些千篇一律的旅游纪念品，其他的旅游体验与某些度假村无实质区别，花瑶传统手工艺的创新发展空间还很大。

据此，笔者认为，首先，当地可将上文提及的依据花瑶传统手工艺创建的数字资源库（数据库）对接，植入移动互联APP软件，将其二维码图片粘贴在游客服务中心或印在票面上。游客可通过扫描二维码下载APP（此APP软件中设有“花瑶历史”“民俗民风”“非遗手艺”“景区导航”等板块），

① 见参考文献［6］。

通过APP中的内容了解花瑶民族历史与风俗文化。其次，可设置花瑶传统手工艺博物馆或民俗档案（资料）馆分中心，建在游客服务中心或景区核心景点。来访游客可进入场馆免费参观与学习，这对当地非遗及民族手工艺等文化亦能起到宣传与推广作用。在此过程中，还可以考虑引入第三方“社会企业”的参与和协助。社会企业可提供必要资金和物品赞助，并能将在景区投资获取的利润用以服务和助推当地乡村建设。[①]再次，景区可在不同的游览点设置布料染织、挑花刺绣与服饰制作等手工艺体验活动中心，营造景区游客“必打卡”之地，让游客在欣赏山水美景的同时体验非遗手工艺的魅力，特别是能培养孩童、年青一代的实践动手能力与传统文化保护意识。当游客跟随传承人或指导老师完成自己制作的物品之后，还可将其带回留作纪念，这比在景区商店直接购买到的机械化、批量化旅游纪念品更有意义。

五、结语

民族传统手工艺体现出各民族的文化多样性和人类非凡的创造力。手工艺亦是一项重要的非物质文化遗产形式，其在人们的日常生活中具有举足轻重的地位。传统手工艺的保护应在实践中摸索，要根据其类别、特点，有的放矢地采取相应措施，提高保护效率和执行水平。当前，信息化、数字化技术蓬勃发展，其亦能在传统手工艺、非遗的保护与传承中发挥较大作用。此外，在乡村振兴战略背景下，如何将传统手工艺的数字化保护传承与乡村文旅产业发展有机融合，是一项重大课题。其不仅需要政府主导、社会力量协同合作，更需要全民的参与。只有运用科学的方法、手段，借鉴他国的宝贵经验，倡导全民大众共同努力，逐步建立起完备的制度，才能使具有历史的、文化的、科学的、经济的、审美的民族民间文化艺术资源得到合理的保护与传承。

---

① 见参考文献［7］。

参考文献

[1] 王文章. 非物质文化遗产概论 [M]. 北京: 文化艺术出版社, 2006: 17.

[2] 宋俊华. 中国非物质文化遗产保护发展报告 (2018) [M]. 北京: 社会科学文献出版社, 2018: 203.

[3] 秦杨, 李冠宇. 论新时代区域性艺术类"非遗"应用传承的发展策略 [J]. 艺术百家, 2018 (1): 233-239.

[4] 王凤丽. 非物质文化遗产的旅游开发研究 [D]. 武汉: 华中师范大学, 2008: 29.

[5] 林歆彧. 试论艺术振兴乡村及地域文化的复兴——以日本越后妻有大地艺术祭为例 [J]. 艺术生活——福州大学厦门工艺美术学院学报, 2016 (5): 69-72.

[6] 高小康. 非物质文化遗产: 从历史到美学 [J]. 江苏社会科学, 2020 (5): 151-158+239.

[7] 张朵朵, 季铁. 协同设计"触动"传统社区复兴——以"新通道·花瑶花"项目的非遗研究与创新实践为例 [J]. 装饰, 2016 (12): 26-29.

文旅融合发展视角下贵州苗族传统服饰的传承与发展

周　梦

中央民族大学　北京　100081

摘要： 本文在田野调研的基础上对贵州苗族传统服饰留存现状与文化功能进行了梳理，提出了新时代背景下贵州苗族传统服饰发展的不足，并尝试分析了其解决之道。在文旅融合发展的视角下对贵州苗族传统服饰的设计准则——“传统”与“现代”的两翼、设计方法——艺术性、技术性与时尚性这几个问题进行了研究，并就旅游开发视角下如何以服饰助力乡村振兴提出了看法：基础是把握“原生态”与“在地性”；改变的关键是“人”的因素；发展的主要方面是“设计”“技艺”“互动模式”与“商业模式”；发展的未来方向是“生态设计”。为传承优秀服饰文化、乡村振兴与文旅融合发展提供一定的思路。

关键词： 贵州苗族传统服饰；文旅融合；传统；现代；设计；乡村振兴

一、贵州苗族传统服饰的文化功能与留存现状

在贵州的文旅发展中，当地苗族传统服饰承担了重要的作用，它不仅是民族文化的构成要素，还是民族识别的符号，是民族仪礼的组成部分，也是体现制作者与穿着者某些特质的特殊存在。在新时代背景下，它的留存现状与文化功能都具有了新的发展趋向。

（一）对贵州苗族传统服饰文化功能的分析

针对较为宏观的本民族文化层面和较为微观的个体文化层面，我们可以把贵州苗族传统服饰划分为两大层面七重文化功能。

1. 贵州苗族传统服饰第一大层面

第一大层面是相关本民族文化层面的三个方面——文化表征、族别标志与仪式构成。

（1）文化表征——本民族历史、文化、习俗的集中体现

贵州苗族女性传统服饰体现了民族独特的历史与文化。贵州苗族女性传统服饰上的很多装饰元素都和其独特的历史文化息息相关：如百褶裙上的条纹形花边象征着苗族的迁徙路线，裙角的人形纹象征着民族的团结，围裙上的三角纹象征着山峦沟壑，服饰肩背装饰的水涡纹表达了对故乡的思念，蝴蝶的图案与银饰表达了对“蝴蝶妈妈”的怀念。

（2）族别标志——本民族归属的认同

贵州苗族传统服饰的款式和图案不仅具有装饰性，它还是识别“我族”与“他族”、“我支”与“他支”的符号。在族别标志这个文化层面，贵州苗族女性民族传统服饰具有双重的意义，分别可以从穿着者生前和穿着者去世之后两个不同的角度去探究。族别认同的第一个层次针对的是穿着者生前而言，其服饰是穿着者属于此民族而非彼民族、此支系而非彼支系的重要标志。族别认同的第二个层次是针对穿着者去世后对认祖归宗的需求而言的。苗族有着“万物有灵”的观念，认为人的灵魂可以脱离肉体而永恒存在。因此也就有着关于祖先崇拜的种种传说。苗族人民“相信自己的始祖和列祖列宗的灵魂都是不灭的，他们生活在另一个世界”，如何在死去后重回祖先的怀抱？民族传统服饰在其中扮演着重要的角色。

图1　台江“姊妹节”苗族盛装服饰

（3）仪式构成——作为礼仪服的存在

在重大的场合，如嫁娶、祭祀、节日等场合，苗族女性的盛装是仪式的重要构成部分。

在这些穿着场合，它是作为礼仪服而存在。苗族女性在出嫁时没有专门的嫁衣，而盛装就成为出嫁时所穿的礼服。出嫁时所穿的盛装一定是所有盛装中最为隆重的一套。在节庆场合，会根据节日的隆重程度来选择所穿的盛装。

图2 “姊妹节”上穿着盛装的苗族少女

2. 贵州苗族传统服饰第二大层面

第二大层面是与服饰穿着、制作、传承相关的侧重个体文化的四个方面——身份识别、评判指标、审美表达、情感媒介。

（1）身份识别——具有标识性的符号语言

身份识别是针对穿着者而言，传统服饰是表明穿着者身份的符号。阿尔弗雷德·诺斯·怀特海（Alfred North Whitehead，1861—1947年）在谈到符号学（Semiology）时认为人类是为了表现自己而寻找符号，事实上，表现就是符号。在用服装这种“符号”进行身份的表达时，穿着者其实是在进行身份的建构工作（identity construction work），人们为了寻求意义并且设法使当前情景令自己感到舒适而采取的行为。在贵州很多地区，根据年龄和身份的不同，苗族女性的服装款式也不尽相同。

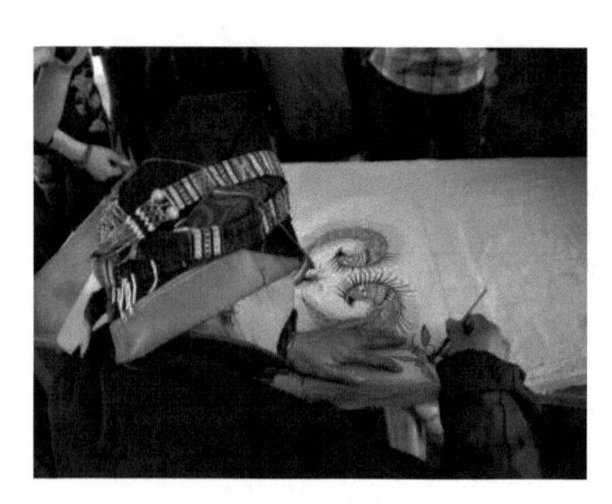

图3 画蜡的丹寨女性

（2）评判指标——对制作者女红的判定

评判指标是针对制作者而言。在苗族的传统文化中，女孩缝制、刺绣服饰是她们必须掌握的基本技能。“（苗族）女孩在五六岁时便开始学习，十四五岁时已经熟练地掌握挑花刺绣、织花带、织锦、做衣裙、鞋帽等技艺。”在苗族家庭中，姑娘们在结婚时会陪嫁上出嫁前的这几年自己一针一线刺绣的花衣。

（3）审美表达——体现制作者审美的认知

审美表达是针对制作者而言。民族传统服饰是此民族审美观念的表达，体现了这个民族对审美的认知。笔者在贵州进行田野考察时，发现苗族女性服饰的地域性特点很强——不同地区的服饰风格迥异，即便是一些相邻的村寨其服饰也有很大区别。再从更为微观的角度考察，即便是同一个村寨，在服装的款式、色彩、装饰具有统一的范式的前提下，每一件手作刺绣的服饰都有些微的差异，这些差异体现了制作者之间不同的审美取向。

（4）情感媒介——连接母女间感情的纽带

情感媒介是针对制作者与穿着者而言。贵州苗族女性服饰还是连接母女之间感情的纽带。苗族姑娘自幼学习服装制作工艺，到十多岁时技艺就比较纯熟了，这时的她们除了做自己结婚时的盛装，还会给未来的孩子绣花帽、绣背儿带、绣花鞋、蜡花衣。在她们出嫁时，母亲也会为她们制作嫁衣、为她们的孩子制作背儿带，这些传统服饰中饱含了母亲对女儿那浓浓的爱意。

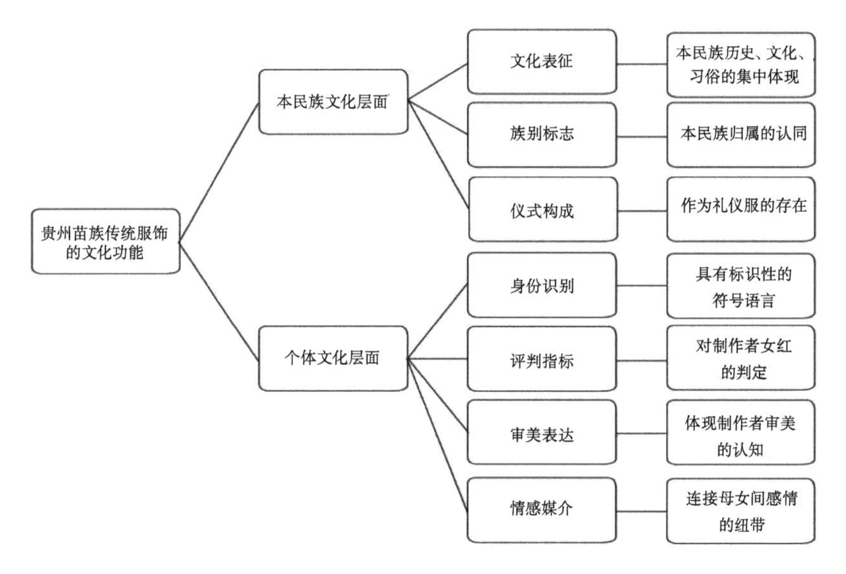

图4　贵州苗族传统服饰的文化功能

（二）对贵州苗族传统服饰留存现状的分析

如果从大的穿用场域来进行划分，我们可以把贵州苗族传统服饰的留存划分为三大层面八个方面。首先是与日常生活相关的苗族传统服饰，这里主要指的是便装而言；其次是与民族文化密切相关的苗族传统服饰，这里主要指的是盛装而言；最后是与旅游开发密切相关的苗族传统服饰，这里主要指的是具有民族传统服饰元素的服饰品以及文创产品。

1. 贵州苗族传统服饰留存第一层面：与日常生活相关的传统服饰

与日常生活密切相关的服饰指的是作为日常穿着的苗族传统服饰，即便装，这部分苗族传统服饰还保留着它们作为日常生活组成部分的特性。但随着时代的发展，作为日常生活相关的传统服饰会因为民族间的交往、交流、交融以及生活节奏的加快而被注入其他民族以及时代的特色，有逐渐简化和时尚化的趋势。新时代背景下日常穿着的苗族传统服饰体现了弱化了的“文化表征”“族别标志”和“身份识别”的文化功能；如是手工制作的衣服则体现了“评判指标”（尤其进行刺绣、蓝染等工艺）和“审美表达”这两个文化功能，如是机器制作的衣服则无法体现“评判指标”只体现较为弱化的“审美表达”；而“仪式的构成”和“情感媒介”这两项功能在日常生活相关的传统服饰中基本没有体现。

2. 贵州苗族传统服饰留存第二层面：与民族文化密切相关的传统服饰

与民族文化密切相关的传统服饰主要在以下四个穿用场合下留存：一是作为婚嫁与节庆等场合的礼服的苗族传统服饰，二是作为祭祀等场合的礼服的苗族传统服饰，三是作为母女间传承的苗族传统服饰，最后是作为装殓用“老衣服”的苗族传统服饰。在前两个穿着场合，苗族传统服饰都是作为传达本民族“文化表征”、彰显本民族“族别标志”的一种“礼仪服”的存在，也承担着体现自身“身份识别”的功能，体现了制作者的“审美趋向”，也成为旁人评判制作者手工技艺水平的“评判指标”。在第三个留存场合，苗族传统服饰不仅是母女间的一种“情感媒介”，还是进行技艺传承的一种媒质——女儿可以通过研究母亲或祖辈传下来的衣服来研究服装制作工艺。需要特别指出的是，作为“老衣服”的苗族传统服饰只有在其穿着者“生前”的准备状态属于留存的一种方式，而当穿着者死去下葬后而最终消亡。

3. 贵州苗族传统服饰留存第三层面：与旅游开发密切相关的传统服饰

与旅游开发密切相关的传统服饰主要存在于以下三种场合：一是作为表演装的苗族服饰及改良服饰，这又分为直接将传统服饰“拿来”作为表演服饰的类型以及利用传统服饰元素进行改良设计的表演服饰两种类型；二是作为旅游业中工作人员工作装的苗族改良服饰，这种服饰一般具有传统服饰特征，并在此基础上与穿着的功能性相结合进行设计；三是作为商品（买卖或租赁）的苗族服饰及改良民族服饰，可以将其理解为“降级版”的苗族传统服饰，如用机器刺绣代替手工刺绣、以白铜饰品代替白银饰品等；四是作为旅游业文创产品的苗族服饰品，其中既包括适用于游客购买日常穿着的苗族服饰风格的衣服，也包括相关服饰及与日常生活相关的具有苗族传统服饰元素的文创产品，还有一些是将传统服饰进行分割加工后的绣片。

图5　新桥苗寨女性表演服饰

图6　雷山苗寨女性表演服饰

图7　将传统服饰进行分割加工后的绣片

以上的留存方式中，第三层面是与文化旅游密切相关的苗族传统服饰留存方式，第一层面也与文化旅游直接相关——与普通的汉族日常装相比，

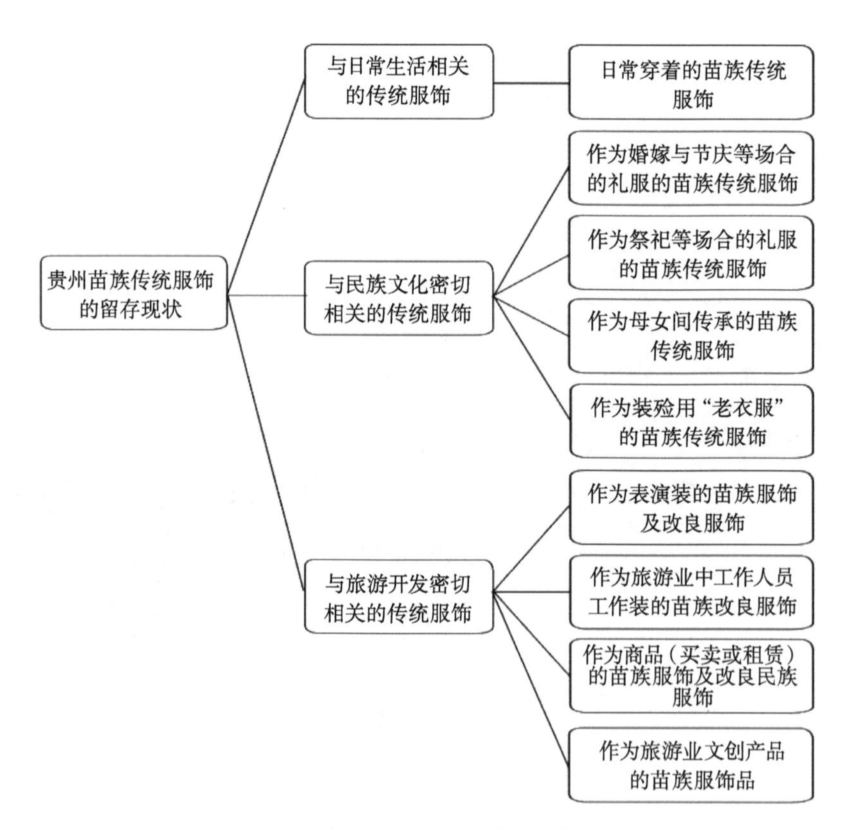

图8　贵州苗族传统服饰的留存现状

作为“他者”与外来者的游客更愿意在民族地区见到当地少数民族群众穿着他们的民族服饰；从穿着者自身来讲，穿着本民族的服饰既是一种风俗传统，也加强了其民族自豪感的心理需求。第二层面在表面上看更多的是与本地区、本民族的穿着者密切相关，但其实它亦是文化旅游融合发展视角下必不可少的组成部分：“原生态”“在地性”与“异质化”是文化旅游吸引外地游客的基础，而从服饰的角度分析，尽可能保留传统的服饰以及它的留存场域，尽可能不减少与削弱它的文化功能，都是将传统服饰作为独特的“名片”来发展旅游业的重要原生资源。此外，只有尽可能地保护传统的民族服饰及其生存环境，才能进一步对其进行传承与开发，反之则是“无根之木”“无源之水”，终究会丧失自己的地域特性、文化特性与传承价值。

二、目前存在的不足与解决之道

（一）存在的不足

1. 传承与研究环节：对传统服饰保护与研究的力度不足

在传承与研究这一环节中，对传统服饰保护与研究的力度不够。这就涉及“物”“人”与“技”三个层面。

首先是“物”，从服饰实物的角度来说，流失的速度与数量惊人。①不同级别的博物馆收藏服饰实物的种类、侧重各有不同，但一般都是静态的展示，展品的更换频率也较低，相关的宣传也较少，没有将博物馆展示、研究、传承、宣传的作用充分发挥出来。此外，利用网络的线上展示与宣传还需要进行深度开发。各级博物馆等资源有待充分利用，如何整合平台与深耕博物馆功能是我们需要思考的问题。

其次是“人”，这个“人”包括以下四类组成部分：一是技艺传承人，二是有能力的组织者，②三是设计师，四是普通的贵州苗族女性——她们是苗族传统服饰的制作者、穿着者、设计者与传承者。“人”是贵州苗族传统服饰保护、传承与发展创新的主体因素与关键，是需要我们支持与培养的人。

① 见参考文献［1］。
② 见参考文献［2］。

最后，“技”是贵州苗族传统服饰最为优势的特点，尤其是其盛装，全手工的缝制、刺绣、蓝染使其焕发出独特的魅力与艺术光芒。而随着时代的发展，人们生活节奏日益加快使得部分传统技艺很难适应时代的发展，技艺掌握者的逐渐老去或去世使得部分技艺逐渐消亡——“因人而存，人亡艺绝”，[①] 受合适的传承人难得等因素的影响，对“技”的传承与研究迫在眉睫。

2. 设计环节：苗族服饰元素的设计环节薄弱

目前文旅市场中关于苗族服饰元素的设计比较薄弱，主要的问题有五点。①特质层面：同质化严重而个性化不足，如笔者在雷山调研时发现，这里很多店面所售卖的民族服饰元素文创作品与丽江等地大同小异，甚至是一模一样，很难吸引有旅游差异化需求的外地游客；②文化层面：没有深入挖掘传统服饰文化内涵，如对苗族服饰元素纹样的割裂性运用，将老绣进行分割缝缀在“时尚服装”上的“设计”；③时尚层面：设计感与时尚感不足，“传统”与“时尚”的碰撞是非常吸引人的，但目前很多苗族服饰元素设计没有融入时代的元素，从而失去了很多具有巨大购买力的年轻消费者；④内容层面：传统元素应用不到位，这指的是因为没有深入理解传统服饰文化内涵而进行流于表面的设计；⑤形式层面：形式感不足，从服饰整体设计到外包装设计都存在很大的问题。

3. 商业环节：商业化旅游开发对服饰传承产生了一定的消极影响

商业化对于民族传统手工艺来说可以起到宣传作用，也可以缓解一部分少数民族地区群众的就业压力。但同时，过度商业化会引发对传统服饰设计的简单化与庸俗化，并且一些手工技艺被工业化方式所取代，导致传统民族手工艺的精神性缺失：过去一件衣服的刺绣可能需要几年，其中融入了制作者的审美、对生活的感悟、对服装穿着者的情感，人们也是从其制作的服装中来体味其“人品与心灵”；而今，一件衣服的刺绣可能只需要几天或者几个小时，虽然工业化的生产方式方便了民族传统图案的制作，但却减弱了民族传统手工艺的精神性与美感。此外，很多商业表演的民族服饰都不是真正的传统服饰，而是经过改良的设计，无论是材料、制作、技艺都与前者相差甚远，混淆了外来参观者对苗族传统服饰的穿着形象的认知。

① 见参考文献［3］。

4. 支持引导环节：支持与引导的力度有待提高

贵州当地政府对文化旅游业非常重视，对苗族传统服饰的传承与发展也很重视，但同时也存在不足，如果各级政府支持与引导的力度进一步加强，那么无论从优秀传统文化传承的角度，还是从旅游发展的角度都会取得更好的收效。

（二）解决之道

1. 传承与研究环节：加强对传统服饰的保护与研究力度

首先，从“物”的角度来说，无论是对民族传统服饰的研究还是创新设计都建立在对实物的保护基础之上，需要我们尽快保护与抢救品质高的苗族传统服饰精品。

（1）法规保护

可考虑出台相关的“苗族传统服饰精品文物保护法规”，当地政府可以邀请专家对有价值、需要保护的苗族传统服饰的类别、种属、年代、款式、源流、特点等系列要素进行考察与界定，并明确其技艺特点与保护措施，在此基础上制定法规措施，只有被纳入法治轨道才能使保护措施落到实处。

（2）精品建档

开展对符合“苗族传统服饰精品”的实物的认定、分类、记录并建立档案予以保护，实行静态管理和动态管理并行。妥善保存有关实物资料，配合有关部门进行非物质文化遗产研究，参与展演、展示、传播等公益性活动。

（3）完善和提升各级博物馆的功能

笔者调研了黔东南州民族博物馆、雷山县苗族银饰刺绣博物馆、西江苗族博物馆、贵州河湾苗学研究院，这四所不同级别博物馆不仅级别与所有制不同，其各自的侧重点亦有所不同，可以加强相互的联系，互为补充与促进。各级博物馆可以组成一个全面而系统的博物馆文化传播体系，从不同的角度完善对苗族女性传统服饰实物的陈列、保护、研究、宣传与发展。此外，还可以采取以下措施完善对博物馆功能的深耕：①数字化方面，对藏品信息进行全面的数字化存储、归档与管理，建立数字化展示的模式，拓宽展示方式；②针对性方面，利用大数据等技术手段建立观众数据库，提高讲解的

科学性与针对性；③文创研发方面，与民族服饰技艺团队或当地有制作能力的村寨合作，开发相关的服装、配饰以及其他民族服饰元素的文创产品，实现宣传、营利、解决就业等多重作用的互惠双赢；④互动体验方面，开展与参观者的互动体验活动，如针对展品的交互体验，动手制作蜡染、扎染、刺绣作品等；⑤宣传力度方面，加强对外宣传的力度，一方面要在本省开展苗族传统服饰及其文化的科普教育，另一方面也要积极对外宣传。

其次，在“人”的层面，需要我们拿出具体的政策、方案与措施来支持与培养各级传承人、有能力的组织者以及普通的苗族女性。如对其给予资金支持、技术支持、培训支持，为其创造尽可能多的相互交流与对外交流机会，拿出一定的经费支持其进一步的进修与深造。

最后是“技”的层面，可以将当地传承人与普通技艺掌握者及大专院校、科研院的资源进行整合，针对手工技艺进行记录、梳理与研究。

2. 设计环节：增强设计能力、引导消费审美

在设计这一环节要做的有两点：一是增强设计能力。推动更多的优秀设计师对贵州苗族传统服饰元素进行深度挖掘和时尚化设计，将贵州苗族传统服饰与时尚设计理念相融合，融入当下人们的生活，尝试以设计师的设计理念引领消费者的生活理念。二是要引导消费审美。将时尚化、国际化审美理念与设计思维引入贵州苗族传统服饰设计中，将“传统”与“现代”进行完美融合，打破现有的旅游业中低端、劣质、同质化的服饰商品和文创产品现状，引导和提高消费者的审美层次，提升设计的时尚化、个性化与定制化，从“设计”这一环节入手，从被动地“追随”消费者到主动地“引领”消费者，提升游客的消费预想从而提升营业额，助力乡村振兴。

3. 商业环节：理顺旅游开发与服饰保护传承的关系

在理顺旅游与苗族女性服饰传承的关系中，保护旅游地区生态及文化环境的良性发展意义重大：一方面要着力开发苗族地区的旅游资源，以便增加当地居民的就业机会，进而增加当地居民的收入；另一方面也要大力保护苗族地区的生态不受旅游因素的破坏。在旅游开发的同时注意苗族地区生态环境的完好。

在此基础上需要进一步招商引资与拓展销售渠道。笔者在调研中发现，当地的手工艺人有技术、有时间去做传统服饰及服饰品，但她们并不知道市场需要什么样的产品，消费者想要什么样的产品，如何进行销售，从而产生供与销之间的断层现象。这就需要各级政府、大专院校与专业的市场销售人员在保证旅游区生态环境与文化环境良性发展的基础上，探索一条打通上、下游的路径与方法，有的放矢、因地制宜地建立一整套有针对性的、高效的商业闭环机制。此外，“加强区域内文化旅游资源的整合，提高信息化和专业化水平”[4]——整合资源、提高信息化水平也非常重要。

4. 支持引导环节：切实增强支持引导力度

各级政府可以加强对苗族传统服饰的各项保护与宣传措施。一是加大对其政策的支持、资金的资助以及人力的投入，应该将“重要无形文化财产持有者（代表性传承人）”的保护置于重要地位，应把传承人的培养放在发展战略的首位，为手工艺人提供培训、学习、参展的各种机会，例如让有意愿学习传统服饰技艺的女性以村或镇为单位集中，参加相关培训，在学习技艺的同时也加强了相互的交流。在调研中笔者发现有些村寨的绣娘在村委会的组织下参加了北京、上海、深圳等地的一些博览会；还有一些绣娘积极参加省州县的民间手工艺比赛，获得不少奖项，激发了她们钻研的热情。二是鼓励当地居民在本地结合自身民族特色进行就业、创业。三是通过服饰展演、民俗活动提高苗族传统服饰的知识与文化普及。四是通过电视、移动互联网、手机新媒体等多种宣传形式，宣传苗族传统服饰及其文化。五是将“民间工艺进校园”等活动持续贯彻下去，逐渐将传统服饰的制作技艺相关课程作为当地中小学生的活动课普及，使苗族传统服饰技艺薪火相传、后继有人。六是建构文旅融合发展视角下的苗族传统服饰文化生态系统。

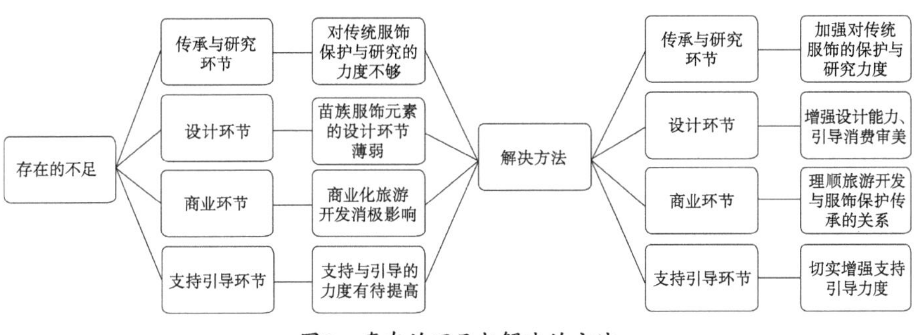

图9　存在的不足与解决的方法

三、文旅融合视角下贵州苗族传统服饰的传承与发展

（一）贵州苗族传统服饰元素的现代设计准则、方法与案例

1. 设计准则——"传统"与"现代"的两翼

在乡村振兴的新时代背景下贵州苗族传统服饰的设计需要遵循怎样的准则？牢牢把握"传统"与"现代"的两翼是其关键点。日本设计大师三宅一生曾经说过："传统"不是"现代"的对立面而是"现代"的源泉。把握"传统"就是把握贵州苗族传统服饰的一些内核元素，如它古老又现代的各种具象与抽象图案，再如它缝制、刺绣、染色等手工技艺特征，这些都非常符合现代人对于"传统""文化""个性化""异质化"商品的心理需求。把握"现代"就是要将一些现代的设计概念融入其中，如从包装与形式上符合现代消费者追求精美、重复利用、设计感强等选购商品的重要决定因素上入手。

2. 设计方法——艺术性、技艺性与时尚性

在对贵州苗族传统服饰元素进行设计时，我们需要考虑的三个要素是艺术性、技艺性与时尚性。

艺术性是尽可能保留它最为原生态的要素，如对其图案的应用一定要在不破坏它原来的特征要素的基础上进行设计改良，"知其所来、识其所在"，保持了艺术性就是保持了它的个性与特性，从而避免同质化，吸引具有个性化、特性化消费需求的消费者。

技艺性是贵州苗族传统服饰的一大特征，我们在进行设计时可以对其进行一定的改进，如将原来盛装的大面积刺绣改为局部刺绣，将染色的色谱范围扩大等等，但在此过程中要保留住其精髓的部分，不能一味"去繁求简"从而失去民族韵味。

时尚性是要与年轻人的时尚穿着理念进一步地融合，如在款式、包装、设计概念等层面进行时尚化设计。需要设计师对传统服饰元素进一步挖掘，将贵州苗族传统服饰文化与时尚设计理念相融合，融入当下人们的生活，使设计理念引领生活理念，生活理念赋予设计理念。贵州苗族传统服饰要在新时代背景下与时俱进，只有发展才能真正传承下去。

（二）旅游开发视角下服饰传承助力乡村振兴的关键点

1. 基础："原生态"与"在地性"

旅游开发视角下如何以服饰传承助力乡村振兴？笔者认为其基础在于保持服饰的"原生态"与"在地性"。

首先看"原生态"，它包括实物的保护与田野调研两个层面。前者指的是对现在留存下来的具有一定年代的、技艺精湛的服饰实物进行保护与研究；后者指的是对现有的文化价值和艺术价值高的苗族传统服饰及其存在场域进行实地的现场调研，对其的研究包括动态研究和静态研究两个层面。①对"原生态"的研究需要我们对贵州苗族传统服饰尤其是盛装服饰从图、文两个层面进行详细的记录，图像资料包括服饰的各个角度的穿着图、服饰构件图、服饰局部图、配饰构件图、穿着步骤图和穿着步骤视频资料、服饰所在环境图片资料，等等；文字资料包括对服饰款式、搭配、穿着细节、穿着习俗、服饰与配饰各部分具体尺寸、服饰纹样描述、服饰背后民族文化内涵描述、服饰存在环境的记录，等等。对其的记录与研究是日后进行设计的基础。对田野调研做得比较好的案例是一对研究贵州刺绣与织绣工艺的日本母女学者鸟丸贞惠（Sadae Torimaru）和鸟丸知子（Tomoko Torimaru），②她们经过数十年的田野调研后积累了大量的一手资料。

再来看"在地性"。"在地性"强调的是文化与其产生的环境之间的特定关系，它凭借语言、建筑、器物、服饰、饮食、历史等具体符号构建出专属某地的特质。"在地文化"是一种凝练的内生动力，深刻影响着某个地域的某些思想意识、价值观念与行为方式，也是文旅开发的重要触媒。"服装"作为衣、食、住、行之首首先是拿来穿的，对其的穿用是具有一定的场域限制的。离开了穿着场域的民族传统服饰不免让人产生不伦不类之感。此外，贵

---

① 动态研究指的是对其的穿着步骤、穿着习俗等方面的研究。

② 二人分别自1985年和1994年开始进行田野调研，她们坚持深入贵州村寨，了解、学习、记录和掌握当地具有代表性的服饰品的织造与刺绣技艺。在探访的初期，还没有相应的影像设备，于是她们就用纸笔画图和文字解释的方式来记录；后来，她们采用图像与文字相结合的形式进行记录，得到了大量珍贵的一手资料。

州苗族传统服饰的很多图案是与当地动植物密切相关的，很多技艺与材料是智慧的苗族女性因地制宜就地取材的，这些都是它产生的基础。贵州苗族传统服饰有着它独特的存在环境，它是具有物质性的实体，它又是鲜活的、不能脱离环境而单独存在。我们在博物馆看到一件苗族传统盛装，看到的是它的款式、造型、颜色、组成部件、所属地区以及制作年代，只是它最终成型后的样子。同时，还有好多是我们看不到的：它的材质是如何得来的（如是自纺、自织、自染的面料还是市售的面料）？它的制作者是谁（年龄、居住地址、所掌握的技艺）？它的所属地是一个怎样的地方（具体哪个村寨、自然环境如何）？它的穿着场合是什么？它用到的手工工艺是什么？它的色彩为什么要这样搭配？它的图案背后有什么文化寓意？它的穿着步骤是什么？等等。这些都不是仅仅通过观察展柜中的这件衣服就可以得到的，而这所有的看似琐碎而杂乱的问题共同构成了这件衣服背后的服饰文化，也是我们未来进行设计的最为坚实的基础。

2. 主体因素："人"是改变的关键

对于服饰而言，苗族女性扮演着四位一体的、决定性的重要角色，即她们是本民族传统服饰的设计者、制作者、穿着者与传承者，因此她们是苗族传统服饰传承的主体因素。

如果从服饰技艺这个角度来考察，服饰技艺的保护与传承是苗族女性传统服饰能够"活"下去的关键所在，以往"传承人"是各级政府主要关注的对象，她们是贵州苗族传统技艺得以传承的关键因素。但从"传承人"这个维度来看，也存在一些问题：一是现有被认定的传承人的数量稀少，二是传承人师徒间传承的规模有待提高，三是对于传承人的培训、培养等支持策略有待加强。因此对传承人增大支持力度的同时，尽可能多地扩展技艺掌握者这个群体的人数是我们接下来需要重点关注的问题。

以上所讨论的"人"的因素侧重的是"传承"中"承"的方面，具体到"传"的层面则需要增大力度引入时尚设计力量——大专院校的师生、品牌或独立设计师都是可以注入的新鲜血液，可以助力贵州苗族传统服饰与时俱进的发展，吸引文化旅游业中数量更多、年龄层更为多样、审美更为多元的消费者。

3. 发展的主要方面："设计""技艺""互动模式"与"商业模式"

发展的主要方面的第一点是"设计"。衣服是用来穿着的，它是"活"的，与田野调研中有着上百年历史的建筑相比，服饰的"寿命"则比较短暂，尤其是在当代，它具有快速更新换代的特性。随着经济的发展、生活方式的改变、交流的加强等诸多因素，民族传统服饰有逐渐淡出当地人生活的趋势。于是，对贵州苗族女性传统服饰的时尚化设计、舞台化设计和品牌化推广就显得尤为重要。"民族的就是世界的"并不是老生常谈的空话，很多国际品牌定期到贵州学习苗族传统服饰技艺并将其用于设计产品中就是一个例证。随着人们生活水平的提高，对服饰的个性化与文化性的追求成为一个趋势，而利用民族传统服饰进行的时尚化产品设计恰好符合这一趋势，因此，我们在这些方面发展的空间还很大。

发展的主要方面的第二点是"技艺"。服饰技艺的保护与传承是苗族传统服饰能够"活"下去的关键所在，其中对掌握传统技艺的"人"的保护和培养是重中之重。以往我们对"人"的因素认识中一般只关注技艺的传承人，但贵州苗族支系众多，服饰技艺繁杂，仅依赖现有认定的各级传承人会存在某些技艺的遗失以及传授接续中断等现实问题，因此，抢救濒危服饰技艺、确立多级传承人与手工艺人工作制、对有影响力的组织者给予支持、扩展传统技艺的受众层面——发展当地普通妇女学习技艺以及在大、中、小学不同阶段推广传统技艺的教学是四个可行的方向。

发展的主要方面的第三点是"互动模式"。可以根据贵州苗族传统服饰的手工技艺特点展开绣娘与游客之间的互动，这种沉浸式的体验既增加了趣味性与凝聚力，也扩大了宣传、增加了收入。据雷山县猫猫河村村长余青介绍，雷山县猫猫河众兴生态农业专业合作社成立于2014年5月，并开展了三十多期培训。他们的旅游接待中有一个刺绣体验环节：收取一定的材料费（有针、线、布，收费数十元），由绣娘教授技法，鼓励游客亲手体验苗族刺绣技艺，在此过程中还接受批量的订货，使旅游接待更加有趣和多元化，也增加了绣娘的收入。此外，很多到贵州旅游的家庭都选择七八月份进行亲子游，带着孩子体会手工制作的乐趣不失为一个很好的宣传点。

发展的主要方面的第四点是"商业模式"。随着贵州文化旅游业的发

展，贵州苗族传统服饰元素的服装、服饰品以及文创产品销售有了长足的发展。但与其应该承担的角色相比，确实还有很大的上升空间。在今后可以进一步提升的方面主要有以下三点：一是线上销售渠道有待提升。贵州苗族传统服饰元素的服装、服饰品以及文创产品的销售不应仅限于游客旅游时的"当时"与"现场"的消费，与产品进行连接的过程可以向前延伸到旅游开始前、向后延伸到旅游结束后。也可以拓展思路将旅游地的实体店打造成一个旗舰店或是体验店，真正实现销售行为可以全部在线上进行。二是数字辅助试衣与穿衣等现代技艺的应用不足。目前运用传统元素进行的设计具有同质化、批量化和粗糙化的特点，基本上集中于中、低端服饰，而具有个性化特征的针对个体进行的高端定制的高价位服饰在这个区域基本处于空白状态，无法满足不同消费需求、消费水平的消费者。三是包装与营销手段有待提高。很多消费者在进行特色旅游后会有购买当地精致有特点的服饰品及文创产品的想法，回家后送给亲朋的需求，而现有产品大多在整体包装与细节中无法达到消费者的心理预期，从而失去了很大的市场份额。对商品的配套销售、个性化销售等营销手段的运用也是提升游客购买力的重要因素，这些都是今后需要改进的部分。

4. 发展的方向："生态设计"是发展的未来方向

贵州作为旅游胜地，被称为"天然氧吧"，因其气候舒适、生态环境质量优良而成为度假养生的优选之地。生态的优势是贵州文旅发展的重要标签，"生态设计"也是贵州苗族传统服饰未来的发展方向。"生态"既包括自然生态也包括人文生态，它强调保护和保存文化遗产的真实性、完整性和原生性，这与贵州苗族传统服饰的传承与发展方向不谋而合。

民族传统服饰的良性传承离不开一个良好的传承环境——衣裳从来不是孤立的，它是它所在的环境的一个映射。如果将建立和完善原生态文化村落与对此村落中的传统服饰保护相结合来建设与发展，将是一个很好的思路，建立"生态博物馆"可以作为对此的一种尝试："生态博物馆"的概念在1971年诞生于法国，是由法国人弗朗索瓦·里维埃（François Rivière）提出的。生态博物馆与传统的博物馆不同——传统博物馆是将文化遗产放到特定建筑中，而生态博物馆是将文化遗产保存在它所属的社区及原生环境之中，是没有围墙的“活体博物馆”。“生态博物馆”的核心是“活态展示”，即让它所展示的主体“活”在它产生的社区之内。

从宏观的层面来看，“衣”与“环境”在这里是互相促进的关系——在生态博物馆中，穿着民族传统服饰是一个必要的条件；同样，对生态博物馆的建设与发展又可以促进当地民族传统服饰的保护。从微观的层面来看，贵州苗族传统服饰的手工特性、材料特性正好符合了新时代背景下消费者对“生态设计”的需求。机器工业化批量生产的成衣从某种层面上来讲并不环保，还具有同质化的弊端；贵州蓝染就地取材的蓝靛（其来源是清热解毒的植物板蓝根）所染出的布色彩优雅美丽，传统土布是从种棉开始到一寸一寸织布而得到的，其环保性与珍贵性不言而喻。

参考文献

[1] 李程春. 浅议苗族服饰的开发与运用[J]. 思想战线，2013，39（S1）：15-18.

[2] 周梦. 贵州苗族侗族女性传统服饰传承研究[M]. 北京：中国社会科学出版社，2017：485.

[3] 杨源，何星亮. 民族服饰与文化遗产研究：中国民族学学会2004年年会论文集[M]. 昆明：云南大学出版社，2005：360.

[4] 杜仕荣. 贵州文化旅游产业集聚分析[J]. 贵阳市委党校学报，2018（5）：31-37.

[5] 周梦. 贵州苗族侗族女性传统服饰传承研究[M]. 北京：中国社会科学出版社，2017：507-510.

[6] ToRIMARU S. Spiritual fabric: 20 years of textile research among the Miao people of Guizhou, China[J]. Nishinippon Newpaper Company, 2006.

[7] 管彦波. 文化与艺术：中国少数民族头饰文化研究[M]. 北京：中国经济出版社，2005.

[8] 祁庆富. 论非物质文化遗产保护中的传承及传承人[J]. 西北民族研究，2006（3）：114-123+199.

[9] 郝苏民，文化. 抢救·保护非物质文化遗产：西北各民族在行动［M］. 北京：民族出版社，2006.

［10］杨克升，马海霞. 贵州文化旅游产业集聚区建设的战略价值［J］. 贵州社会科学，2013（3）：81-83.

大地艺术节在中国

——我国艺术乡建的一种实践及其反思

吴希婕

深圳大学文化产业研究院　深圳　518060

摘要：大地艺术是艺术内容与地域的融合与再生，是近年来我国在艺术乡建领域不断尝试和拓展的一条道路。大地艺术节通过艺术作品，把一个地域的文化、记忆、民众紧密结合在一起，以此唤醒深埋在不止于村民的众多群众心中的乡愁记忆与宝贵情感，从而吸引村民和消费者"返乡"，促进当地的文旅融合与经济发展。当然，大地艺术节依然不是万能的，无论在前期筹备建造的过程中，还是在运营中，抑或是后期的效应与维护中都存在着显而易见的难题，因此理当对这一艺术乡建的重要形式进行必要的反思。除了艺术家的介入形式、村民的主体地位以及艺术节的经济效用，其在人文情感与乡村美育的层面还存在突破的空间。

关键词：大地艺术节；艺术乡建；反思；乡村美育

一、问题意识："大地艺术节"的缘起与引入

20世纪50年代以后，艺术介入乡村建设（简称"艺术乡建"）逐渐成为一个全球性的文化现象，并涌现出一大批成功个案，如日本的越后妻有、意大利的阿库梅贾村、芬兰的菲斯卡村、波兰的萨利派村、韩国的甘川洞村等。

"大地艺术节"以艺术为主轴的同时，其内容还融合了地区文化、传统耕作、土产特产、娱乐表演、美食美酒、手工技艺、民间节庆、自然山水、交通住宿等。然而何谓"大地艺术节"？"大地艺术节"缘起何处？我们首先要分清"大地艺术"和"大地艺术节"这两个不同的概念。"大地艺术（Land

Art或Earth Art）”形成于20世纪60年代的美国，背景是当时环境意识的增强，艺术家利用土地去创作。作为艺术创作门类的“大地艺术”和我们今天看到的“大地艺术节”是不一样的。“大地艺术节”是日本艺术家北川富朗在20世纪90年代提出的，其背景是当时日本城市化过程中耕地荒芜、乡村凋零。为此新潟县邀请各界人士献计献策，北川先生提出了举办艺术节的想法。这要追溯到20世纪中叶，当时日本进入了长达40余年的经济成长期，地方人口急剧流入东京、大阪等大型都市，不少乡村先后陷入农业生产难以维持、社区濒临解体的困境，有的乡村甚至被贴上“即将消亡村落”的标签。越后妻有地区就是其中的典型之一，它是日本古地名“越后国、妻有庄”的合称，面积超过东京23区，是日本少有的大雪地带。日本的越后妻有艺术节以“自然拥抱人类”为理念，以“地方重建”为目标，以农田为舞台，通过艺术连接人与自然，一边探讨地域文化的传承与发展，一边挖掘地方蕴含的价值和潜在的魅力，重振日益衰颓老化的农业地区。“大地艺术节”里的“大地”，实际上是指艺术发生的地方，是田野、自然、乡村，是人们脚下的土地，所以这个“大地”比“大地艺术”（Land Art）里的“大地”含义更丰富。而且，在大地艺术节上，能看到各种艺术创作门类和艺术形态。中国的“大地艺术节”和日本“大地艺术祭”中“大地”的意思是相同的，都是关注社会现实，要解决乡村里的问题。

这一背景和特征与我国推进乡村振兴的方针政策不谋而合。党的二十大报告提出乡村要成为“产业兴旺、生态宜居、乡风文明、治理有效、生活富裕”的美丽家园的总要求。在这重要进程中，基于乡村美学的艺术乡建无疑成为赋能助力乡村振兴的一个有效路径。“艺术乡建”是参与的美学，更是关怀的美学。深化乡村美学理论研究，体现理论建构对现实引领功能；推进乡村美育建设，培养新时代“新乡民”，实现艺术乡建的延拓，依旧是一个重要的时代课题。

近几年国内乡村的“艺术乡建”优秀作品不断涌现出来。它们基于乡村本土风貌和气息，在文化保护的基础上，重点进行了景观再造，对空间生产和主体功能进行了颠覆性的重塑。通过艺术化改造和新业态功能植入，再造了传统的乡村空间。2019年，上海市崇明区横沙乡的水稻画就将农业现代技术与农民创新思想交汇相融，展现出农村新风貌。自2020年起，浙江省杭州市桐庐县开始部署推进艺术乡村建设，重塑乡村艺术风貌与气质。2022年又针对普遍存在的乡村旅游文化内涵不足，“千村一面”等问题，创新性提出“艺术赋能乡村，文化引领发展”的理念，配合“微改造、精提升”工程的实施，在同年成功入选浙江省公共文化服务高质量发展典型案例。还如朱家角古镇的艺术驻地项目和艺术家村，等等。这些艺术乡建案例的成功实践，让我们看到艺术之于乡村由“被动介入”走向“主动参与”的跨越。通过“文化赋能”“美育赋能”，推进农村社区营造，强化乡民文化认同，激活乡村内生动力，复归乡村传统礼俗伦理，复构乡村文化生态，从而构建出新型乡村文化景观和艺术理想。而大地艺术节则是其中广受各界与消费者关注的一种主要的形式代表。

近年来，乡村建设如火如荼地展开，除“艺术乡建”外，“乡村美学”也常被提及。“艺术乡建”的字面意思即是在乡村建设的过程中强调艺术设计的介入。由于设计的本质，“艺术乡建”既不同于专家倡导的纯粹的“历史文化保护”，也不同于重在资本开发的“乡村旅游”；它强调建设一种以村民为本的可持续性乡土环境。中国的“乡村美学”“则是由中国乡村的独特的生产生活方式、生活环境、人格特征、风物人情等方面入手，对中国乡村的审美文化、审美现象的产生、形成、形态、流变、价值等进行整体性、系统性的探讨。”①

乡村美学是研究乡村美以及人对乡村的审美和创造的一个新的视域，乡村美学概念的提出为艺术乡建和乡村振兴找到了可以归依的理论基础。关注乡村美与实际需求的嵌合，活用不同乡村属性和资源，运用美学理念勾勒不同乡村意向。由此可知“大地艺术节”由于其自身的实践属性和行为结果导向而必然地成了上述更为宏观论题的佐证或是点缀。

我国专门针对“大地艺术节”的相关研究不算丰富，主要出现在艺术设计、乡村改造的板块。国外“大地艺术节”的相关针对性研究主要还是日本艺术家北川富朗及其团队关于日本艺术节的相关研究著作，如《乡土再造之

① 见参考文献［1］。

力：大地艺术节的10种创想》(2015)、《大地艺术节指导手册》(2010)等。他认为：艺术原本是表达自然、文明和人类关系的方法。[①]其他的国外相关研究也有集中于乡村介入的形式问题探讨，如德国艺术家博伊斯(Joseph. B.)、澳大利亚学者麦克亨利(Mchenry.J.)都强调艺术介入的公众意义。从博伊斯的“社会雕塑”到伯瑞奥德的“关系美学”，都是强调艺术家在介入社会的具体实践中，身体力行地投入日常生活中去，[②]“关系美学”突出了介入性艺术“修复断裂的社会纽带”“链接人际交往”的社会功能。[③]还有学者从城乡差异对比的视角切入，研究乡村绅士化现象及其他，但这些都不是特定针对“大地艺术节”的研究，参考价值不是特别大。

概而言之，“大地艺术节”的国内外研究大致呈现以下三个特征：①多从设计、建筑等交叉学科视角研究，缺乏专业系统的人文关怀视角与美学哲思的探讨；②多为个案研究，其中日本越后妻有艺术节、“艺术在浮梁”、武隆懒坝艺术节、广东南海艺术节的相关个案研究较多；③相关学术研究的期刊论文和学位论文数量都不算丰富，针对性较弱，研究范围较大，研究的延展性不足，论文的普适性较为欠缺。

二、中国“大地艺术节”的发展现状与特征

(一)从乡村艺术节到大地艺术节

乡村与城市、都市与社区、传统与现代、艺术与经济，这几组看似二元对立的概念，在乡村艺术节的桥梁之下相互连接，相辅相成。纵观人类社会的历史进程，几乎是由从乡村到城市的运动及变迁来定义，世界文明史一大半属于农耕文明，中国的农耕文明更源远流长。所以乡村并不是作为一种抽象的情怀而存在，也不应是“落后”“淘汰”的代名词。然而，在城市化的浪潮下，越来越多的人离开乡村，迁入城市，越来越多的房屋闲置、耕地荒芜，乡村蕴含着的乡土记忆与乡土文化日渐流失。

---

① 见参考文献[2]。

② 见参考文献[3]。

③ 见参考文献[4]。

近年来，为了重振在现代化过程中日益衰落的乡村地区，国内以不同方式举办了形式各样的乡村艺术节，运用艺术让乡村得到新生。从2016年开始，越后妻有的大地艺术节在国内有了比较广泛的认知。在过去几年间，在“建设美丽乡村”等一系列政策背景下，已经有一批艺术文化项目陆续在安徽、贵州、福建等地乡村落地。虽然以“田原艺术季”“山水艺术季”为名，但案例中的绝大部分，都将越后妻有大地艺术节作为参照。2018年起，我国设立“中国农民丰收节”。同年，西安美术学院武小川、张亚谦等人成立关中艺术合作社，并在本地发起一系列的文化乡村建设工作，在鄠邑区石井镇蔡家坡村创办第一届关中“忙罢艺术节”。“忙罢艺术节”，就是承续庆丰收的“忙罢会”传统，包括四大板块：终南戏剧节、麦田艺术展、合作艺术项目、关中粮作项目等。“忙罢艺术节”综合了民间与艺术节庆的定位，与现代形式的现场艺术、社会艺术、合作艺术、大地艺术、生态艺术相融合，共同形成用艺术推进乡村建设的非典型性实践案例。

2018年，艺术节总策划师孙倩和北川富朗先生共同发起了“大地艺术节中国项目计划”。在这一年的第一届中国国际进口博览会上，瀚和文化作为日本大地艺术节官方授权的中国合作方，同北川富朗与桐庐县政府签订了一个跨度17年的落地协议。按照计划，艺术节会在两年后的2020年秋季开幕，以三年展的频次，共举办5届。筹备期间，担任策展人的北川富朗已经到访桐庐8次。然而因疫情暴发，北川富朗与海外艺术家无法来华，桐庐项目在2020年被迫暂停。桐庐作为中国首个被选中的艺术节落户之地，依托于它广袤的县域面积、得天独厚的自然风光和人文资源及其政府利好政策的支持。如今，桐庐大地艺术节已在“大地艺术节中国项目计划”的落地计划之中。

2021年，项目计划中第一个地域性艺术项目落地江西省景德镇市的浮梁县，即“艺术在浮梁2021”。2021年，寒溪村的“艺术在浮梁”正式启动，大地艺术节创始人北川富朗担任顾问，邀请26位艺术家创作了22个艺术项目。

2022年广东省佛山市的南海区也举办大地艺术节，以“最初的湾区”为主题，开办大地艺术节，以艺术和文化记忆推动本土人与游客的“回归”，是迄今为止中国最大的大地艺术节。接着是2023年的峪口大地艺术节。需要强调的是，“大地艺术节”区别于地方民俗节庆或是传统节日的庆典活动在乡

村文旅融合拉动下的"艺术季"，比如2022年春节徽州"大地艺术季"，前者是一种"艺术介入"的艺术乡建形式。

（二）中国大地艺术节的发展特征

在江西省浮梁县落地的项目并没有正式启用"大地艺术节"这个名字，因为孙倩及其团队认为大地艺术节需要具备三个特征：在地性、全域性、可持续性。而到了广东南海大地艺术节时，就正式冠以"大地艺术节"之名，可见大地艺术节在中国至此发生了实质性的转变。

结构特征趋于完善。广东南海大地艺术节是全域性的一次大地艺术节，采取全域性布局，规模由浮梁县的18平方公里、25组艺术作品扩大到全域176平方公里、134组艺术作品，完全达到了"大地艺术节"的要求及其实践特征。除全域性外，在地性强。当地村民积极参与建设，从志愿者到艺术节"联名"商店与餐馆，从作品的创作原料到创作的主题内容都与南海息息相关。作品两年更新一次，在原来的基础上进行再创造，定期依据节日和节气举办相应的文化活动，艺术节永不落幕，力求做到可持续发展。

振兴乡村的效果显著。大地艺术节会给一个地方带来什么变化？首先激活了旅游发展，公共设施会越来越完善。艺术节的初衷是艺术的融入和乡村的发展结合在一起，经济效益的增强与地方公共建设的完善是艺术节举办成功与否的最直观参照。太平墟是南海大地艺术节的其中一个单元地区，那里是一条废弃的街市，老旧的房屋连成一排，在举办大地艺术节之前，太平墟只有一间公共厕所，为了解决游客需求，新建造了一间公共卫生间。除此之外，还有新增加的咖啡店和便利店，都是大地艺术节带来的连锁效应。

（三）作为艺术乡建实践路径的中国大地艺术节的意义及反思

乡村作为人类社会长久存在的生活、生产空间，不仅是人们心中风景优美、温暖惬意的心灵家园，更成为人们追忆历史、接触自然、建构自我与土地关系的直接媒介。大地艺术节在中国，是中国艺术乡建的又一次升级，是艺术与经济、乡村文旅的又一次被注入新鲜的血液。当艺术家走进绿水青山，当艺术在广袤的乡村与大地上奏响，会唤醒沉睡的乡村记忆，重塑对于脚下土地的过往认知。

艺术创作在乡村中的成功实践，让人们真正意识到艺术手段与美丽乡村无限耦合的可能。在城乡中国跨入新时代的背景下，乡村复兴迎来了重要的历史机遇期，乡村独特的生态价值与文化价值使得艺术“下乡”成为新的趋势。

然而，在乡村振兴和乡村文化建设的大环境下，当前村镇基层文化实践又面临一系列共同课题：怎样因地制宜将地方特色文化转化为产业发展资源？艺术乡建能做什么？大地艺术节又能起到怎样的推动作用？乡土艺术教育怎样赋能创业就业，进而拓宽乡村发展空间等。我们应在发展和实践的路上对这些问题进行不断的反思，也以此检验我们的实践价值。

第一，艺术乡建是一个顺应时代潮流而兴起的社会思潮与实践。它拥有自身的社会基础，也拥有需要去突破的问题。从社会基础中的主体来看，现在的“回乡者”，大多曾是乡村的“逃离者”。从逃离到重返，从离乡到返乡，反映出无根的现代人精神世界的现状。我们经常会在意识中导演一种空间，畅想出离开当下模式化生活之外的生活场景，这就构成了返乡主体的观念基础。然而，我们到底要回到哪里去？如何应对回乡通道的阻滞？随着“乡愁”一词近年来被广泛重复，不断对周围展开诱导性的传播，我们常常感动于对自身物理故乡的怀念却无法还乡。殊不知又沦陷在被自我和媒体构筑的裹挟之中，抑或被一条无形之绳捆绑而不得自主，这就形成了艺术乡建需要突破的问题之一。

第二，艺术乡建不等同于“艺术+乡建”。艺术乡建之所以不等于“艺术+乡建”，在一定程度上可以解读为“乡建艺术”，部分原因在于用艺术化的方式去建构，而不一定只是艺术的形式，重要的是做人心的建设以及关系的设计。通常来说，乡村可以快速实现景观与建筑的设计与建造，但物质空间不是碎片化的存在，且在先后顺序上是先设计关系，然后才为具象与可视化的部分。在目前的“大地艺术节”实践之中，是“新村民”通过将废弃的、老旧的建筑房屋等进行改造，针对乡村的闲置资源，如闲置的庭院、废弃的学校、宿舍等进行转化，并利用社区营造构筑新老村民的连接。尽管这一做法依然存在尚未解决的局限和弊病，但这已是目前最为直接有效的、最为主要

的方式选择。笔者认为，乡建的关键在于建心，因此离不开对一个乡村共同体的情感营造，在于艺术家和村民、艺术作品和整个地域之间，能否发生真正的情感勾连。很多艺术家都在“连接”方面做十分努力的工作，但是遇到的阻滞有时会成为反噬自己的力量。从艺术乡建的发展来看，无论以后技术世界演绎到何种程度，恰恰需要艺术乡建这种“用心如天高，深深海底行”的生存策略，同时在做着构筑金字塔上下两个部分的事情，一是夯实基础，二是方向探索。两者又有共通的交汇点，亦对“建心”主题始终保持关注。

第三，也是作者最关注的一点，如何用“大地艺术节”落实中国乡村的美育。缑梦媛在《谁的艺术乡建？》（2019）对此进行了思考，艺术乡建需增强村民在乡村建设中的主体意识与自治经营能力，强调地方政府、村委会、村民与艺术家协同合作对项目实施及可持续开展的重要性。[①]王孟图先生在《从“主体性”到“主体间性”：艺术介入乡村建设的再思考》一文中则认为，艺术介入乡村建设的宗旨不在于其审美建设，而在于其人心建设，在于“村民主体”之人心建设，在于“乡村建设多主体”之人心建设，在于对“主体性”及“主体间性”的综合性把握。[②]而相对于授课式的美育课堂教育，大地艺术节更多的是参与式美育，无论是乡村振兴还是艺术乡建，除了直截了当的经济效益，我们要振兴的更是“人”，而人的“真善美”才是其中的核心要素。如何在这个时代培养教育出具有更加完善和健全人格的乡民，是最为重要和难得的。笔者认为，艺术家能否走进村民和当地文化，不仅依托于艺术家自身素养，还有赖于村民和乡民的审美能力。单方面的“走入”也是不足够的，不断提升村民们的主动“走出”能力，才是我们对大地艺术节最可以怀抱的长期展望。

在梁漱溟先生的乡村教育解决社会问题的思想基础上，大地艺术节为新时代的乡村教育事业提供了一种新的思路，人们在实践和参与中走入“美”，在经济效益的先行推动下主动接受教育、在长期可持续发展的艺术活动中耳濡目染，让生活的“俗”与艺术有机融合，美育用一种柔和得似春风

① 见参考文献［5］。
② 见参考文献［6］。

化雨般发挥着效用。但显然，想要达到这一成果，必须多方努力协作，在探索中完善健全艺术乡建的道路。

参考文献

[1] 杨守森. 中国乡村美学研究导论[J]. 文史哲, 2022(1): 131-144+168.

[2] [日]北川富朗. 乡土再造之力: 大地艺术节的十种创想[M]. 欧小林, 译. 北京: 清华大学出版社, 2015.

[3] 渠岩. 艺术乡建: 中国乡村建设的第三条路径[J]. 民族艺术, 2020(3): 14-19.

[4] [法]尼古拉斯·伯瑞奥德. 关系美学[M]. 黄建宏, 译. 北京: 金城出版社, 2013.

[5] 缑梦媛, 张译丹. 谁的艺术乡建? [J]. 美术观察, 2019(1): 5.

[6] 王孟图. 从"主体性"到"主体间性": 艺术介入乡村建设的再思考——基于福建屏南古村落发展实践的启示[J]. 民族艺术研究, 2019, 32(6): 145-153.

文旅融合背景下民族服饰类博物馆的机遇与挑战

李 红

中国妇女儿童博物馆 北京 100005

摘要：民族服饰博物馆大多基础设施、人员配置和服务能力参差不齐，文旅融合意识淡薄；注重藏品的保护和文博知识的传播，对于游客希望获得的娱乐、猎奇心理或是希望获得的参与及体验感等关注较少。民族服饰类博物馆可以在保持传统文化特质的前提下，充分挖掘自身特色与优势，找准博物馆与旅游文化的结合点，通过补充完善博物馆的旅游功能设施、建立旅游营销制度、树立知识旅游理念、丰富博物馆展陈社教手段、开发文创产品和旅游纪念品、积极融入城市精品游学旅游线路等途径，达到与旅游的深度融合，实现文博发展和旅游事业双赢。

关键词：文旅融合；民族服饰；博物馆

一、文化与旅游融合的背景

文化是旅游的灵魂，旅游是文化的载体，文化和旅游融合已成为现实社会发展的必然要求。博物馆在文化和旅游事业中扮演着重要角色，如何让文物“活起来”，融入旅游事业当中，成为博物馆及文化和旅游相关部门思考的问题。中华人民共和国文化和旅游部确立新时期文化和旅游“宜融则融，能融尽融，以文促旅，以旅彰文”的工作思路，为文旅融合、文化建设和旅游发展提供了坚实的制度和体制支撑。在国家政策和制度规划层面，近几年国家相关部门出台了一系列政策性通知和意见。《关于全国博物馆、纪念馆免费开放的通知》《关于推进文化创意和设计服务与相关产业融合发展的若干意见》《关于进一步加强文物工作的指导意见》《国家文物事业发展“十三五”规划》《关于加快发展旅游业的意见》《关于促进旅游业改革发展的若干意见》等政策意见也为丰富博物馆旅游内涵、创新博物馆旅游产品、促进博物馆与旅游扶贫、非遗扶贫深度融合等提供了政策保障、方向指导和实践路径，营造了良好的社会共建共享环境氛围。

博物馆是文化展示和文化服务的主要场所和旅游目的地，博物馆旅游是文化事业、文化产业与旅游业融合的主要形式，在政策驱动、理论支撑和实践发展的基础上，我国旅游市场快速发展，博物馆旅游体系日益完善，在提供文化服务、旅游产品、旅游休闲在满足人民群众对美好生活新期待方面发挥着重要的作用，但其发展也面临新的机遇和挑战。

民族服饰是中华民族传统文化的重要载体，民族服饰既带有中华民族服饰的共性，同时又有各民族自身的特性，具有显著的多样性特征，是研究各民族历史、生产方式、生产力水平、价值观念、政治制度等的重要凭借。作为民族文化传播的典型代表，民族服饰类博物馆凝聚人类文明发展成果，为民族服饰文物保护、学术研究、文化传承等作出了重要贡献。

如何利用文旅融合大背景的机遇，迎接新时代多元文化的严重冲击和挑战，充分发挥民族服饰类博物馆肩负的文化传承和保护任务日益紧迫。本文就民族服饰类博物馆如何利用已有文化资源优势，通过不断完善已有功能和机制，达到与旅游的深度融合，实现文博发展和旅游事业共赢等问题做出探讨。

二、民族服饰类博物馆的特色与优势

中国以“丝绸之国”闻名于世，拥有丰厚的服饰文化遗产。服装是人类生活必不可少的物质产品，也是纺织、印染等技术服饰文化的综合载体，具有不同的地域、时代、工艺和文化特色，当今服装纺织类专业博物馆已成为中国博物馆体系中不可缺少的组成部分，其所具有的重要的地域位置以及特殊的行业性质，是任何一个其他类型的博物馆所不能替代的。我国有非常多通过呈现不同工艺的服装从而展示民族服饰文化的博物馆，它们广泛分布在各个省市，尤其是历史上纺织行业兴盛的江浙地区，和开埠很早的

上海、天津等地，同时还有部分少数民族地区。例如上海纺织服饰博物馆（东华大学）、北京服装学院民族服饰博物馆、江宁织造博物馆、南京云锦博物馆、天津纺织博物馆、中国丝绸博物馆、贵州省民族博物馆等。这些服饰类博物馆若想契合新时代文旅融合的大趋势，则需不断挖掘自身资源，发挥独特优势，在文化服务中不断推陈出新，创新文化服务观念和路径，才能不断满足当下的社会文化需求。

（一）民族服饰资源丰富，色彩缤纷

从服饰起源的那天起，人们就已将其生活习俗、审美情趣、色彩爱好以及种种文化心态、宗教观念都融合于服饰之中，构筑了服饰文化的精神内涵。我国地域辽阔，拥有众多民族，他们各具特色的传统民族服饰在长期封闭的自然经济状态中得到了完好的保存和延续，这些民族服饰是各民族的心理素质、民族性格、价值观念、审美意识等的体现，是一块资源丰富、尚待进一步开发的领地。不论是汉族传统服饰还是各少数民族服饰，均以其灿烂多彩、风格迥异的独特风貌，书写了中华服饰绚丽辉煌的华彩篇章。

民族服饰是博物馆藏品的一个重要组成部分，尤其是民族博物馆和民族服饰类博物馆馆藏资源的重要组成部分，除了在综合性国家级博物馆收藏的明清服饰，在大多数少数民族地区，少数民族服饰常以活态特征呈现，这也为博物馆收藏民族服饰提供了丰富的来源。这些绚丽多彩、琳琅满目的民族服饰类藏品极易引起游客的兴趣，这也成为民族服饰类博物馆与旅游相结合的天然优势。

（二）民族服饰具有地域性和独特性，易吸引游客

由于我国不同的地理和气候条件，经过历代的不断积累、融合、演变、创新，逐渐形成了中华民族与众不同的服饰地域风格和民族文化特色。民族服饰是民族文化的一个重要载体，向外人传达着不同地域民族的崇尚、风俗、节庆或禁忌等多元文化，史诗般的祖先英雄文化和宗教禁忌文化、生活习俗文化则是民族服饰包含的最普遍的内容。这些多姿多彩的服饰铭载着本民族历经磨难的历史变迁，对美好生活的憧憬和古往今来生活环境的浓

缩。史学家称之为："穿在身上的史书。"对于仅仅把服饰作为保暖和装饰品的大多数游客来说，这些风格迥异，各具特色的服饰本身及背后的服饰文化就成为吸引他们的重要元素。

中华服饰文化博大精深，汉族传统服饰文化以及55个少数民族的传统服饰文化各具特色，是民族精神气质和审美心理等的形象反映。中国各地的民族博物馆及民族服饰博物馆就是这些不同风格民族服饰的展示中心，发现这些民族服饰朴素的文化精神和审美内涵，利用多样化展示手段，讲好服饰文化故事，充分展现中华民族积极向上的精神风貌和传统质朴的审美表达是博物馆义不容辞的责任。

（三）民族服饰易于展示和宣传，可操作性强

由于民族服饰类藏品具有重量轻、可移动、易展示、色彩丰富、多受女性与儿童喜爱等特性，可以创新博物馆内不同形式的宣传手段，通过展览、展演、社教体验互动、文创产品销售、民族服饰定制、民族文化元素输出与鉴定等多种服务与文旅相融合，可操作性强。

除此之外，基于民族服饰特色，很多收藏有民族服饰藏品的民族博物馆主要分布在少数民族聚集区，可通过少数民族同胞日常穿着进行活态展示，将这类博物馆与民族原生态聚居区生活状态一起传播展示，可以吸引更多游客，成为文旅融合新亮点。

我国的民族文物博物馆具有丰富的民族民俗文化特色，其中最典型的就有服饰文化，其缤纷的色彩、神秘的历史文化魅力令游客无法抗拒。作为保存民族文化的重要资源库，民族博物馆和民族服饰类博物馆都具有博物馆性和民族性的特点。因此，这些博物馆需要在满足教育功能的前提下不断自我提升，挖掘本馆资源，充分利用民族服饰文化的突出特性，发挥美育教育特色，传播各民族的优秀历史文化，以民族文化教育和爱国主义教育为基础，激发民族文化自豪感，提升中华民族的整体认同感和民族文化自信，积极发挥博物馆公共文化服务能力和水平。

三、文博事业与旅游发展的关系

从融合发展的角度来看，民族服饰类博物馆旅游是以博物馆场所和服饰文化为依托，以服饰文化相关内容为核心吸引点，将文化体验活动与游览观光有机结合，把一般的旅游观光上升到高品质的文旅体验，旅游中加上文化元素，可以使旅游市场更加丰富和完善，二者之间相辅相成，互为依托。

为旅行者提供文化休闲旅游体验服务，博物馆是重要目的地和场所，博物馆与旅游融合的程度，会直接影响旅游体验感，影响游客对一座城市或一个地域特色的整体印象和评价。

一方面，博物馆能提升旅游品质，民族服饰类博物馆是一个城市或一个地域民族服饰的集中展示平台，能够囊括这个民族数百年的服饰文化特色。以贵州省民族博物馆为例，这里收藏了反映汉族、苗族、布依族等18个世居民族的生产生活实物资料，藏品中第一大项就是服饰类。在民族贵州展厅，陈列着90多套以苗族服饰为主的少数民族服装，其中就生动展示了苗族女性从童年到老年的服饰变化，从俏皮灵动的女童盛装到优雅而不失活泼的少女装，从挂满闪亮银饰的新娘装到朴素庄重的老年女装。走进“似雪银花”单元，各式各样精致华美的银冠在灯光映照下光彩熠熠、精美绝伦。这样的旅游体验不仅使游客在整个行程中充分认识和了解了贵州民族服饰的特色和内涵，更可以在服饰之美的熏陶中使参观体验者精神充盈、身心放松，也使得贵州省这个民族服饰大省留给游客更多的民族和睦大家庭的美好印象。

另一方面，旅游又能促进博物馆文化传播，博物馆是以教育、研究和欣赏为目的，收藏、保护并向公众展示人类活动和自然环境的见证物的组织，其中陈列展览和社会教育是实现其社会价值最核心、最直接的方式，民族服饰类博物馆即通过富有特色、内涵丰富的民族服饰收藏品展览和丰富多彩的民族服饰类文化体验活动，向观众传播多姿多彩的民族服饰历史文化以及丰富多样的民族人文知识，实现其教育功能。游客参观完博物馆，在体验到民族服饰文化知识的同时，博物馆的知识陶冶经历还可以缓解其紧张的生活压力，给人以美的享受。与单纯地参观学习其他单调枯燥的历史博物馆相比，民族服饰类博物馆的体验总是为散漫、随性的旅游活动增添很多缤纷色彩和文化魅力。通过与旅游的融合，博物馆所蕴含的民族服饰文化能得到更远、更广泛的传播，从而推动博物馆文化向纵深方向发展。

四、文旅融合背景下民族服饰类博物馆存在的问题和挑战

文旅融合背景下，民族服饰类博物馆在接待游客时仍然有很多制约和服务不到位的问题，这些博物馆的发展模式有待于提升和完善。

首先，在硬件条件上，我国的民族服饰类博物馆绝大部分属于中小型博物馆或者专题博物馆，因此也具有这类博物馆的不足之处，如基础设施、人员配置和服务能力参差不齐，在与旅游融合的过程中都面临着不同的困难和问题。在运行模式上受到行政运行机制的影响，多以社会效益和观众的满意度作为工作考评的指标，与旅游景区多以经济效益作为主要目标相比，民族服饰类博物馆在发展动力和员工积极性上面临很大的挑战，这类博物馆在文物保护、展示、教育等职能方面的发挥有限，在与旅游融合时会有更多的束缚。民族服饰类博物馆在经济保障上以政府财政供给为主，长期以保守服务为主，市场经营意识淡薄，对于游客研究、市场推广、购物体验等旅游活动中重要环节的管理不足，也因此门庭冷落。

其次，在软件方面，民族服饰类博物馆从建设到管理都是以最大限度地传播文化知识为目的，“以物为本”，以尽可能科学、合理、理性地向观众展示服装或饰品的历史文化内涵为主，这容易给观众造成专业性强、参观学习单调枯燥的感觉；而对于其服务对象的游客怎样才能获得比较放松、舒适、满意的旅游体验，思考和设计得不够充分。在展陈内容和社教活动方面，更加注重的是藏品的保护和知识的传达，对于游客的娱乐、猎奇心理或是希望获得的参与及体验感受等关注较少，容易导致民族服饰类博物馆在提供旅游休闲文化服务等产品时，会让游客感觉到这类博物馆的展览方式同质化、模式化、公式化。

最后，随着现代化进程的加快和西方文化的冲击，民族服饰文化在保护和传承上面临着巨大挑战。博物馆内所收藏展示的传统民族服饰用料精

细、工艺烦琐、装饰精湛的很少，而且近年来，越来越难以征集到。而在少数民族地区，由于外来文化的冲击，穿着民族服饰的人也越来越少，很多传统、典型的精美服饰在制作时人工成本高，价格昂贵，制作难度加大，加之，穿着者行动不便，洗涤烦琐，导致这些富有特色的民族服饰文化、这些穿在身上的“百科全书”濒临消失。与之形成鲜明对比的是各个旅游景区内，尤其是民族聚居区景区内售卖的服饰纪念品粗制滥造，风格单调，不利于民族服饰文化的长远发展和传播。

五、文旅融合背景下的新机遇

针对上述这些存在已久的问题和挑战，为适应新形势、新机遇，我们积极探索，寻求突破和改变。

首先，找准博物馆与旅游的结合点，不断补充完善民族服饰类博物馆内旅游服务功能和体制机制，增设设备管理、信息宣传、市场营销等部门，把服务公众的数量、质量作为衡量工作好坏的重要指标。对与文旅融合相关基础设施进行完善提升，包括在城市中增加博物馆标识导引牌，配置专用停车场和无接触式缴费装置，在参观入口设置游客中心，配备专门人员和设施，提供相关服务等。

其次，坚持自身的主题或内容特色和优势，利用民族服饰类博物馆的文化特质，树立“知识旅游”理念，在文旅融合的过程中，以独具特色的藏品为基础，挖掘藏在民族服饰中的多元化、抽象化的色彩和造型艺术符号，探秘悠久的民族历史文化信息，利用现代化多媒体手段，引发社会公众对民族服饰文化的关注，重塑民族文化新价值，并进一步推动民族文化旅游产品的开发。注重“以人为本”，增加展览内容的通俗性、形式的多样性以及社教活动的参与性，提高讲好民族服饰故事的能力，牢记文化传承和文化引领基本使命和任务，把握正确的理念和尺度，以内容为支撑，以科技为手段，深挖隐藏在文物背后的人文精神，把中华传统文化、民族文化传播好。

再次，深入挖掘馆藏资源的文化内涵，采取合作、授权、独立开发等方式，进行馆际合作、与第三方合作，促进资源和创意市场的共享，联合开发适销对路的文化创意产品和旅游纪念品。积极挖掘中国传统服饰宝库中的丰富多样的元素符号和与众不同的文化基因，为旅游文创产品创新设计提供宝贵和可靠的资料来源。采取文旅融合方式，与现代生活方式相结合，以生活实用美学为导向，进行民族服饰从高端定制系列、生活日用品系列、时尚爆款系列等产品的创新设计实践，开发一批符合青少年群体特点的教育需求的，符合当下大众流行审美的、具有独特民族服饰文化韵味的旅游文创产品，逐步将服饰文化宣传和推广出去，既可以拓展藏品保护新模式，活态传承保护民族服饰文化，又可以推动文化旅游进一步融合发展。

最后，积极与所在城市的景区景点合作，争取文化和旅游主管部门的支持，积极融入当地的文化精品旅游线路当中。根据2023年5月下发的《国家文物局 文化和旅游部 国家发展改革委关于开展中国文物主题游径建设工作的通知》，鼓励省域、市域、县域间加强合作联动、携手探索创新。利用民族服饰类博物馆的文化优势和独特专题特色，开创青少年游学旅游线路、服饰文化类主题游径等，着重发掘、提炼和开发以民族服饰活动为内容的民族知识旅游产品，以形成特色鲜明的民族文化旅游系列产品和一批精品民族文化旅游路线。

六、结语

对于本地游客来说，民族服饰类博物馆通过精心讲述藏品背后的故事和组织精彩的社教活动，加深游客对于本地民族服饰历史文化的认知度，使大家深刻感受到自己所在之处在中国服饰文化演进过程中的地位和意义，并通过代际传递，使下一代从小深耕民族文化、地域文化精神基因，形成本土审美认同与爱家爱国情怀。

对于外地游客来说，博物馆是旅游首选目的地，是一个可以快速了解一个城市一个地域历史文化的好去处，在服饰类博物馆，那些跟自己身边人穿着不同的人群和他们的生活，迥异的城市或地域历史内容的展览和活动，给他们带来了不同文化共同建构民族记忆与文明传承的全新展览观感，开阔了他们的眼界，增加了大家对于多元文化的了解与认同。知来处，明去处，当大家看到我国丰富多彩的民族服饰历史的来龙去脉后，对拥有众多民族兄弟姐妹的自豪感和文化自信油然而生，增加民众的国家身份认同和家国命运共

同体意识。

综上所述，博物馆与旅游的融合是文化和旅游融合的关键环节，民族服饰类博物馆应主动承担起时代的重任，转变思想观念，紧跟时代脚步，在不变中寻求可变的因素，通过优化部门职能、完善设施、接轨市场等途径，积极融入文化和旅游事业发展的大潮当中，通过与旅游深度融合，推动文化和旅游事业的大发展与大繁荣。期待博物馆旅游不断深化发展，在全要素资源方面深度聚合与重组，在培育弘扬社会主义核心价值观和满足人民群众对美好生活的新期待等方面发挥更加重要的作用。

几种针法技艺在清代民国时期桃源刺绣中的运用

——兼谈特色技艺的把握之于传统工艺振兴的意义

余斌霞[1]　陈钰馨[2]

1 湖南省博物馆　长沙　410003　2 湖南师范大学　长沙　410081

摘要: 湘绣作为我国一项重要的国家级非物质文化遗产项目,具有珍贵的历史价值、文化价值、艺术价值和经济价值,是我国四大名绣之一,与苏绣、粤绣和蜀绣齐名,它以"绣花能生香,绣鸟能听声,绣虎能奔跑,绣人能传神"的特点而享有"湘绣甲天下"的美名,是一种具有湖湘文化特色的手工工艺美术品。湘绣带有鲜明的湘楚文化特色,其桃源刺绣分布于湖南西北部的常德地区桃源县,属于广义湘绣的范畴,是湖湘刺绣不可或缺的重要组成部分。

关键词: 湘绣;桃源刺绣;针法技艺

说起湖南的刺绣,人们马上想到是湘绣。湘绣与苏绣、粤绣和蜀绣齐名,它以"绣花能生香,绣鸟能听声,绣虎能奔跑,绣人能传神"的特点而享有"湘绣甲天下"的美名,是一种具有湖湘文化特色的手工工艺美术品。湘绣作为我国一项重要的国家级非物质文化遗产项目,具有珍贵的历史价值、文化价值、艺术价值和经济价值,是我国四大名绣之一。

然而,这种为人所称道的湘绣实则是狭义上的湘绣。狭义湘绣是指清末以来以湖南长沙为中心,分布于长沙、株洲、湘潭地区,由产业化绣庄、工厂和商号所生产的相关商品。有狭义湘绣就有广义湘绣,与狭义湘绣相对应,

广义湘绣则为湖湘刺绣的总称，包括了各历史时期在湖湘大地上所生产的所有刺绣品。它既包括商品化所生产出来的刺绣品，也包括湖湘大地上的广大民众为满足生活自用而制作的绣品。广义湘绣带有鲜明的湘楚文化特色，是生活在湖湘大地上的民众在历史的发展过程中创造和逐渐积累起来的一门具有地域文化特色的民间工艺，是湖湘文化和艺术的结晶。

桃源刺绣流布于湖南西北部的常德地区桃源县，属于广义湘绣的范畴，是湖湘刺绣不可或缺的重要组成部分。长期以来，桃源刺绣藏于深闺，其真实面貌并不为人所识，学界对于桃源刺绣也缺乏必要的基础研究和学术积累。笔者于2015年开始到桃源刺绣流布区域展开了相关的文化田野调查，此后更是潜心于桃源刺绣的相关研究。作为策展人于2021年3月16日在湖南省博物馆推出了以反映桃源刺绣工艺成就的“仙境有花开——清代民国时期桃源刺绣展”原创展览。展览推出后在社会上引起了较大的反响，展览期间，媒体热炒、观众鳞集，专家争鸣、多方释义，一个半月的展期，参观的人数与日俱增，在社会上一时间引起了极大的轰动，广大民众得以一睹桃源刺绣的风采。本文拟通过分析几种针法和技法的运用，解读清代民国时期桃源刺绣之所以取得如此大的工艺成就之原因所在。

一、桃源刺绣的流行与特色

桃源刺绣流传于湖南西北部的常德地区桃源县，现存的桃源刺绣以清代晚期至民国时期的作品最为精湛，这一时期的桃源刺绣以特有的原生态个性，千变万化的针法和精湛的刺绣技艺，丰富多样的题材和传神的物象刻画，丰富大胆的用色和浓郁的生活气息，以及大俗大雅的艺术张力而呈现出独特的气质和品位，在湖湘刺绣史上曾书写了浓墨重彩的一笔。

桃源刺绣有着广泛的民众基础，从现存实物看，清代民国时期的桃源民众喜以刺绣物品装点生活，桃源刺绣中以家居实用品最为多见，堂屋装饰用的堂帐，居家用的陈设摆件，宗教信仰用的挂帐、冠扎，人生礼仪用的贺帐，婚迎嫁娶用的轿衣、盖头、云肩、绣裙，以及日常生活中的门帘、帐檐、桌围、枕顶、镜套、荷包等比比皆是，绣品中尤以日常生活中所使用的门帘、枕顶、帐檐等为大类。

桃源刺绣特色鲜明，具有极高的辨识度。其表现题材多以人物、博古、瑞兽、花鸟、虫鱼、山水为主，纹样主要由人物、动物、植物、器物、山水、文字以及几何图形等组合而成，各类题材绣品的图像刻画各具特色，且都有着别具一格的风采和神韵。

二、几种针法技艺运用举例

刺绣属于工艺美术品的范畴，一件绣品的艺术成就应该从美术与工艺两个维度进行考量，一定程度上绣工的艺术修养和刺绣技艺的高低决定了一件绣品的艺术水准。

清代民国时期桃源刺绣针法齐全多样，这一时期的桃源刺绣中，既有古老的针法如锁针、纳绣、网针、金线绣等，历史上曾盛行一时而当今业已失传的如劈针、拉锁绣，在桃源刺绣中也可以找到痕迹，特色针法和技法如毛针、人物开脸技法、掺针的广泛使用，更是使得桃源刺绣具有了不一样的艺术效果，其他如松针、分筋针、扎针、盖针、旋针、铺锦绣等多种针法的使用，极大丰富了绣品的表现力，多种针法运用精湛娴熟，使这一时期的桃源刺绣具有了令人惊叹的艺术效果，其工艺成就不容小觑。

（一）锁绣

锁针是唐代以前普遍使用的一种针法，因运针方式的不同，锁绣有辫绣、开口式锁针和闭口式锁针等多种形式，是一种古老的针法。随着刺绣技艺的发展，在唐代之后锁针逐步被平针所取代。锁针由绣线环圈锁套而成，绣纹效果似一根锁链，故名。因运针方式的不同，锁绣有辫绣、开口式锁针和闭口锁针等多种形式。桃源刺绣中的锁针得到广泛运用，或大面积运用以刻画物象，或小范围使用于物象轮廓勾边。

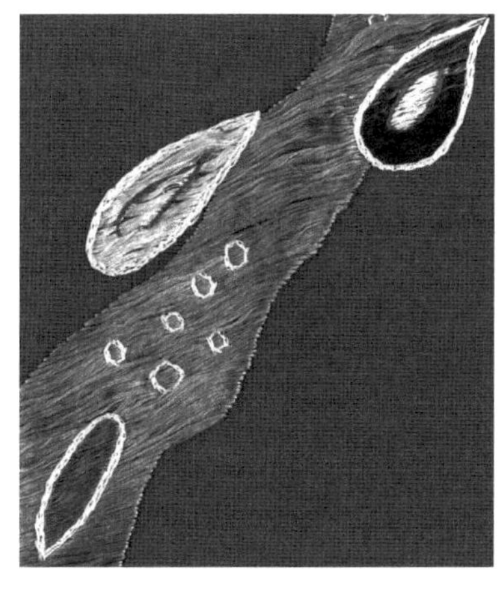

图1　树瘤轮廓运用锁绣勾边

（二）纳绣

据现有考古资料，纳绣技艺目前所见最早运用于1982年湖北江陵马山砖厂一号楚墓出土的一件深棕色车马田猎纹领缘上。沈从文先生认为这种针法又可称为“纳锦绣”或“纳绥绣”，是我国一种比较古老的针法。

图2　局部纳纱、戳纱、缠纱的运用

纳绣技艺在明清时期得到广泛运用。纳绣有纳纱、戳纱、缠纱之分，它是利用纱地按格数眼，用长短不一的垂直线条，有规则地参差排列成各种图案花纹，是刺绣基本针法。较之于常见的纳纱，戳纱和缠纱的技术要求更高，工艺也更复杂。

桃源刺绣中可见有纳绣技艺，这件蓝色洒线地纳绣“瑞兽孔雀图”即是运用纳绣技艺绣制而成。绣品以洒线为地，以戳纱、纳纱和缠纱工艺刻画瑞兽和锦鸡纹，并以金线勾边，纹样中的瑞兽和孔雀是典型的桃源物象，绣品制作工艺精湛，是桃源刺绣中的经典之作。

（三）金线绣

法门寺地宫出土的金线绣实物被认为是金线绣技艺在唐代即已达到娴熟运用的实例。金线绣又被称为“平金”，属于钉针的一种，是将金、银线依绣地上纹样盘制成各种图案，并用色线将其钉缝固定。盘金有勾边、满盘、压鳞、打彩等不同方式，具有装饰性强、对比强

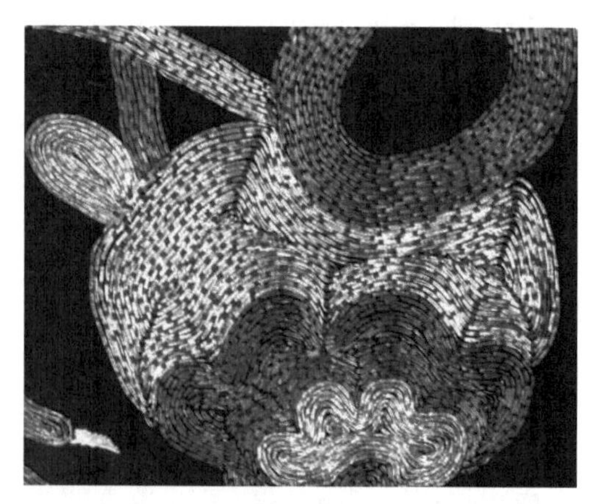

图3　蓝缎地盘金绣花鸟纹挽袖，局部直盘与旋盘

烈、艳丽夺目的艺术效果。桃源刺绣中盘金绣运用较多，技法分直盘、旋盘、过桥等形式，除满盘用于物象刻画外，也多见有金银线条用于物象轮廓的勾边处理，或局部运用到图像的装饰点缀之用，如彩绣加金丝技艺的运用。

（四）网针

网针是根据刺绣纹样的特点，以各种色线巧妙地相互牵连，互相依存，而结成网状面从而组成美丽的图案，网针一般运用于人物的衣饰，以及博古题材中物象的块面等部位。网针在元代开始得到广泛使用，到明代成为刺绣的一种主流针法。

网针是桃源刺绣中使用较多的一种针法。桃源刺绣中网针多变，依绣法的不同，网针有十字针、桂花针、累格针、三角网针、四方网针、六角网针、菊花网针、古钱网针、梅花网针、雪花网针和连环网针等之分。

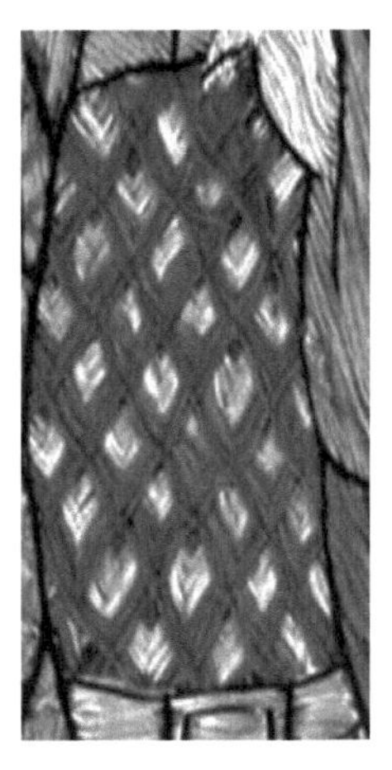

图4 蓝缎地绣人物故事纹门檐

（五）扎针

针脚之间走线较长是清代民国时期桃源刺绣的运针特点，具有固定绣线作用的扎针在这一时期得到普遍运用，扎针在起到固定绣线作用的同时具有美化的效果。下图这件绣有“蛙戏纹”的枕顶，由于扎针的运用，使得青蛙皮肤质感的刻画表现得栩栩如生。

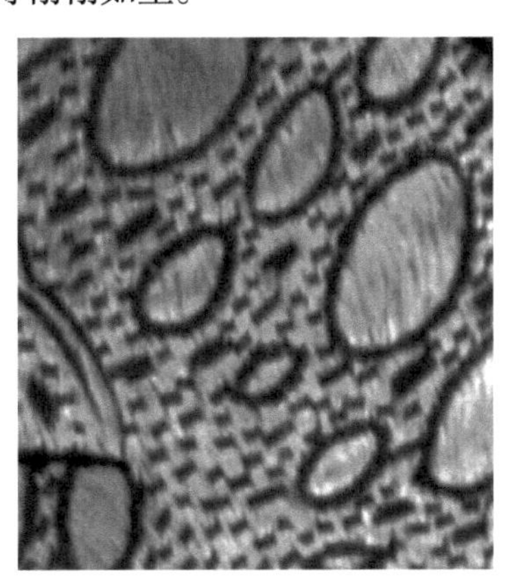

图5 青蛙背部扎针的运用

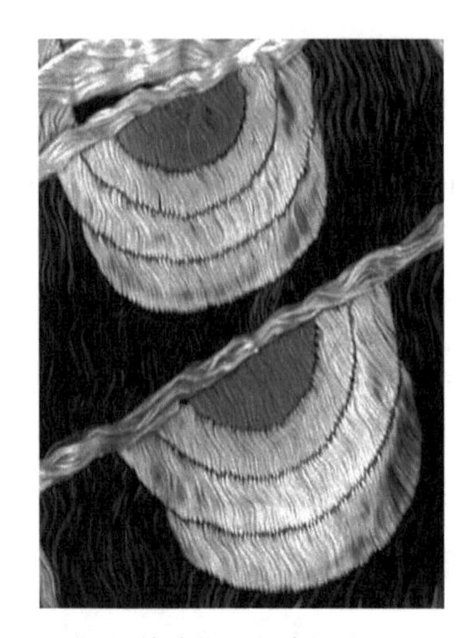

图6　锦鸡长羽上盖针的运用

（六）盖针

盖针具有较强的艺术表现力，一般用于表现物象身上的斑纹。绣时先用掺针或其他针法绣好物象的基本颜色，再根据斑纹的色彩和部位，加绣一层。桃源刺绣中有斑纹的禽类翎毛，以及走兽的斑纹等多用这种针法来表现。

（七）刻鳞针

刻鳞针形似鳞纹而得名，多用于飞禽背部羽毛和鱼鳞等的刻画，工艺上有叠鳞、抢鳞和扎鳞之分。绣制时先用铺针绣好物象的底层，然后根据其鳞片的形状，勾勒出鳞片的轮廓和分界，再用较深或较浅的线齐边施针绣制。

图7　局部抢鳞针的运用

桃源刺绣中的刻鳞针丰富多样，刻鳞针中的抢鳞、叠鳞和扎鳞都可以找到运用的实例。在一件绣有鸡戏图的门檐上，其中一只鸡的背部运用了抢鳞针，所谓抢，也叫戗，就是戗色，是织绣中较常用到的一种表现色彩变化的套色技法。

红地绣“莲池鸳鸯”帐檐绣品中凤凰的背部用的是叠鳞针，即用两种或两种以上颜色的绣品分区域着色叠加刺绣来表现背部羽毛颜色的变化。鸳鸯的背部用的是扎鳞针，所谓扎鳞，就是先用一种颜色的绣线铺绣一层后，再用扎针刻画边界而形成

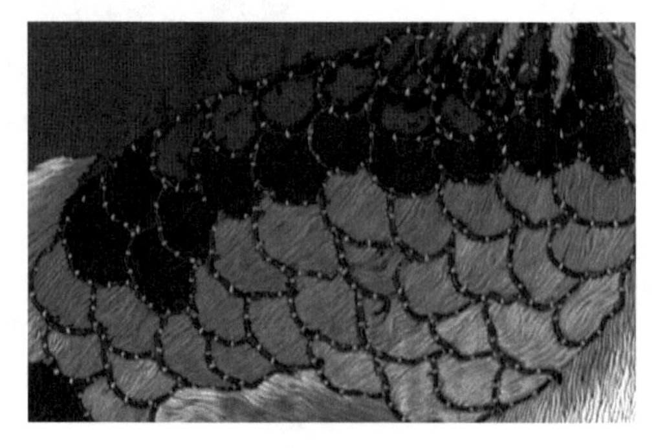

图8　叠鳞针的运用

羽毛的形状。

（八）分筋针

与苏绣表现叶脉时普遍运用的留水路这一刺绣技法不同，桃源刺绣往往以分筋针来表现花草的叶脉纹理，肌理刻画强烈。分筋针一般以平针或掺针来刺绣，强调叶脉的处理。这件绣品硕大的叶子，其筋脉就是用的分筋针，具有强烈的艺术效果。

图9　分筋针的运用

（九）长脚针与毛针

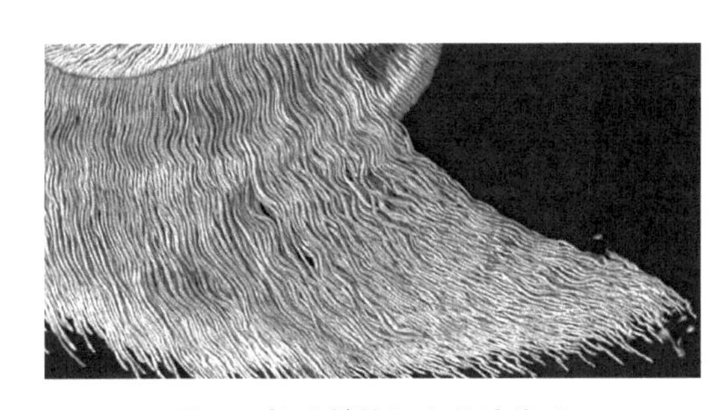

图10　桃源刺绣之毛针的使用

桃源刺绣一般针脚较长，长脚针被广泛运用于瑞兽的绣制中，它让桃源刺绣中另一种独特的针法——毛针的出现成为可能。

毛针是桃源刺绣中一种独特的针法，一般用线较粗，绣制时疏密有致地层层加绣，针脚起落之间长短不一，一起一落之间便具有了蓬松细长的效果，惟妙惟肖。“鬅（péng）毛针”是现代湘绣用来表现猛兽虎狮毛质感的独有针法，鬅毛针被指与桃源刺绣中的毛针有着一定的渊源。

红呢地毛针绣“太狮少狮”桌围，是桃源刺绣中的明星绣品，其针法的运用非常独特。桌围为红呢地，运用桃源刺绣的独特针法毛针绣制而成。绣品物象粗犷大气夸张，具有典型的桃源刺绣特色。我们从该件桌围所使用的毛针可以窥探出湘绣特有针法“鬅毛针”发轫之初的面貌。

（十）开脸技法

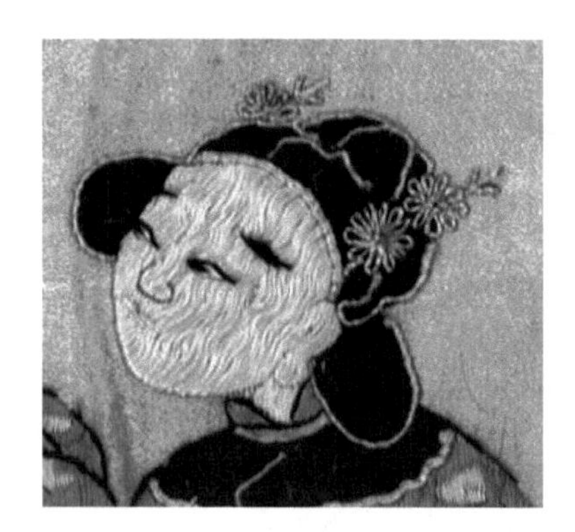

图11　人物脸部满绣

桃源刺绣人物开脸技法多样，除多见的满绣外，也有绣绘结合、地布上墨绘、贴布上墨绘，以及人物脸部贴布并仅在眉、眼、鼻、唇等局部略加施绣等技艺处理方式。白缎地绣戏文故事门檐，人物脸部贴布，眉、眼、鼻、唇等部位满绣。

在田野调查中，我们了解到，人物脸部采用哪一种处理技法，与主家出资的多少有关，当主人出资较多时，则绣品以满绣的方式呈现，次之则是仅刺绣人物的眉眼鼻唇等局部，直至地布上墨绘五官。从脸部满绣，到部分人物脸部贴布并仅在眉、眼、鼻、唇等局部施绣，到其后的绣绘结合，及至之后的人物脸部处理仅是在地布上用笔墨描绘出五官等处理方式，这些人物开脸技巧极具桃源特色，它既是桃源刺绣商品经济的反映，也是桃源刺绣民俗的体现。

三、对桃源刺绣的认识与思考

“加强文化遗产保护，振兴传统工艺”为当今时代所大力倡导，并上升到了国家战略的高度。2017年3月发布的《中国传统工艺振兴计划》，旨在通过中华优秀传统文化的传承与发展，以及在全社会对精益求精工匠精神的弘扬，达到增强文化自信，促进社会就业，实现精准扶贫，提高民众收入的目标。

近年来对传统文化和手工技艺的重视前所未有，人们对非遗文化的热爱也是空前。“传承非遗文化，创新非遗发展”，各地在非遗文化上的投入不断加大，非遗产业化进程亦如火如荼。刺绣作为非遗中的重要类别自然受到人们的追捧。但近年来，各地刺绣有着同质化的趋势，如何发扬其传统工艺，走上个性化发展的道路却是值得我们思考的一个问题。

刺绣是依靠运针的起落进行刻画以表现物象形态的艺术品，针法是刺绣艺术中最为重要的特征。针对所需要呈现出的不同装饰表现效果，以及刺绣物象表达特点的不同，绣工会采用不同的绣法和针法，从这个意义上来说，绣法和针法是刺绣的生命。特色针法和技法不仅使刺绣自身区别于其他织绣类艺术品，同时也是区分不同民族、不同地域和不同绣种刺绣风格的重要标志。但近年来，由于规模化生产和工业文明的影响，原本运用于不同地域不同绣种中的独特技艺呈现出消失的态势或业已销匿，更有甚者则是呈现出一种被逐渐同质化所取代的趋势。

清代民国时期桃源刺绣刺绣技艺精湛，针法和技法运用多变。在这一时期的绣品中，我们既可以看到久远的古老针法如锁针，也可以看到现已难觅踪迹但在唐代风行的针法如劈针，同时在绣品中被广泛并娴熟运用的网针、盘金、纳绣、打籽、盖针、扎针等多种刺绣技法，以及变化多端的松针、人物开脸技法、绣画结合技法、贴布绣技法等在绣品中都能一睹其风采，正是这些多变的针法和技法而使得这一时期的桃源刺绣具有了极强的艺术表现力。毛针和掺针是清代民国时期桃源刺绣独有的特色针法，绣品中普遍使用的毛针和掺针，使得这一时期的桃源刺绣具有了令人惊叹的艺术效果，并具有了特别的面貌和独特的个性气质。多种针法和技法的综合娴熟运用，更是丰富了桃源刺绣的表现力，这是清代民国时期桃源刺绣的精髓所在。

在田野调查中我们可以看到，如今桃源刺绣传承人的作品与清代民国时期已相去甚远，有其形而无其神。究其原因是桃源刺绣中多样的针法如锁针、网针、盘金、扎针，以及特色针法毛针等等已基本不见于当下的桃源刺绣作品，而就是这些富于变化的针法让清代民国时期的桃源刺绣具备了生动的艺术表现力。面对这样的现状，我们认为要复兴传统工艺、传承非物质文化遗产，首先就要真正了解它，保存它，并传承好它，进而将之发扬光大，特色技艺的把握对于传统工艺恢复具有“牵一发而动全身”的意义，这应是当今振兴桃源刺绣传统工艺尤其需要的着力之处。

四、结语

桃源刺绣以其特有的技艺在历史上取得了不俗的成就，恢复其特色技艺和特色刺绣针法，是实现桃源刺绣个性化发展，从而实现桃源刺绣传统工艺振兴的不二选择。我们着力于清代民国时期桃源刺绣的特色技艺和针法的研究，就是希望通过清代民国时期桃源刺绣技法工艺之精髓的揭示，达到指导当今桃源刺绣个性化技艺的恢复与发展的目的，为当今桃源刺绣工艺振兴，避免走入千绣一面的窘境并焕发活力，走上个性化的传统工艺振兴之路助上一臂之力。

“细针密缕”
——针织旗袍的保护传承及创新应用

邓丽元[1] 张霄鹏[2] 张庄策[3] 霍文璐[4]

1、3、4 红馆旗袍 苏州 215000 2 晨风集团 苏州 215000

摘要： 如今，在全球环境问题受到极大关注的情况下，能否实现绿色发展事关中华民族和世界各国的共同命运，绿色发展对于纺织服装行业来说也是迫切需要解决的难题。面对由于经济发展导致的环境恶化等新问题，国家号召的科技创新是破解纺织服装行业绿色发展难题的研究方向。对针织旗袍工艺的保护传承和创新应用研究，能够很好地解决传统服饰的绿色发展问题。本文以传统梭织旗袍为参照物，在原有梭织旗袍的基础上突破材料和工艺的设计思维，通过经验总结和探索性研究，发现在针织旗袍的面料制作方面，可以做到在保证图案和花色同等水平的基础上一次织成，避免了梭织旗袍的织、染、绣等复杂工艺流程，从而节约了能源消耗；在针织旗袍的用料方面，对比梭织旗袍，针织旗袍基本上可以做到无边角料和零浪费，可以更精准地把控原材料使用，从而节约原材料损耗；在针织旗袍的制作方面，针织旗袍可以使用横机制作，大大地减少了人力成本，以及更节约人工成本。通过上述方法可以使得针织旗袍相对于梭织旗袍更符合绿色发展的特性，以此推动未来民族服饰产业的变革，从而做到真正的传承和发展。

关键词： 针织；旗袍；传承；创新；绿色发展

在中华五千年的历史长河中，中华民族的服饰文化也是随着时间的变化而不断发展的。旗袍作为中华女性服饰文化的代表之一，最早可以追溯到春秋战国时期的深衣。旗袍文化经过上百年的演变，早已是中华民族的象征。

在旗袍的制作工艺上承载着织、染、绣等丰富多样的工艺结合，这些工艺一直都是中华民族传统文化的珍贵记忆，也是“中华之美”的具体体现。

正因为传统旗袍的历史地位，数年来旗袍成为众多学者的研究对象。但是目前无论是博物馆的藏品还是相关的文献研究大多停留在以梭织面料为主的传统旗袍的研究。传统旗袍的制作，先是将纱线织成坯布，再进行染色或绣花等梭织面料工序，最后经过裁剪形成衣片的全过程。相对于这种传统梭织旗袍来说，针织旗袍不但可以沿用传统旗袍的款式、造型、设计等自身特点，还可以在更简化的面料制作、更节约的原材料使用、更简约的人工成本、更舒适的穿着体验上体现出针织旗袍的优势。

纺织服装行业的绿色发展问题，事关中华民族服装传承和创新，是每个当代设计师的新课题，因此本文以针织旗袍为例，对旗袍的品类传承和材料创新进行研究和探索，希望以此能够进一步拓宽旗袍的类目市场，为推动旗袍的传承和创新发展助力。

一、针织旗袍概述

（一）针织旗袍的历史发展

自从1589年英国人威廉姆·李（William Lee）发明了第一台编织袜片的针织机后，针织生产开始由手工逐渐向半机械化转变。工业革命后，机械化纺纱、织布促进了针织机械的发展。清朝末年针织机械由西方传入，我国最早使用针织机械的是清光绪二十二年（1896）在上海开设的全国第一家内衣厂景纶衫袜厂，之后在各大城市相继创办和开设了针织工场和织袜工厂。

针织旗袍起源于20世纪初，是针织面料制成的旗袍款式。追溯早期的针织旗袍材料是由毛线或丝绸制成的，后来随着纺织工业的发展和技术的进步，针织旗袍采用了更多的材料，包括尼龙、涤纶、棉等，也出现了更多的色彩和款式选择，成了旗袍文化发展的一个重要分支。

20世纪20~30年代，随着时代的变迁和社会的发展，针织旗袍成了闻名全国的流行时尚。当时的针织旗袍采用的是较为柔软的毛细纱面料，具有优雅、舒适的特点，被称为“美人裙”“豆腐花裙”等。

20世纪50年代，中国的纺织工业得到迅速发展，各种新型纤维材料开始被广泛应用于针织旗袍生产中。针织旗袍也被赋予更多的色彩和款式，成了当时新时代的代表性服饰之一。

2008年，北京奥运会开幕式上，中国女排队员身穿的针织旗袍引起了巨大反响，让更多的人了解了这种旗袍的独特魅力，针织旗袍在当代时尚领域里也开始逐渐被重新关注和推崇。

综上所述，针织旗袍的历史发展可谓丰富多彩。从最早的毛线丝绸材料，到后来的新型纤维材料逐步得到广泛应用，再到现代的多种款式、颜色选择，针织旗袍随着时代的变迁不断地进步和发展。

（二）针织旗袍的分类

从制作工艺的角度做区分，针织旗袍可分为裁剪针织旗袍和成型针织旗袍。裁剪针织旗袍是采用针织面料经过设计、裁剪、缝制和整理而成的服装。其制作过程与梭织旗袍类似，但因面料结构和性能的不同，其外观、织物服用性能以及制作加工过程中的具体方法都有所区别。针织成型旗袍是经过款式造型之后，利用针织成型方式直接上机编织而成的旗袍。

本文所讨论的针织旗袍，是指由电脑横机编织而成的针织成型旗袍，制作需从挑选纱线开始，通过纱线色彩、质感、粗细、织物组织结构与密度的调整以及后整理方式，织制成型的旗袍。

（三）针织旗袍的市场现状

针织旗袍作为传统旗袍的一种变体，目前还处于市场开发的早期阶段。虽然大多线上平台有一些针织旗袍的产品，但大部分是以裁剪针织旗袍为主，电脑横机编织而成的针织成型旗袍相对来说还是有很大市场空间。

不过，随着消费者对个性化、定制化需求的不断提高，针织旗袍具有较强的市场潜力。对于传统旗袍品牌和创新品牌来说，将针织技术用于旗袍生产，可以为消费者提供更加舒适、贴身、具有弹性的旗袍产品，同时也可以为品牌提供创新和差异化竞争的机会。因此，在生产技术、设计技术等方面进一步创新，可以为针织旗袍市场的发展带来更多的机会。

二、针织旗袍的传承价值分析

（一）技术价值

针织旗袍的产生和发展展示了中国纺织业在针织技术上的创新能力和生产水平。针织旗袍的生产需要较高的技术支持，包括针织机械技术、手工制缝技术、针织工艺设计等。这些技术不仅在针织旗袍生产中得到广泛应用，同时也为其他针织类纺织品的制造提供了技术保障。

首先，针织旗袍的材料具有一定的弹性和柔软度，可以贴合身体的线条，修饰身形，凸显身体曲线，展现女性的优雅和妩媚。针织技术的应用可以让旗袍更加贴身，更加自然，避免束缚身体活动，增强了穿着舒适度，也提高了服装的视觉美感。

其次，针织旗袍特有的一片式立体成型、无缝拼接的针织工艺增强了服装舒适性和观赏性。而传统的旗袍制作需要对面料进行裁剪和拼接，过程烦琐，同时会产生浪费现象。相比之下，针织技术运用了无缝拼接的一片式立体成型工艺，省去了裁剪和拼接的步骤，减少了浪费，同时也减少了服装的接缝部分，增强了服装的舒适性和耐穿度。

再次，针织旗袍属于可持续设计范畴，具有环保无裁片浪费的特点。针织旗袍的生产过程相比传统旗袍更加环保、节能，因为针织工艺可以定向制造，减少废品率，同时消耗能源和由于制造而产生的有毒物质也大幅减少。此外，零裁剪面料接近于零浪费的生产消耗也不可忽视，可节约能源、减轻资源消耗，更容易实现企业可持续发展目标。

综上所述，针织工艺在旗袍上的运用可以增强旗袍的舒适性、美观性和环保性，更好地满足现代人对服装的需求。同时，针织工艺也为旗袍的文化传承和产业发展作出了重要贡献。

（二）针织旗袍的文化价值

首先，针织旗袍具有手工针织的价值。早期的针织旗袍是以手工针织为主，这种工艺不仅需要工人精湛的技艺，还需要耐心地、细心地一针一线地制作。手工针织无论是在质量、设计和具有艺术性上均有着优异的表现，体现了优美、圆滑的线条构造与精巧、丰富的花纹设计，这些是机器无法替代的。现如今，随着科技的进步，机器生产的针织旗袍也越来越多，但是手工制作的针织旗袍不但呈现了匠心和技巧，同时也带有手工制作的温度，更加珍贵。

其次，针织旗袍具有人文价值。早期的针织旗袍是由一群手艺精湛的手工师傅精心制作而成的，而且常常是家庭内部传承的技艺。这些师傅们的工作不仅是生产一件件的旗袍，同时也是他们传承和弘扬中华传统文化的重要手段，是中华文化的瑰宝。这些师傅们从针线细节到收口做工都始终坚持传统技艺，是中华文化的见证者。他们为保留和传承中国针织技艺所付出的努力无法估量，也因此使得针织旗袍成为文化产业的代表之一，体现了中华文化的精神和文化传承的意义。

因此，针织旗袍体现了中国深厚的创意文化和手工艺术精神。与传统机器生产相比，手工针织标志着人类文化的发展史，不仅保留了传统技艺，同时更好地诠释了个体化生产的艺术价值。这种工艺带有强烈的人文情感，象征着更高精美的艺术表现，继续见证着中华文化的魅力。

（三）针织旗袍的市场价值

针织旗袍作为一种代表性的中国风时装，相对于传统的梭织旗袍来说更具有独特的市场价值，可以从时尚趋势、产品竞争力、消费者需求、地域市场、品牌营销策略等方向进行分析。

1. 针织旗袍的时尚趋势

针织旗袍的时尚趋势符合现代消费者的时尚需求。随着时代的变化，针织技术相对于梭织旗袍来说越来越先进，而且针织设计师们不断地在款式、面料和配色等方面进行创新，使得针织旗袍更符合当前市场的趋势。当代消费者更加注重穿着舒适的体验感，也更愿意尝试有文化底蕴的出行装扮，这些符合了针织旗袍的产品特点。

2. 针织旗袍的产品竞争力

针织旗袍凭借其质感、舒适度、耐穿度等梭织旗袍不具备的优点具有

很强的产品竞争力。与传统旗袍不同，针织旗袍的面料和版型更多样化，加之针织工艺的应用，更加贴身、更加柔软，更加受到年轻一族的喜欢与青睐。此外，针织旗袍生产具有较高的灵活性，可以根据市场、消费者需求进行创新设计，以提高产品的竞争力。

3. 消费者需求

随着消费者需求的不断增加，针织旗袍逐渐成为高端时尚的代表之一。当前的消费者群体更加注重穿着的舒适度和品质，对于时尚与文化的融合更加关注。而针织旗袍的出现不仅符合时尚潮流，还能满足消费者精致、高品质的需求，逐渐成了精英阶层的文化代表。

综上所述，针织旗袍具有很强的市场价值，当前市场对针织旗袍的需求逐渐提高，也有越来越多的品牌加入针织旗袍设计和制作领域。通过不断创新和推广，针织旗袍的市场价值将会持续增长。

三、针织旗袍的创新应用

2006年以来，中国纺织工业联合会已连续八年发布《中国纺织服装行业社会责任报告》，同时有大约上百家国内纺织服装企业上榜《企业社会责任年报》，其中，服装企业环境责任体现在资源节约和环境保护两个方面：从物质资源消耗角度，在产品设计、生产、使用环节做到节约资源，减少浪费，通过“资源—产品—再生资源”的闭环发展模式，做到资源永续利用；从环境保护角度，企业在生产及经营环节要减少废水、废气、废弃物对环境的破坏，减少能耗，节约用水，成为环境友好型企业。①

采取有效措施，实现企业的绿色发展，是未来整个纺织服装行业的美好愿景。下面将从三个方面来介绍针织旗袍的创新应用，以此为旗袍行业打开一个新的领域，在做到创新的同时符合未来纺织服装行业的发展方向。

（一）面料制作方面

传统的梭织手工旗袍制作过程可以总结为“缫丝—织造—染整”，三个

① 见参考文献［1］。

步骤完成。其中染整的部分是以化学染料处理为主的工艺过程，增添了环境污染的风险和治理环境成本。而针织旗袍的制作过程可以总结为“纺丝—织造”，两个步骤完成，一次成型，减少了在面料织造中的染整环节，花色和图案一次成型。从而提高了生产效率，在更加保护环境的同时节约了人力成本。

（二）面料选用方面

在中华民族传统的文化意识中，物由天赐，极尽可能地保持物质的完整性，使其不被破坏，形成了敬物、崇物的民族意识。而这种意识并不仅仅存在于中华传统文化中。长久以来，传统的制衣方式每年都会产生成千上万吨垃圾，那是因为在裁剪过程中，面料裁剪会产生很多边角料浪费，传统的梭织旗袍面料在裁剪过程中，有15%~20%的服装面料会被当作边角料扔掉的。尤其是大多数古法手工旗袍多以手工织造的苏罗、宋锦、香云纱等真丝面料为主，这类面料价格较高，且织造工艺复杂耗费大量人力成本。

而针织旗袍的面料是由纱线直接织造而成的，没有梭织面料的裁剪步骤，可以做到真正的无边角料“零浪费”，可以更精准地把控原材料使用，从而节约原材料损耗。

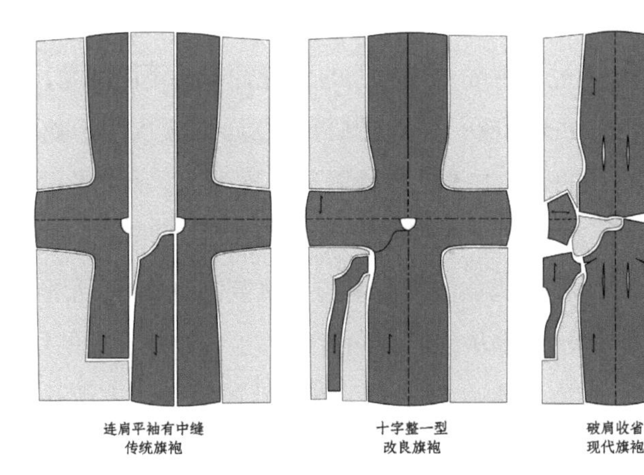

图1　梭织旗袍裁剪示意图

（三）生产方式方面

针织旗袍生产方式多样。早期的产量相对较少，手工生产占据了主导地位，工艺精益求精。随着纺织工业的进步，生产方式逐渐实现了机械化、自动化，提高了生产效率和质量控制。现代生产方式采用了数字化技术，实现了对生产环节的全面监控和管理。

相对于梭织旗袍目前的生产方式多以人工手工为主，针织旗袍的织造可以做到一片式一体成型。并且大幅减少时间和人力的限制。

四、结语

旗袍作为中国非物质文化遗产的传承技艺，与其他传统民族服饰的制作工艺一样都需要得以传承，但是想要在国际上获得更多认同，在国内获得更多认可，实现产品创新，都离不开技术设备的迭代更新。1873年，德国人海因里希·斯托尔（Heinrich Stoll）成立斯托尔公司（STOLL），随后推出了第一台针织手摇横机，引发了针织横机的产业革命[①]。针织服装的生产模式形成了"织片+缝合"的双生产线。直至1984年，世界上第一台无缝针织机由意大利歌胜公司（SANGIACOMO）研制成功，[②]日本著名的服装设计师三宅一生于1998年推出的"一片布（A-POC）"概念服装，是第一位使用无缝技术的服装设计师。不过和现如今市面上的无缝针织衫不同的是，三宅一生主要运用圆筒编织的方式织成一块双层织物，在局部嵌入用于裁剪的链式网状结构，使剪开的织物不会脱散。整件服装一次成型，消费者可根据织物上的结构线进行自行裁剪，之后便得到了一件完整的毛衣。这既在生产流程上节约了时间和成本，又能让消费者参与到服装的制作中，无形中增加了消费者和服装的情感联结，也从另一个角度达到了可持续发展的目的。实现纺织服装行业绿色发展，就要在设计和品牌运营商等各个方面开拓更多的创新思路，使其更符合现代消费者的需求。

三千年前，《诗经·大雅·文王》中有云："周虽旧邦，其命维新。"在当

① 见参考文献［2］。

② 见参考文献［3］。

今的社会发展中，对于如何解决传统民族服饰的技术和文化传承，以及在此基础上将产品创新与新时代背景下绿色发展的思路结合，从而因为人们对于中华民族传统服饰的共鸣，最终实现传统服饰的真正传承与延续。

参考文献

[1] 郭燕. 服装企业可持续发展战略内涵分析——以全球著名牛仔裤品牌商李维斯为例[J]. 纺织导报，2016(6)：111-113.

[2] 宋广礼. 针织横机技术发展漫谈[J]. 针织工业，2013(12)：12-16.

[3] 王敏，刘斯年，金万慧. 无缝针织技术及无缝针织机的历史与发展[J]. 中国纤检，2020(1)：126-127.

[4] 魏莉. 民族服饰中的“零浪费”设计[J]. 纺织导报，2016(4)：76-78.

[5] 萧颖娴. 趋势和机遇——“可持续”理念对时装产业发展之影响及设计人才培养之应对[D]. 杭州：中国美术学院，2013.

[6] 陆晗翔. 横机针织旗袍的设计实践[D]. 上海：东华大学，2017.

[7] 张正学. 针织服装设计方法研究[J]. 针织工业，2006(4)：24-26+1.

[8] 白云. 中国老旗袍——老照片老广告见证旗袍的演变[M]. 北京：光明日报出版社，2006.

[9] 徐辉，陈慰来，郑初方等. 真丝针织生产技术[M]. 北京：中国纺织出版社，1996.

[10] 李义有. 真丝针织服装的品种开发[J]. 针织工业，1997(2)：51-54.

[11] 薛福平. 针织服装设计[M]. 北京：中国纺织出版社，2002.

[12] 蒋高明，高哲.针织新技术发展现状与趋势[J].纺织学报，2017，38(12)：169-176.

[13] 吕治家，胡元元. 生态环保机织一次织造成型家纺套件产品开发[J]. 纺织导报，2018(8)：38-41.

从物质文化的角度探讨非遗蓝染的环境可持续性发展

张　瑶

北京理工大学珠海学院　珠海　519088

摘要：在文化人类学中，物质文化主要指的是物质与人类行为的相互作用。物质文化不仅要注重物质可供性，还要在自然环境和社会文化背景下对客体进行解读。蓝染是用于纺织印染的最古老的天然染料之一，中国已将蓝染列入非物质文化遗产，但由于社会文化的变迁和化学染料的冲击，蓝染的保护和传承面临诸多困难。本文以蓝染的可供性为基础，分析了其在物质文化体系中的能动性和意义，使其社会关系具体化。通过探索人们精神的象征功能，蓝染与社会中的许多群体联系在一起，特别是与生态环境和人们的环保意识联系在一起，与之有着互动的关系过程以及社会和文化结构。考虑到这一联系对人们价值观、行动和生活方式的影响，本文的主要目的在于思考：如何从物质文化领域的角度，探讨蓝染的生态可持续性发展？本文中讨论的方法分为四部分。首先，文献回顾和田野调研的方法，综述了社会文化体系中物质文化的性质、内容以及蓝染的可供性。其次，通过案例研究论述了蓝染的实用主义与意义、使用价值与象征价值、艺术与日常物品之间的二元性。这种二元性不是对立的，而是需要思想、行动和物质的相互依存。再次，分析了物质文化中蓝染的表现方式。通过与人的互动，总结靛蓝在物质文化中的启示，以及蓝染的表现形式与生态可持续性发展的关系。最后，结语部分讨论了蓝染在生态可持续性领域的物质表达方向。

关键词：物质文化；非遗蓝染；生态可持续性；二元性

一、蓝染的概念

物质文化研究是一门涉及物质与社会关系各个方面的学科。它努力克服任何学科的限制。其目的是模拟社会策略、人为变异和物质文化之间相互作用的复杂本质。[①]Dant认为，物质是一种可见的、非人类的，但可被生物接触和感知的东西，而文化是围绕物质的一系列人类活动，包括使用、分享和讨论。[②]Affordance（可供性）的概念为探索物质文化的本质提供了参考。[③]Gibson认为，许多种类的物体，实际上是所有的物体，都可以直接感知它们的功能。Donald Norman以多种方式发展这一概念，特别是将其与“约束”的概念结合起来——“虽然可供性表明了可能性的范围，但约束限制了选择的数量”。[④]Norman认为，约束分为四大类：物理约束、语义约束、文化约束和逻辑约束。本文将在这些学者理论的基础上，讨论蓝染的可供性和约束，然后探讨其生态的可持续性发展。

基于本文的目的，蓝染的概念是指在物质文化中发现的最古老的手工染色材料之一。“蓝靛”一词本身源于希腊印第安人，最初的意思是一种来自印度的物质，表明希腊罗马进口了靛蓝颜料。[⑤]不可避免的是，随着时间的推移，追溯染料更多依赖于考古来源，但有机物质（如天然染料）消失得快，所以准确的年代仍然不确定。在中国，蓝染是纺织品染色和印花的最古老的天然染料之一。夏朝古籍中就有记载，《诗经·小雅·采绿》中有文：“终朝采蓝，不盈一襜。”《夏小正》：“五月，启灌蓝蓼。”这是有关蓝草种植的最早记载。

自2006年云南大理市的扎染纳入第一批国家级非物质文化遗产名录后，2008年四川省自贡市的扎染；2006年贵州丹寨县、2008年贵州安顺、2011年贵州黄平县、2011年四川省珙县、2021年贵州省毕节市织金县的蜡染；2006年江苏省南通、2008年湖南省凤凰、湖南省邵阳、2014年浙江省桐

---

① 见参考文献［1］［2］。
② 见参考文献［3］。
③ 见参考文献［4］。
④ 见参考文献［5］。
⑤ 见参考文献［6］。

乡的蓝印花布印染；2011年浙江省温州的蓝夹缬，12个地区的蓝染先后成功申请纳入中国非物质文化遗产。

弘扬中华优秀传统文化已成为中国传统手工艺发展的必然趋势，但由于蓝草种植减少、蓝染工艺复杂耗时，致力传承传统手工艺的年轻人减少，非遗蓝染的保护和传承存在困难。本文从物质文化的角度，解析非遗蓝染，用新的视角来思考其生态可持续性发展。

二、靛蓝的可供性

可供性的理论，是由美国认知心理学家J.J.Gibson围绕视知觉提出来的，[①]他从生态学视角揭示了可供性是行动者与环境之间的互动关系。

Palmer认为“物理可供性是唯一一个可以在不需要通过分类来判断的意义上直接感知功能的理性案例”。Gibson认为可供性存在于“生态”层面，是生物体与环境之间的关系；即使有关生物体没有察觉或认识到它们，这些可供性仍然存在。Harry Heft也热衷于强调可供性的关系质量；然而，他认为，身体不仅被视为一个物理实体，而且更广泛地被视为个人表达意图和实现目标的渠道。

Palmer, Bruceetal, Clark和Heft努力扩展了Gibson关于意义和可供性的主要“生态”理论，也涵盖文化环境。[②]认为物质的功能意义可能存在于一个特定的、跨文化的层面，但更多的时候，它们也会在某种程度上从文化上衍生出来。

Malafouris把可供性理解为一种关系，他认为事物的物理属性与观察者的经验属性是紧密相关的。可供性既独立于观察者对它的感知和识别，又依赖于观察者的行动能力。[③]正如靛蓝被人们所使用，不是因为其独立客观的物理功能，它需要人们的文化信息和经验来认知和识别不同的品种。

纵观历史，各种植物提供了靛蓝，但蓝草是大多数天然深蓝色的来源。它分布在世界各地，在中国主要分为四种：山蓝、木蓝、蓼蓝和菘蓝。

① 见参考文献［7］。
② 见参考文献［8］。
③ 见参考文献［9］。

山蓝：主要分布在亚洲的山区，尤其是中国中部和西南部，是中国蓝靛的主要来源。叶子如同手掌大，在夏初的六月和秋初的十月初采收。

木蓝：分布最广泛的品系，热带和亚热带地区是最适合育种的品种。它们每年在中国的广东、广西、云南、台湾等省份和印度尼西亚种植2~3次。

蓼蓝：原产于中国。它通常被称为“中国蓝”或“日本的阿波蓝”，因为中国和日本是生产最多的国家。在中国有着悠久的使用历史，盛产在长江中下游，它是中国最重要的蓝靛来源，最早在中国古书中记载。日本是具有代表性的生产国，该植物也是日本靛蓝的主要产地来源。因此，它也被称为“阿波蓝”。

菘蓝：具有耐寒特性，生长在温带和寒区，每年采收两次。在中国，它主要产于中国北方，如河北和河南等省。由于地理和气候的原因，产量不如前三种植物。

（一）靛蓝提取工艺

笔者通过对贵州丹寨排莫苗族村进行实地考察，分析了靛蓝生叶浸水沉淀法的提取工艺。

第一步是采集马蓝叶子。采摘叶子的最佳收获时间是在早晨，至露水节气前，蓝靛叶上的水饱和，成熟的叶子含有水溶性原靛素。

第二步是叶片浸入水中发酵并溶解出青绿色液体。受天气温度的影响，浸泡的最佳时间约为一个半小时至3天，这取决于树叶腐烂的情况和液体的颜色。去除棕黄色腐烂的叶子后，加入石灰，必须反复搅拌混合物。液体和空气的氧化被激活，混合物变成蓝色泡沫，变成非溶性蓝靛素。

第三步从蓝泥中去除水后，变成膏状，可存放在塑料罐中。最后，在保存之前，可添加一些米酒，以防止霉菌，然后制作膏泥状蓝靛的相关信息（包含生产商名称、生产日期、重量、原材料等信息）。

植物中的主要色素水溶性原靛素，在特定的发酵环境中转化成靛蓝白，染色材料必须与空气接触才能产生氧化，以保持该颜料能附着在纤维上。

整个制造工艺是独一无二的。在19世纪，靛蓝的氧化秘密被揭示出来，激起了人们巨大的好奇心和敬畏。植物如何改变形态和颜色？从植物的叶子

到形成蓝色染料时会发生什么？随着生物技术的发展，化学家发现了细菌菌株，这些菌株解释了“发酵”期间发生的事情。从科学上讲，它是各种微生物将植物有氧化合物转化为靛蓝。在转化过程中，植物叶片与水、空气、石灰、酒等物体混合，使内化的混合体发生化学反应，产生微生物，这些微生物成为靛蓝成功提取的重要因素之一。

（二）靛蓝的使用功能

蓝靛草被用于许多科学和艺术领域：农业、经济、植物学、化学、贸易和工业、人种学、服装、家具和化妆品，甚至医药。[①]其独特的生产方法产生了美丽的蓝色，广泛用于纺织品。

（三）装饰工艺的多样性

近年来，很多学者围绕着物质文化在认知行为、认知发育和认知演化中的作用，形成了一个与此相关的研究主题：物质能动性（Material agency）。能动性是指一种物质介入呈现的产物，它存在于人类与事物之间，而不是人类或事物之内。在人类介入物质世界的过程中，人类的意向性和物质的可供性是一致的。[②]

染料和织物面料之间的关系是无限微妙的。正如物质的能动性，当人类开始使用靛蓝，文化惯例在认知中具有认知能动性或积极作用，人们便开始设计了各种方法来创造图案。蓝染的主要装饰工艺有四种方法：蜡染、绞染、夹染、型染。

1. 蜡染

蜡染是一种重要的技术，主要通过蜡刀来蘸取防染剂（如蜡）在织物上进行描绘图案。蜡刀通常用两片或多片形状相同的薄铜片组成，热蜡通过一个或一组喷口流出。用这种方法可以制作出精确的线条，特别是应用于棉制品或丝绸。蜡染绘制完成后，再一遍又一遍地染色，直到纺织品达到理想的颜色。最后用热水煮去蜡，呈现蓝底白花的图案。

---

① 见参考文献［6］。

② 见参考文献［10］。

图1　蜡刀

图2　使用蜡刀绘制精细的线条

2. 夹染

夹染是使用两块被雕刻成相同的图案的木板，将织物放在木板之间，并固定在一起，使物体浸入靛蓝中并染色。这种方法的主要特点是织物夹紧后染色液难以渗透。因此，如何准确控制染液渗透变化的过程是正确染色的关键。图案的形成与染色时间、夹紧的松紧程度、织物的吸水率、染料的染色性能、染料溶液的温度等有关。

图3　夹染

3. 绞染

绞染是使用绳子或绳子捆绑、缝制、折叠、编织、夹紧或按压织物，使染液在染色过程中无法渗透所有织物，从而形成各种独特的图案。

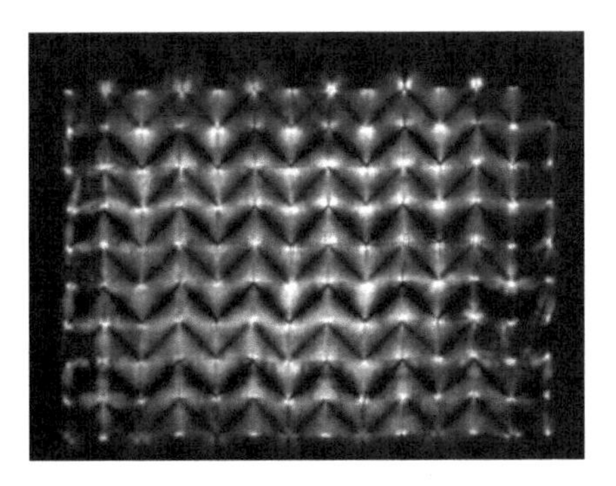

图4　绞染

4. 型染

型染由三个主要元素组成：型纸（防水纸）、黄豆糊（防染糊剂）和靛蓝染料。该工艺包括许多技术步骤：图案设计、雕刻模板、调节豆浆、染色、

图5　型染

烘干、除糊和水洗。正因为如此，过去制造时需要专业的分工。

通过这四种方法，可以看出，蓝染与各种装饰技术有着密切的联系。蜡染、绞染、夹染、型染的方法可以单独或组合使用。

随着创新的多元化发展，创作者试图混合来自世界各地的不同技术，以实现独特的外观和属性。他们还与新的手工艺品结合起来运用在纺织品中，如数字印刷、胶印、拼贴、刺绣、编织等。蓝染的主要特点是以技术扩展作为补充。

技术的交织呈现了千变万化的模式。蓝染不能被定义为大自然所给予的东西；它与各种对象和人的互动成为社会的产物，通过人们技术的创新，出现了不同的视觉表达。

综上可以看出，靛蓝的内部过程可以混合和融汇成新的形式，同时，可以通过技术的延伸来补充原有的特征，通过技术的植入形成融合。靛蓝技术同时呈现内化混合和外化混合。

（四）物理约束

每一种蓝染工艺都可在织物表面创造出美丽而非传统的视觉设计，产生与织物纹理密切相关的图案。因此，靛蓝不仅通过不同的工艺进行图案设计，还与不同材料的织物特性息息相关。

靛蓝来自大自然，只能在棉、亚麻、羊毛或丝绸等天然织物上染色。尽管图案可以采用多种方式设计，但蓝色是不变的，只能在明度上变化出不同深浅的蓝色调，无法改变为其他色调。因此，物理约束限制了靛蓝与其他面料相结合以及转变为其他颜色的可能性。

（五）文化约束

靛蓝影响了服装的主要颜色，塑造了世界上不同部落的文化。最根本的原因是其文化约束：复杂的步骤只能按照独特的传统工艺手工完成。就创造而言，制造一件有文化意义的物品，无论是通过技术的应用还是使用可访问的材料，都将密切地定义为最终的人工制品。物质在文化中的使用过程转化为人与物之间的一系列互动，如采摘、提取、制造、设计或储存，这些都是物质文化中学习和共享的社会活动。因此，文化可以通过物质的存在和物质性被深深植入或释放。

三、思考：靛蓝的文化意义与启示

使用价值和象征意义

在中国古代，蓝染成帝王御用黄袍纹饰制作的独门绝技。“文化大革命”时，蓝色在广大群众中得到了广泛的使用。靛蓝既有尊贵，也有危险的联想，因为它可以代表生与死，也可以代表贵族和穷人。有些国家靛蓝具有不同于其他染料的精神意义，导致将其用于特殊目的。①

蓝染不再仅仅被用作表达服装实用功能的媒介，同时蓝色的含义也会随着时间和空间的变化而改变。它一直是天然染料中使用最广泛的材料。在中国的历史发展中，靛蓝已广泛应用于人们的日常生活中。然而，由于靛蓝的种植和制作靛蓝的过程非常复杂和耗时。随着人们现代生活方式的改变，中国的蓝染民间艺术产品在市场上逐渐失去了长期的实用价值。

近年来，随着全球环境的恶化，越来越多的人认识到保护自然资源的重要性。许多设计师和艺术家在创作蓝染时投入了更多的时间和资源，通过他们的产品和作品来传达人与环境的共存，表达人与人之间的社会关系。靛蓝已经成为沟通创作者意识的重要媒介，因为他们设计的图案、颜色和产品随着使用者的动态、静态、虚拟和现实的变化而波动。

除了制造产品的务实功能外，靛蓝还承载着向使用者传达环保价值的关键意义。

不加修饰的靛蓝花布之美，无论是褪了色仍受人喜爱的布料，还是用来炫耀的华丽服饰，都应该被提及。无论是在工作日还是节日里，每个人都穿

① 见参考文献［6］。

着蓝染的衣服去劳作，或者在偏远的山间露台上跳舞，那本身就是一道亮丽的风景。在普通服装中，靛蓝反映了它的使用价值，但在华丽的服装中，靛蓝因其审美内涵而象征着高贵。同样，制作靛蓝的过程也承载着象征意义和神秘性。

日常用品和艺术品

靛蓝用于桌布、枕头、袋子、窗帘、装饰家居用品和服装等日常物品，以意识为中心，设计师将其与人们的生活联系起来，并设计成日常物品。靛蓝的能动性，使人们对靛蓝的爱转化为各种对象。

在21世纪，靛蓝的复兴是人们环保意识提高的产物，因为它天然、无毒、无害的特性，最终使制作的材料回归自然。因此，靛蓝成了人们环保意识的精神载体。

通过人的活动情感被付诸实践，以物质的形式呈现出来。物品不仅仅是制造出来的产品，它们也是为了满足基本的本能需求，表达我们是谁，我们做什么，这是塑造社会发展的主要因素。

艺术创造

蓝染明暗层次丰富，变化奇妙。即使是相同的染色技术，不同的染色时间和染缸，创作的蓝染作品风格也是不同的。靛蓝被还原氧化在天然的纤维织物中，不仅形成了美丽的蓝色调层次，而且增强了其韧性。使用不同的防染技术，可以创造出丰富多样的艺术质感。蓝色和白色的色调形成了淡雅和浓烈的对比，具有强烈的艺术效果。

在一件作品中，最终的产品是设计师情感表达的载体。在原汁原味的苗族织物上采用纤维的自然染色技术，通过一遍遍浸染、氧化和染色。就像生命的循环，由生命的肌理中浮现出的深浅不一的蓝色，浸染到现代生活的美学中，用破碎又重组的拼接和刺绣技术相结合完成这个作品。在白天和黑夜的轮回中，时间缝入了平整的布幅，展现了植物的生命。因此，每件作品都在靛蓝和拼布艺术的人文内涵中，寻求人与自然之间更自然、更和谐的联系。黑格尔说，美是理念的感性表现。[①]作品成为表达环境保护的情感的物质

---

① 见参考文献［11］。

体现，所以靛蓝成为其核心精神支柱，因为它的自然属性是象征和表达情感的源泉。象征与其他形式是分不开的，如不同材料的织物、刺绣和拼接技术或服装图案交织在一起，并结合形成一个整体。

现代靛蓝的创作不再局限于传统工艺，而是在结合了材料和技术创新后，通过现代技术形成了一种新的表现形式。人们通过靛蓝染色艺术来表达对客观世界的认识，创造出各种形式，反过来又表现出对主观意识的认知。物质世界的客观性与人类行动者及其媒介的网络相互作用，因此靛蓝世界也在多维度的发展。在白色或灰白色的背景上设置蓝色的效果具有令人信服的简单性，这已经被广泛地创造出来，如台湾汤文君老师的蓝染艺术画。

在康德的美学中，艺术来自日常生活，它可以创造出在不与现实生活相矛盾的情况下发展的领域形式。①蓝染艺术家陈景林先生的灵感来自日常生活，灵感素材取自自然景观，以艺术的形式呈现，同时转化为日常生活用品。蓝色染成的元素成为交互映射的媒介，因此，艺术脱离了生活的“现实”，变成了日常生活的反映，其重要性超出了它的实践价值。

管兰生先生与敦煌文化丝绸之路相结合，延伸到各个朝代的历史文化内容，甚至跟国内外文化相融合，组合设计新的作品，既有传统的蓝染手工艺术作品，也有转化成数码印花的现代产品；Lee, W.和Jong Hoon Kim等人提炼天然靛蓝染料用作数码纺织印花墨水的原料，②这样天然染料比合成染料减少了对环境的污染，而其天然成分又正好通过数码印刷进行着色。

被称为现代蜡染之父的画家刘子龙先生将传统蜡染与现代绘画结合在一起，将自己的思想、情感和个性完美地融入蜡染作品中，同时仍然保留着简单、经典、蜡染的民族风格，而且它还增加了独特的现代感。然而，艺术家在这个过程中做了一个重要的改变，尽管他使用了蜡染的原理，但作品不是用天然的蓝靛画的，而是用不同颜色的化学染料画的，虽然其保留了物质的表象特征，但改变了本质。

可见，靛蓝虽属于物质对象，但呈现更多的文化意义是人们与其互动和使用。这种环境中的无生命事物表面上是如何作用于人的，但更多的是被人

① 见参考文献［27］。
② 见参考文献［12］。

作用于执行社会功能、调节社会关系和赋予人类活动象征意义的目的。

靛蓝的可供性有利于生态可持续性发展

从蓝染的栽培、提炼、制作、设计到染色，靛蓝的使用功能、物质的能动性和文化约束，使得靛蓝这一物质具有天然的物理属性。这种自然资源可持续利用的方法符合环境保护的理念，成为蓝色染色的独特之处。与大多数手工技术一样，这种古老的植物蓝色染色通过人类的生存本能和创造性的体验代代相传。今天，蓝染的文化和多样性也是全球和区域文化中集体记忆的重要物质载体。

这种可供性产生于人们参与和使用之中，在服饰和其他领域多元性的应用是参与和使用的结果。这种关系可以发现靛蓝的可供性是环境与主体间的相关性，突出主体与环境的动态交互关系，有利于生态可持续性发展。

蓝染的复兴是人们环保意识的结果

由于工业的发展，蓝染在世界范围内失去了原有的市场，特别是受现代纺织染料工业的冲击，导致了蓝草植物大规模种植的消失，从而使蓝染工艺面临衰落、中断的困境。现代纺织工业以高科技和统一性等因素为现代生活带来了许多便利。然而，从原材料和化学染料用于生产和应用的过程，造成了不同程度的环境污染问题，如废物处置、土地污染和水污染等。

近年来，中国政府出台相关扶持政策，重点发展文化创意产业，为中国传统工艺产业的发展提供了重要机遇。尤其是国内云南、贵州、四川、湖南、浙江等12个省份的蓝染先后成功申请纳入中国非物质文化遗产后，人们逐渐开始关注蓝染文化遗产的保护，传统靛蓝得到了初步的重视和修复。

在台湾，由于化学染色的影响，靛蓝染色行业一度迅速衰落，中断了近30年。随着台湾工艺研究发展中心的成立，民众的组织参与，现在已经开始逐步恢复生产和使用。台湾从“一无所有”到小规模的工业化，靛蓝依靠人们自主的组织项目、执行和营销。同时，地方政府也给予了相应的扶持政策，形成了台湾靛蓝染料手工艺品的产业化模式。

由此可见，可供性并非作为环境实体的物理属性，也非个体在所处环境中的属性，而是环境与个体之间、环境与集体之间的生态互动关系。非遗蓝染的复兴，正是人们关注到靛蓝具有的天然环保属性，激发个人和社会群体的环保意识，对蓝染的发展起到积极推进的作用。

四、结语

在人类与非遗蓝染的互动中，其可供性发展形式呈现出多样性，其模式与最初蓝染自然环境保护的本质特征相矛盾。在整个人类发展过程中，由于技术的进步和艺术家或设计师的多元视角，与靛蓝的互动变得更加多样化。

靛蓝染色对环境的真正影响是什么？天然染料比合成染料好吗？还是二者各行其是？是否会出现一个全新的工业领域？未来的蓝染能朝着什么方向发展？这些都是值得讨论和进一步研究的课题。

如今，物质文化使我们能够了解形式、颜色、纹理和能量之间的联系，从而决定我们如何使用和与它们共存。①许多对象都有其功能和样式，而蓝染由多个相互关联的对象组成，这些组合嵌入了对象或者结合目的和风格构成的组合。

因此，物质以各种方式表达其实用主义，使人类能够做需要或希望做的事情，相互交流，并表达社会群体中的文化共性和个性。

由于其审美价值和自然环境特征，复兴非遗蓝染可能会出现部分非环保的方式和形态，但物质的发展不能是永恒的，因为它可能会根据制造者通过社会的意图，与文化来源分离价值观和经验。然而，不可能压制人类思想、行为和物质之间的相互作用，因为创造力和个性可能会受到损害。物质本身有二元性的许多方面，但这种二元性流动，可以相互交织。因此，当环保意识成为一种主流的社会理念时，现代化学方法可以利用天然蓝染重新发明一种新的形式，使这种技术回归其古老的起源和环保价值。

参考文献

[1] Miller D. Artefacts as Categories: A Study of Ceramic Variability in Central India [M].Cambridge: Cambridge University Press, 1985.

① 见参考文献［3］。

[2] Miller D. Material Culture and Mass Consumption [M]. New York: John Wiley & Sons, 1997.

[3] Dant T. Material culture in the social world [M]. Buckingham: Open University Press, 1999.

[4] Knappett C. Thinking through material culture: An interdisciplinary perspective [M]. Philadelphia: University of Pennsylvania Press, 2011.

[5] Norman D A. The psychology of everyday things [M]. New York: Basic Books, 1988.

[6] Balfourpaul J. Indigo: Egyptian Mummies to Blue Jeans [J]. British Museum Press, 2011.

[7] Gibson J J. The Theory of Affordances [M] //The People, Place, and Space Reader. London: Routledge, 2014: 56-60.

[8] Heft H . Affordances and the Body: An Intentional Analysis of Gibson's Ecological Approach to Visual Perception [J].Journal for the Theory of Social Behaviour, 2010, 19 (1) : 1-30.

[9] Malafouris L.How Things Shape the Mind [M]. Cambridge: The MIT Press, 2013.

[10] Malafouris L. At the Potter's Wheel: An Argument for Material Agency [J]. Material Agency Towards a Non-Anthropocentric Approach, 2008: 19-36.

[11] Hegel G W F. Hegel's Aesthetics Lectures on Fine Art [M]. Oxford: Oxford University Press, 1998.

[12] Lee W, Sung E, Moon J, et al. Performance Evaluation of Ink and Digital Textile Printing Fabric Using Natural Indigo [J]. Fibers and Polymers, 2023, 24 (4) : 1309-1319.

[13] Knappett C, Malafouris L. Material Agency: Towards a Non-Anthropocentric Approach [M]. Berlin: Springer, 2010.

[14] Goring-Morris N, Belfer-Cohen A. The Symbolic Realms of Utilitarian Material Culture: The Role of Lithics [J]. Beyond Tools.

Redefining PPN Lithic Assemblages of the Levant, 2001: 257-271.
[15] 余可华. 可供性理论对二语习得的启示[J]. 外语教学理论与实践, 2018(3): 34-42+90.
[16] 夏永红, 李建会. 可供性与元可塑性: 再探物质能动性论题[J]. 长沙理工大学学报(社会科学版), 2021, 36(4): 44-52.
[17] 王嵩山. 物质文化的展示[J]. 博物馆学季刊, 1990, 4(2): 39-47.
[18] 李如菁. 物质文化研究文献评述[J]. 设计研究, 2002(2): 45-52.
[19] 邱澎生. 物质文化与日常生活的辩证[J]. 新史学, 2006, 17(4): 1-14.
[20] 马芬妹. 台湾蓝, 草木情: 植物蓝靛染色技艺手册[M]. 南投: 台湾工艺研究所, 2007.
[21] 李瑞宗. 蓝染文化国际研讨会论文集[M]. 台北: 台北县政府授权出版, 2005.
[22] 张琴. 中国蓝夹缬[M]. 北京: 学苑出版社, 2006.
[23] 方钧玮. 蓝色缤纷: 中国西南少数民族蓝染图录[M]. 台东: 台湾史前文化博物馆, 2006.
[24] 林炯任. 蓝金传奇: 三角涌染的黄金岁月[M]. 台东: 台湾书房出版有限公司, 2008.
[25] 李瑞宗, 陈玲香. 菁蓝百年 Hundred years of Chinese Taiwan indigo[J]. 基隆: 基隆政府, 2009.
[26] 陈景林. 绞: 蓝染技法探索[M]. 台北: 草山社, 2005.
[27] [德]伊曼努尔·康德. 康德美学文集[M]. 曹俊峰, 译. 北京: 北京师范大学出版社, 2013.

清代女性朝服形式起源与风格演变

王鹤北

故宫博物院宫廷历史部　北京　100009

摘要：清代服饰制度较之前代各朝更为完备，其对于服饰之类别、形式功能、材料制作等各个细节皆有记述。与此同时，业已公布的传世实物多与文献记载高度吻合，进一步强化了对清代服饰制度执行有力、相关记录详尽真实的印象，结果导致少有研究能够秉承一种动态视角来考察与服饰相关的制度法令实际形成经过，对其施加影响的环境因素，以及受其影响而出现的结果。故宫博物院保存有清代各时期宫廷服饰，源于清宫旧藏，承载大量真实可靠的历史信息。通过对清代宫廷服饰不同时期呈现的工艺特征与样式风格进行严谨的比对分析，并参考早期的文献与图像，清代女性朝服的结构与装饰风格逐渐展露出一种动态演进的变化过程，继而引发了对其形式起源问题的思考。

关键词：清代；女性朝服；形式起源；风格演变

以往研究对于清代女性朝袍形式起源未充分关注的原因，主要有三：能够科学断代的清早期实物付之阙如；与之相关的图像的绘制年代与所描绘人物的实际活动时代存在差异，掩盖了早期样式的存在；相关文献对女性礼服早期样式的表述较为简略含混。

清代女朝服相对于其他礼服使用场合较少、使用频率较低，故制作以及传世数量亦少，雍正朝以前的早期作品凤毛麟角。故宫藏品中，相对较早的女朝袍，制作年代最早不超过康熙晚期，被视为雍正时期的一种典型。这些得以保存下来的少数女性朝服，多是冬季朝袍。其制作时曾经使用贵重皮草作衬里，尽管穿着痕迹十分明显，磨损程度较高，但因皮草衬里的高等价值得以留存。因皮草已被拆下，这些朝褂现以无衬里的形式存在，被称为"拆片"。另有一些朝褂尽管其纹样表现出早期风格，织造工艺水平却不高，使用痕迹和脏污磨损程度较高，其实际使用与保管情况似与高身份等级使用者的朝服有别，需进一步考察。女性朝服的早期作品无一例外使用妆花材料制成，其中以妆花缎为主。

自满族入关以后至康熙早期，女性朝服皆未见断代可靠的实物，而这一时期其他类别服装的断代依据也存在很多疑问。对该时期女性朝服形式外观的认知主要依据图像中所描绘的人物衣着，如清宫旧藏孝庄文皇后御容，以及顺治、康熙两朝皇后的御容。这些肖像并没有确定的绘制年代，仅从绘画技法以及装裱的形式特征上，故宫藏清早期皇后及皇太后画像皆使用了肖像画中的模板化绘制，即服饰与背景细节的大量重合与整齐划一，暗示这些画作应出自同一时期、同一批宫廷画师之手（见图1、2）。此外，大量细节考察表明肖像绘制时间应晚于画中人物生存与活动时间。是故画面中表现的服饰通常是图像创作时期的风格样式，而非对人物生活的顺治到康熙早期的服装样式的真实反映。

图1　清人画孝庄文皇后朝服像轴

图2　清人画孝诚仁皇后朝服像轴

清代官方编撰的与服饰制度相关的律令条文，包括顺治九年颁布的《服

色肩舆永例》，康熙朝、雍正朝的《清会典》，乾隆朝的《国朝宫史》《清会典》《大清通礼》《皇朝礼器图式》，嘉庆朝的《国朝宫史续编》，以及嘉庆、光绪两朝的《清会典》。其中能够清晰反映清朝历代宫廷服饰样式与制度变化过程的参考资料，主要是康熙、雍正、乾隆、嘉庆、光绪五朝《清会典》。

五朝《清会典》皇后礼服条目表

各朝《清会典》及所记规章事迹对应时间跨度	"皇后冠服"条目内容
康熙朝《清会典》记崇德元年（1636）至康熙二十五年（1686）事	凡庆贺大典，冠用东珠镶顶，礼服用黄色秋香色，五爪龙缎、妆缎、凤凰翟鸟等缎，随时酌量服御。
雍正朝《清会典》记康熙二十六年（1687），迄雍正五年（1727）事	凡庆贺大典，冠用东珠镶顶，礼服用黄色秋香色，五爪龙缎、妆缎、凤凰翟鸟等缎，随时酌量服御。
乾隆朝《清会典》记雍正六年（1728）至乾隆二十三年（1758）事，展至二十七年（1762），特旨增辑者，不拘年限	服色尚黄，织为龙凤翟鸟之文，施五采，襟袘及袂缘以金花青缯，冬缘以貂。表衣色用青，长裾无袂（袖子），织金为卷龙文八，裳施龙凤章采均缀以金珠。朝珠以珊瑚琥珀为之饰以珠及青金绿松等石系用黄组。 采服袍色尚黄，裾启左右织绣龙凤文，施五采，表衣用青，深袂长裾，织金为卷龙文八，裳。朝珠如礼服制。常服袍无定色表衣色用青，织文用龙凤翟鸟之属，不备采。朝珠如采服制。
嘉庆朝《清会典》记乾隆二十三年（1758）至嘉庆十七年（1812）事，展至二十三年（1818）	朝褂之制三，皆石青色，片金缘。其一，绣文前后立龙各二，下通襞积，四层相间。上为正龙各四，下为万福万寿。其二绣文前后正龙各一，腰帷行龙四，中有襞积，下幅行龙八。其三，绣文前后立龙各二，中无襞积，下幅八宝平水，领后皆垂明黄缘，其饰珠宝惟宜。 朝袍之制三，皆明黄色。其一披领及袖皆石青，片金加貂缘，肩上下袭朝褂处亦加缘，绣文金龙九，间以五色云，中无襞积，下幅八宝平水，披领行龙二，袖端正龙各一，袖相接处行龙各二。其二，披领及袖皆石青，冬用片金，加海龙缘，夏用片金缘。肩上下袭朝褂处亦加缘，绣文前后正龙各一，两肩行龙各一，腰帷行龙四，中有襞积，下幅行龙八。其三，领袖片金加海龙缘，夏片金缘。中无襞积，裾后开。余俱如貂缘朝袍之制，领后垂明黄缘，饰珠宝惟宜。
光绪朝《清会典》记嘉庆十八年（1813）至光绪十三年（1887）事，展至二十二年（1909）	内容同嘉庆朝《清会典》。

从表中可见：①康熙、雍正两朝《清会典》仅见对纹饰色彩的简述，未提

及清早期女性朝服的样式结构；②乾隆朝会典记载了雍正中期至乾隆前期礼服的套装构成，对于袍、褂和裙的具体样式未予直接记载。其中值得注意的是，对于朝服纹饰的表述“织为龙凤翟鸟之文”，强调衣料是妆花工艺，与康熙晚期到雍正早期的传世实物情况吻合。此外，相较于后文朝褂“表衣色用青，长裾无袂”，以及采服“裾启左右织绣龙凤文”，朝袍则没有提及开裾，这显然不是一种疏漏，而是提示女朝袍从结构上不存在开裾，这样只有上下分裁，在下身制作襞积；或是存在更复杂的情况，即上下分裁与通裁同时存在，为避免行文繁缛而略去不提。无论是何种情况，皆可以说明女朝袍存在一种早期样式，即上下分裁下身襞积的样式。朝褂“织金为卷龙纹八”，与采服外褂使用同样的装饰工艺与图案。凤与翟鸟等纹，未见于传世朝袍实物之上，若认为会典记载或失于简略但真伪不容置疑，那么此种纹样也可以被视为女朝服早期样式的一个特征。嘉庆与光绪朝记载一致，特别强调了朝服主体纹样是通过“绣”施加到面料之上，与大量乾隆中期以后实物吻合。

嘉庆、光绪朝会典记述最详，对类别的表述已经臻于完善，最常被引用。其内容反映了乾隆中期以后清代制度服装的分类体系与装饰素材，清代制度服装发展至该阶段后逐渐趋于停滞。乾隆三十六年《皇朝礼器图式》的编撰完成标志其进入形式主义阶段。《皇朝礼器图式》相较于其他早期以及晚出的官方文献，对服饰器物的记载，在细致准确上无出其右，且辅以工笔彩图，对纹饰色彩事无巨细、一一描绘。自《皇朝礼器图式》以后，清代服饰制度亦未再经历明显的变化。《皇朝礼器图式》中绘制并文字记载的皇后服饰，代表了宫廷礼仪服饰在乾隆中期达到的成熟风格，确定了标准范式。宫廷传世实物绝大多数是乾隆中期的作品，皆可予以佐证，这也是不变印象中，清代服饰制度不仅完备，且执行有力，贯彻得当的重要理由。

对比各朝编撰刊印的官方律令，《皇朝礼器图式》和嘉庆以及光绪朝《清会典》中皇太后与皇后夏朝袍与朝褂样式一，冬朝袍样式二与嘉庆、光绪两朝《清会典》中记载的内容吻合：

“朝褂之制三……绣文前后正龙各一，两肩行龙各一，腰帷行龙四，中有

图3　明黄色纳纱彩云金龙纹女单朝袍

襞积，下幅行龙八。”

“朝袍之制三……皆明黄色，其二，披领及袖皆石青，冬用片金，加海龙缘，夏用片金缘。肩上下袭朝褂处亦加缘，绣文前后正龙各一，两肩行龙各一，腰帷行龙四，中有襞积，下幅行龙八。”（见图3）

清代女性朝袍传世实物，从结构上看整齐划一，皆如图中实物所示：圆领，曲襟右衽，直身式袍。肩部加缘饰，马蹄袖。开裾方式有两种：后开，或左右开。附披领、背云。为了搭配两种开裾的朝袍，朝褂也有后及左右两种开裾方式。女性袍服遮前避后，永远不存在前开裾，后开裾是为了便于坐下，也就是为了功能而做出的让步，朝袍外面穿着朝褂必须左右开裾，套穿在一起将朝袍后面开裾遮挡。

图4　清人画孝诚仁皇后朝服像轴

《皇朝礼器图式》中所表现的下身分裁、带有襞积的样式，既然见于两朝会典，其权威与准确性难以撼动，但令人不解的是，无论故宫收藏还是笔者所知业已发表的海外收藏，都没有图中所表现的样式。笔者也曾求访海外中国纺织品收藏机构、私人藏家以及艺术品销售商，皆无所获。作为满族女性实用的袍服，此种样式的女朝袍本身在满族女性的服饰分类系统中，也显得十分突兀。从结构上看，该样式是已知满族女性服装类型中，唯一上下分裁的袍服，与男朝袍结构高度相似，区别仅存在于腰襕上下缺少团龙图案，手臂保留了女性袍服特有的花接袖，在右襟下缘缺少方形的“衽”。（见图4）

这一类型是否真实存在并被使用，若存在又为何没有任何作品流传至今（女朝袍总是穿着在朝褂之内，图像中通常难以表现），为解答诸多疑问，笔者诉诸《满文老档》有关记载。《满文老档》中太祖皇帝努尔哈赤与太宗皇帝皇太极两朝档案，由于书写年代以及翻译的缘故，对事物名称的表达存在差异。天聪、崇德两朝满文档案中，凡涉及赏赐女性的朝袍与朝褂，皆记为“捏褶朝衣/袍”“捏褶朝褂”字样。现举数例如下：

“太宗皇帝天聪六年十二月初二日，汗颁诏书曰：‘自我以下八旗诸贝勒，凡在屯街行走，冬夏俱服朝衣，不许服袍；出野外行走，方许服袍。冬月入朝，许戴元狐大帽，燕居时戴菊花顶貂帽及貂皮圆毡帽；春秋入朝，许戴菊花顶貂帽；夏月许戴缀缨玉草凉帽。缎与蟒缎，视其所得服之，勿服黄缎及缝有五爪龙等服；若系汗所赐者，方可服用。至缎靴，不得随地穿用。夏月入朝，许服无扇肩朝衣。至八家诸福晋居家服色，前业已有旨：今若出外，冬夏俱服捏褶女朝褂及捏褶女朝衣。冬月许戴菊花顶貂帽，夏月戴菊花顶玉草凉帽。又诸福晋等，美衣不服，存贮于柜，欲死后携之去耶。其生前不服之衣。欲死时服之耶。岂在九泉之下得配丈夫，在现世所配贝勒之上耶。其华美之物，生前不服用，徒投于火，化为灰烬何为也。尔诸福晋等详思之，若趁年少修饰，及时服用，则为善哉，年少时不修饰，年迈时勿追悔，生前不服用，死时勿叹惜。以上禁令，自十二月二十日始察之。’

汗颁诏曰：‘国中蒙古诸贝勒之妻及蒙古妇女，冬夏俱服捏褶女朝褂及捏褶女朝衣。冬月戴钉菊花顶貂帽，夏月戴菊花顶凉帽，其缀缨皮帽、棉帽及缀缨矮凉帽概不许戴。所以禁止戴缀缨帽及凉帽者，因尔蒙古妇女专尚缀缨，乃恐一匹大缎费于一缨之用，故禁止之。以上禁令，自十二月二十日始察之。’”①

再如：“太宗皇帝崇德元年正月二十三日，赐大祖母熏貂镶沿捏褶女朝褂及捏褶女朝衣一袭、黄色捏褶女朝褂及捏褶女朝衣一袭、元青缎捏褶女朝服衣及捏褶女朝褂一袭、黑貂皮端罩一、嵌绿松宝石挂于颈上之大荷包一、联

① 见参考文献［1］。

东珠龙项圈一、嵌东珠耳坠二对、熏弱皮暖帽一、缎靴十双、大蟒缎二、龙缎二、汉人美衣四、各色残缺妆缎六、倭缎五、朝鲜大缎、圆彭缎十一、扁彭缎五、绸缎十、帽缎十、朝鲜纺丝五、毛青布及布二百、银茶桶一、有脚酒海一、绿斜皮四、暗甲一、雕鞍二。次日，加赐祖母黄缎捏褶女朝褂及蓝蟒缎捏褶女朝衣一袭、各色残缺片金四、金杯一、银杯碟二对、玉杯二对、玉壶一、象牙雕银胆杯二、银梳二、象牙梳一、剪刀、针包六、竖柜二、挂皮红柜四、烟百刀、海参十包。大福晋率诸福晋送祖母至五里外，大宴而还。遣章京、侍卫等送一宿之程。”①

“崇德元年二月以多尔济济浓属下人鄂木布、希巴汉察属下人古希二人往本部率其诸贝勒之使臣至，各加赏缎一、毛青布八，赏其众跟役各朝衣一；赐小祖母貂镶棉索捏褶女朝衣及捏褶女朝褂一袭、蟒缎捏褶女朝衣及捏褶女朝褂一袭、补子捏褶女朝衣及捏褶女朝褂一袭、熏绍暖帽一、嵌绿松宝石大荷包一、黑貂皮端罩一、缎靴二双、片金四、嵌十东珠颈圈一、嵌东珠耳坠二副、蟒缎衬衣一、蟒缎二、龙缎二、汉人服四、各色妆缎六、倭缎五、缎四十六、毛青布二百、银酒海一、茶桶一、甲一、绿斜皮四、玉杯二、骨雕银胆杯二、银杯碟二对；赐满珠习礼舅舅蟒缎一、无肩披领一、补子缎一、缎七、毛青布三十、甲一、雕鞍一；赐济尔哈朗夫妇缎五、毛青布二十、雕鞍一、蟒缎捏褶女朝衣及捏褶女朝褂一袭、黄缎捏褶女朝衣及捏褶女朝服褂一袭、缎靴一双、镀金杯碟一对、银壶一、玉杯一、蟒缎无肩披领一。”②

从天聪、崇德两朝《满文老档》反映的情况看：①凡女性使用的朝衣、朝褂皆记载为“捏褶”样式，即“捏褶朝衣”“捏褶朝褂”。朝衣、朝褂为成套穿着，具有礼服性质，满族王公、官员的福晋在正式场合必须穿用。②捏褶朝衣、朝褂的材质、色彩均有差异，根据使用者身份表现出等级区分，其中蟒缎朝衣等级最高，赏赐蟒缎朝衣特别值得详细记述。③捏褶朝衣等高级丝绸服饰，往往作为陪葬品被焚化。④相对于朝衣，“袍”是一种实用性更强更普遍的日常服装样式，材质同样有区别。《满文老档》中所记载的“袍”，

① 见参考文献［2］。

② 见参考文献［3］。

显然指的是清代龙袍样式的直身式袍。

在讨论 “捏褶朝袍” 样式究竟为何，以及其是否就是《皇朝礼器图式》和《清会典》中所记载而未有传世实物的女朝袍样式前，先考察一组故宫旧藏的清代皇后画像。（见图5、6、7）

图5 孝惠章皇后朝服像轴

图6 《皇朝礼器图式》皇太后 皇后朝褂二图

图7 《皇朝礼器图式》皇太后 皇后 冬朝袍二图

该组风格相似的御容画像共计三轴，两轴皇帝御容分别被标记为太祖皇帝努尔哈赤御容以及太宗皇帝皇太极御容；绘制有女性形象的作品被标记为顺治朝的孝惠章皇后御容。画中人物上身佩戴四挂朝珠以及七宝璎珞，最外层穿石青色朝褂，胸前带方补，朝褂腰部被一道团寿纹样的镶边拦腰截断，朝褂被分为上下两截。此外，可见朝褂内穿明黄色凤鸟纹朝袍，团寿纹接袖、素接袖连马蹄袖端，明黄色披肩，披肩下可见肩部有带缘装饰。 由于人物呈现为坐姿，难以准确判断朝褂腰部结构是否如前述样式带有襞积。但是横向贯穿腰部的团寿纹缘饰，可以成为重要提示。清宫旧藏实物中，腰部被横向截断的结构仅见于男朝袍和极少数女朝褂，其无一例外在缘饰以下接有垂直褶皱，即打襞积。这种深色缘饰具有一定支撑强度，通常用于衣襟边缘，起到维持形态的骨架功能，所以用在襞积与衣片连接处可以维持下摆匀称舒展的形态；如果其下部连接平整衣片，则在腰部造成了一个突兀且没有过渡的水平张力，使得下摆衣片形态失去了自然垂坠的流畅感。所以我们基本可以确定画中人物穿着朝褂在腰部存在襞积。

康熙朝以前，满清君主皆娶蒙古各部女子为后，尽管没有可靠资料反映满族部落首领配偶的民族属性对清代服饰制度形成产生的影响，但清代女性礼服当中所见的视觉表现力较强的结构元素，皆在今日蒙古族妇女的节日服饰当中得到存续，这是一个值得关注的问题。我们需要考虑到，对于清早期的蒙古族皇后来说，她们使用的礼服极有可能就是带有蒙古部落特色、强调装饰与礼仪性的服装。与这种“捏褶朝袍”结构相似的服装今日仍旧存在并被使用。内蒙古呼伦贝尔地区的巴尔虎族群中该种样式的长袍仍旧在冬、春季节被使用。已婚妇女在节日场合，穿着这种上下分裁，腰部打褶的长袍，此外还须配穿一种名为“敖吉（Uuzh）”腰部打有褶皱的长坎肩。图8为蒙古族巴尔虎部落妇女身穿捏褶敖吉。图9为蒙古国立博物馆藏手绘喀尔喀部落妇女长袍，其肩部隆起结构对应着清代女性朝袍在肩部加缘的翼状装饰。

在喀尔喀、明安特、扎哈沁、卫拉特以及土尔扈特等部落女性袍服皆有采用肩部膨起或者上翘的装饰结构。另外，在满族中仅见于朝袍的“曲襟”，也见于部分蒙古部落。蒙古各地区的服装往往通过上述细节作为表达部落

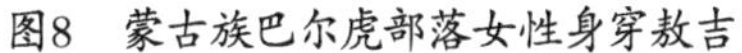

图8　蒙古族巴尔虎部落女性身穿敖吉

图9　蒙古国喀尔喀部落女性服装手绘图

身份独有的文化符号，由于地理与经济状况发展不平衡，各个部落保留服饰细节的传统程度也参差有别，尽管属于一种不严格的形式分析，因为无法对相同时期样本对比，清代女性朝袍上的所有民族元素在蒙古部落传统服饰中都存在对应的表达的事实，对我们探索清代服饰制度起源仍旧具有启发性意义。

通过文献、图像和实物三个方面的考察，本文认为《皇朝礼器图示》中带有襞积的女朝袍样式曾经真实存在，即《满文老档》中记载的“捏褶朝袍”，其为满族入关后制定礼仪服饰时使用的女性朝袍的最初样式。作为一种早期原型而后期逐渐消失湮灭，在中国古代服饰史中亦不乏先例。在前文所引孝惠章皇后御容中，人物很可能穿着的就是捏褶朝衣。据《满文老档》记载，天聪、崇德时期女性朝衣朝褂，皆为捏褶样式，目前仅有此样式符合这样的命名称谓。此外，由于与该样式同时期文献未见有关捏褶朝衣以外其他女性朝衣类型的记述，由此合理推测，女性朝衣早期应该仅存在此一种样式结构。

这种腰部捏褶、上下分裁的样式作为女朝袍的最初形式，是怎样产生，

又为何不再使用，而为直身式样式的朝袍取代？该样式产生的过程，与满族男朝袍遵循同一路径。蟒袍与其他带有通袖膝襕纹样布局的衣料，代表了自明代中期以后受到高度追捧的最高等级的丝绸品种，通常为妆花工艺织造，原料与织造工艺皆代表明代丝绸的最高水平，得以服用此类材质的服装，乃成为身份地位与权力等级的象征，这是满族统治者之所以将其发展为一种标示军功等级的制度服装的根本逻辑。满族对蟒袍类似服装或衣料的改造，充分体现了因势利导、经济实用的原则。最典型的例子，莫过于素接袖的使用。清代朝袍无一例外使用素色织物，以石青色为主，而非本料来制作收窄的袖筒。这种做法将原本位于明代蟒袍衣袖前臂位置的大块纹饰完整地保留下来，剪裁下的完整图案可以轻易实现改造利用。而下摆横向膝襕，则难于改为直身式袍，因其较为收身的轮廓，无论是剪裁本身还是前后开裾，都不可避免地对下身纹样布局造成破坏，影响美观。被破坏以后的图案，则难以充分发挥其原有的华丽装饰效果，而沦为一般材料，这种浪费，哪怕对于入关以后的满族统治者来说，都是非理性且与道德相悖的。故宫藏有一件时代较早的明黄色缂丝袍料，包纸上有满文墨书“黄色缂丝袍”，其上身为四团龙纹样，下摆处为带有膝襕的纹饰布局。其工艺与风格所反映的，显然是满族入关初期带有实验性质且不成功的尝试，这种纹样布局不属于任何明代及以前的系统，其后亦未再见于清代。其所表现的稚嫩粗糙暗示了失败，这些试验品，从没有被剪裁缝制成衣。

同理可知，在使用蟒袍改造女性朝服的过程中曾经遇到相似问题，由蟒袍改造而来的服装遵循物尽其用的原则，在结构上可允许的变化是有限的，无论女性还是男性，都选择了类似的方案，于是出现了与男朝袍结构几乎一样的女朝袍，即《满文老档》中的“捏褶女朝袍”。捏褶朝袍在明末清初蒙古部落服装中是一个业已存在的类别，对于蒙古妇女来说，其结构优势表现在寒冷季节的户外，因为相较于直身式袍难以避免地使用开裾，捏褶朝袍下摆的襞积同时具有便于活动和御寒保暖的功能。时至今日，在内蒙古地区，这种腰部捏褶的袍服，仍旧用于寒冷的冬春季节。

满族入关以后定都北京，气候环境的改变伴随着生活方式的巨大转变。相对于男朝袍，女性朝袍的结构优势越发难以体现。毕竟这种样式不仅制作成本高，且体量较直身袍更显沉重。此外，还有两个原因可能导致捏褶朝袍逐渐丧失了使用价值。其一，顺治以来，清朝对皇后权利进行不断打压和限制，从部落酋长会议制到专制君主制，限制后权不仅是为了打击外戚势力的扩张，同时也虑及因皇后而产生的皇位继承问题可能引发的政治斗争与家庭危机。这在清代前期尤其屡见不鲜。清帝其压制后权的主要表现，就是隔绝宫闱，取缔臣下节庆向皇后进笺庆贺，习惯性取消三大节命妇进宫朝贺行礼，严格控制皇后与母家探视往来，并长期虚置后位，不立皇后。于是，逐渐形成了“家无二主、尊无二上”，男尊女卑的帝后格局。后权被贬抑，导致自顺治朝开始，女朝袍使用场合与使用频率的明显降低，这个制作成本最为高昂的服饰类别逐渐成为后宫以及朝廷命妇最不实用不经济的服装类型。关于这一点，通过大量被改造才得以传世的女朝袍，以及女朝袍在清代宫廷制度服装中，存世数量最少的事实，可以获得较为直观的认知。

其二，直身式女朝袍制作成本较低，故而逐渐更获青睐。清代的“采服”，亦称为吉服的使用制度，相对于朝袍形成较晚，似乎是在康熙中期以后逐渐获得了充分的发展，并在更高规格的场合被广泛使用。从纹样布局上看，明代工艺等级与价值最高的通袖膝襕袍料较难改造为直身式袍，而直身式袍原本的使用场景多为居家日常诸场合，是故早期更多作为日常服装的直身式袍，起初没有跻身于礼仪性服装之列，其制作工艺与使用场合的规格都明显低于朝服；待到江南地区反清势力被彻底清理控制，丝绸生产完全被满清统治者掌控，各织造局恢复正常生产，随着整体社会政治与经济状况的稳定繁荣，直身式袍在材料类型、色彩和装饰工艺与主题上迅速获得了发展。尤其明显的是缂丝与刺绣工艺在服装上的使用，自康熙晚期开始广泛流行后，作为服装装饰工艺其地位逐渐超越了妆花技术，因为相对于织成纹样，缂丝与刺绣工艺对于装饰主题的表现更加灵活、更富于变化且更利于表达使用者的个性化审美。由于用于制作采服即吉服袍的衣料同样适用于制作直身式女朝袍，这就免去了专门为朝袍定制衣料的负担，这一点无论对制作者还是使用者皆然。对比皇帝朝袍与龙袍的织造成本，制作直身式女朝袍具有更大的成本优势。以上诸因素有可能曾共同产生作用，导致捏褶朝袍的样式在乾隆中期以后基本消失，成为清代女性朝袍演进过程中被淘

汰的早期原型。

清代君主入关以后在不同政治形势下采取的策略考量，直接导致清代女性皇室成员民族身份、文化背景以及被给予的政治与家庭角色发生巨大转变，女性朝服样式演进，恰可供我们窥视这一时期后权急剧收缩而引发的宫廷物质文化生态的转型。对于清代皇室女性的衣橱来说，经济与实用原则持续存在并产生作用，但这些原则在不同时期、不同政治环境下所表现的优先性是不同的，其主要取决于女性成员被分配的社会角色与地位，能否令其有能力且有意愿持续地在某一类型的服饰制作上投入成本。清代晚期，非但女朝袍，甚至整个宫廷服饰系统，亦在乾隆朝以后，失去了创造与巧思，逐渐蜕变走向形式主义终结。清代晚期是慈禧太后垂帘掌权时期，宫廷女性便服奏响了最后的华彩乐章。

参考文献

[1] 中国第一历史档案馆. 内阁藏本满文老档[M]. 沈阳：辽宁民族出版社，2009：663-664.

[2] 中国第一历史档案馆. 内阁藏本满文老档[M]. 沈阳：辽宁民族出版社，2009：670-671.

[3] 中国第一历史档案馆. 内阁藏本满文老档[M]. 沈阳：辽宁民族出版社，2009：674.

清早期皇帝朝服织绣工艺及文化研究
——基于中国国家博物馆馆藏康熙石青实地纱织金单朝服的分析[①]

秦　溢

中国国家博物馆　北京　100006

摘要：清早期皇帝朝服，作为祭祀和大型典礼的重要礼服，是以“礼”为核心的政治实践的物化标识。其上满汉融合的款式结构、精巧高超的织造技艺、有意味的纹饰与色彩，彰显了君王“敦厚淳朴”教化理念和皇权至上、通天致礼礼制文化；融合着民族形式与传统意识，反映了手工技术的创新与绽放，代表着这一时期科技的进步，是中华服饰文化的宝贵遗产。探究其工艺文化，可为现代设计、文物整理保护及展览展示工作提供理论支撑和翔实资料，进而为传播中国形象发挥重要作用。

关键词：清早期；皇帝朝服；服饰工艺；礼制文化；民族价值观

清早期，是作为皇帝祭祀和大型典礼的重要礼服——皇帝朝服走向秩序化、制度化的关键时期。这一时期皇帝朝服满汉融合的服装款式，考究用料反映的高超织造技术，充满传统吉祥意蕴的纹饰，“象德”喻物的色彩，外化为“以礼为本”“上下有章，等威有辨”的文化价值观标识的同时，亦是积累了几千年的传统工艺文化、丰富的实践经验与当时纺织科技成果共同作用结出的硕果。康熙皇帝在清早期帝王中具有举足轻重的影响，因此，本文以国家博物馆藏康熙单朝服为实物，首次公开朝衣的详尽资料，结合文献资

① 基金项目：本文系中国国家博物馆2022年度重点课题《基于三维数据的馆藏清代袍服整理与研究》（项目批准号：GBKX2021Z06）资助成果。

料与相关单位公布数据，通过对清帝早期朝服具体服饰工艺的研究，探究蕴藏其后的丰富文化内涵，为传承与弘扬中华传统优秀服饰文化提供重要的理论依据和直接素材。

一、国家博物馆馆藏康熙石青地实地纱织金单朝衣服饰工艺简况

目前，中国国家博物馆是除北京故宫、沈阳故宫外，国内唯一保藏有康熙皇帝朝服的公藏机构。康熙石青地实地纱织金单朝衣，国家一级文物，清宫旧藏。具体情况如下：

身长144.5厘米，通袖长202厘米（见图1、图2）。[1]黄签墨书“织石青实地纱片金边单朝服一件”。

图1　康熙石青地实地纱织金单朝衣正面（中国国家博物馆藏）

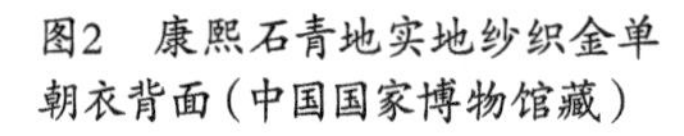

图2　康熙石青地实地纱织金单朝衣背面（中国国家博物馆藏）

① 本文中所涉图示均为作者测量和绘制，特此说明。

大襟右衽，上下分裁，中由腰帷连接，下有襞积，马蹄袖，四开襟，圆领外缝披领（见图2）。衣身以石青色实地纱为地，妆花手法圆金线织云龙海水。挖梭盘织上衣正龙四，腰帷前后行龙四，衽正龙一，下裳前后共行龙八，饰八宝平水水纹；袖端正龙各一。领、襟、袖缘饰以八宝团龙织金缎，平金银二色圆金线，缀铜鎏金素面扣五枚，石青色纱衬里。披领织行龙二，衬红色八宝团花云龙织金缎，镶饰平金银二色圆金线。整体色彩低调大气，风格于质朴中透着奢华与精巧。

（一）款式结构

满族服饰元素。朝服窄袖，大袖与袖口连接处，有一段单独的接袖，满语称为“赫特赫”。袖口为半圆形马蹄弧线裁剪，上宽下窄，与手背表面弧线契合，使得手背受到充分保护，不觉寒冷，而靠近手心处露出，能握紧缰绳。朝服由领口扣合处左右旋转，从前肩开始垂至后背，状如片云两边锐角展开，称之为“披领”。无论是窄袖接袖、马蹄袖，还是披领，最初均为满族人为了适应外出狩猎生活，需要御寒保暖而出现的。

平面十字裁剪。朝服前后襟通肩剪裁，左右分裁，再中间缝合，形成平面十字形裁剪（见图3、图4、图5）。衣料四开襟，有别于宗室以下只能使用两开襟，体现了帝王至高无上的尊贵。

“弃式保文”结构。朝服上下分裁，再由横裁的腰帷连接，下有襞积，如裙。既有别于满族上下一体的袍褂，在视觉上使用中原王朝“上衣下裳”断腰结构，吸收其所饱含的封建等级秩序之意。又一改中原王朝最高礼仪服装褒衣博带之制，替代“服周之冕”，行使祭祀、朝会等重大场合的政治功能。

图3　朝服结构图　　图4　朝服款式图（正面）　　图5　朝服款式图（背面）

（二）织造工艺

朝服用料考究，使用纤维长度长、纤维束光滑的蚕丝，且为轻薄挺括的纱罗组织，取其精美、奢华、舒适。

朝服质料组织结构复杂。其中，大身主体质料为石青色妆花云龙实地纱，幅宽约为65厘米。石青色实地纱为平纹作地，绞纱显花的二经纱罗组织（见图6）。通过电子显微镜观察，可见平纹地组织为两上一下的经重平，经纬密为82×20根/平方厘米。经线投影宽约0.0997毫米，加Z捻，纬线投影宽度约为0.474毫米，未加捻。纱罗组织显花，花部（见图7）主体由彩纬和金线穿梭显花。其中，显花的彩纬不加捻，纬线投影宽度约为0.483毫米，不显花的彩纬用接结经固结，以长浮线在背面抛过，使袍服大身纹饰背面呈现大量浮线。显花捻金线为Z捻，桑蚕丝芯，金箔与丝线同方向扭转。捻金线投影宽度约为0.290毫米，金箔宽度约为0.497毫米。捻金纬线每隔一根地纬，与奇数经丝挖花交织显花，表面为平纹花组织。经线也分为两组：地经和接结经，地经与地纬平纹交织，接结经与金线或彩线以一上两下斜纹组织交织。

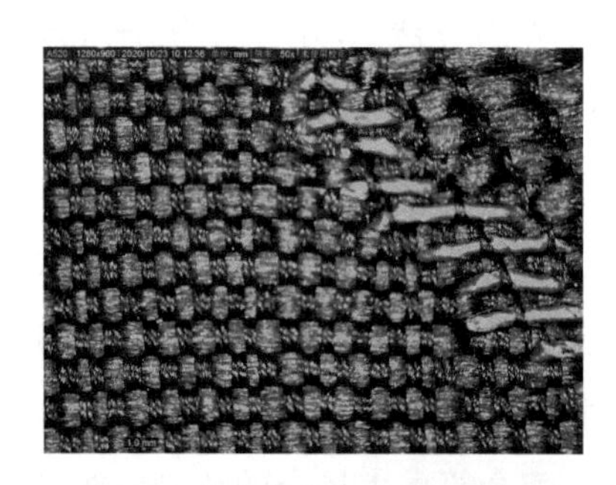

图6　朝衣大身质料花地相接处（SEM图）

图7　朝衣大身质料花部纹饰（SEM图）

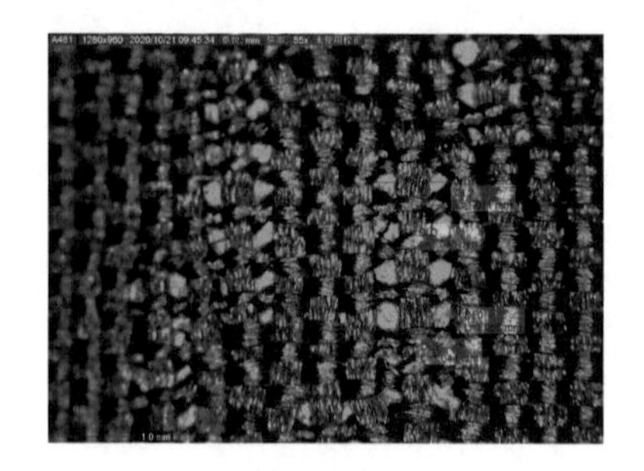

图8　朝衣大身接袖暗花组织（SEM图）

大身前后胸背正龙、两肩行龙为圆金线挖梭盘织。大身领、襟、袖、腰、裾与下裳缘边为八宝团龙织金缎。其地组织（见图8）为八枚纬面缎纹，经纬密约为92×40根/厘米，经线投影宽度约为0.113毫米，加Z捻；纬线未加捻。花组织为五枚经面加强斜纹，在八枚缎地上用圆金线显花。圆金线以绿色丝线为丝芯，金箔与丝线同Z方向加捻，金线投影宽度约为0.239毫米，金箔宽度约为0.327毫米。

大身接袖质料为石青色团龙实地纱，“一绞一”显花（见图9）。其中，平纹地两上一下的重平组织，经纬密为82×20根/平方厘米，经线投影宽约0.0997毫米，纬线投影宽度约为0.474毫米，均未加捻。显花纬线分为两个系统，一个为地纬，与地经平纹交织；另一个为纹纬，与接结经交织形成团花。

大身里料为石青色纱。二经绞纹纱组织（见图10），经纬密为40×13根/平方厘米。相互扭绞的经线投影宽度约为0.134毫米，加Z向强捻，纬线投影宽度约为0.299毫米，不加捻。

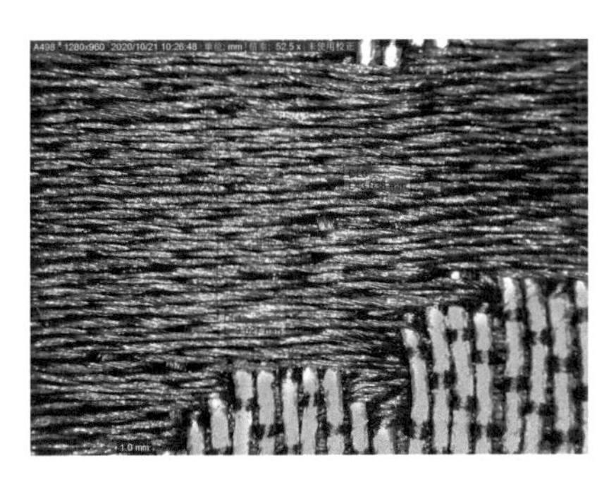

图9　朝衣大身缘饰（SEM图）

图10　朝衣大身腰斓处镶饰下端金银线（SEM图）

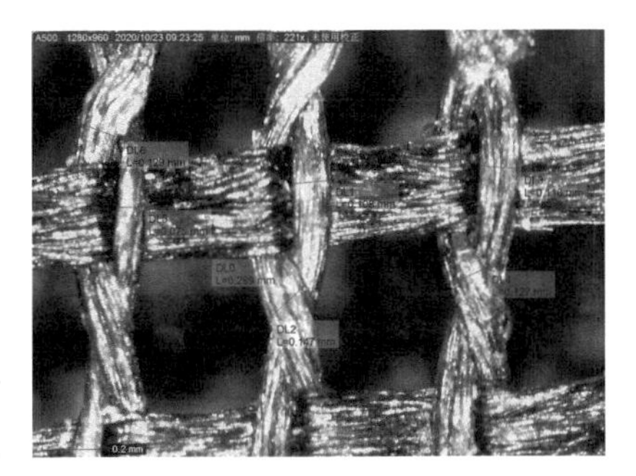

图11　朝衣大身纹饰里料纱组织（SEM图）

图12　大身箭袖里料花地组织交界处（SEM图）

箭袖里料为月白色暗花团龙直径纱（见图11）。地组织为经重平组织，经纬密为72×29根/平方厘米，经线投影宽度约为0.106毫米，纬线投影宽度约为0.273毫米，均为加捻。花组织为两根经线“一绞一”形成稀疏的方孔，在方孔上以平纹组织显花。

披领背面质料红色团龙八宝织金妆花缎（见图12）。地组织是五枚三飞经面缎，花组织是每隔两梭地纬起一梭金片，与经线的单数交织成表面为五枚三飞梭的纬面缎纹金花。经线投影宽度约为0.112毫米，加Z向捻，纬线投影宽度约为0.549毫米。片金线投影宽度约为0.388毫米。

（三）装饰纹饰造型

“文质适中”。朝服上的纹饰特征：一是在图案构成形式上，采用中心对称结构，通常有柿蒂团窠结构、带状边饰结构及四周放射状团花结构，使整体纹饰在视觉效果上，处于相对静止状态，给人以宁静、沉稳的感觉。二是图形规矩，主题鲜明、简洁。以龙纹为中心，根据不同位置的视觉要求，正龙、行龙、团龙三种形态各就其位，配以云纹、海水江牙及八宝盘长等吉祥纹饰，凸显皇权至高、至纯、至敬，增强纹饰审美的庄严肃穆之意味。

井然结构。朝服腰帷及下裳裙摆以上部分，均有带状斑斓交织纹饰，我们称之为腰斓和膝斓纹。朝服前胸后背与肩部有正龙纹织在一个适合纹样的外轮廓中，称之为“窠”。朝服以圆领为旋转中心，由袍的前中向左右肩至后背旋转，用圆金线勾勒，若隐若现，围合成柿蒂形外轮廓，我们称之为柿蒂团窠。腰斓、膝斓、柿蒂窠共同构成朝服纹饰结构主框架，相辅相成，相得益彰，使装饰其中的纹饰主次分明，华丽饱满，井然有序。

“吉祥”意味。朝服主体龙纹，自古被视为神物，隐喻祥瑞。龙纹周围皆饰以四合如意云纹、翻涌的水波与图案化耸立的山石，寓意“福山寿海”“江山永固”“清平吉祥”。山石间点缀“珠”“球”“磬”“云”“方胜”“犀角”“书画”“元宝”等八种宝物图案，寓意为“吉祥如意、富贵长命”。[①]此

① 见参考文献［1］。

外，柿蒂窠的纹饰外轮廓也源于"相传柿树有七德：一为长寿；二为树荫大；三无鸟巢秽物；四无虫蚀；五叶彤红而美艳，可供赏玩；六硕果累累；七落叶肥大可供书写。"。[①]因此，以"柿"象征美好，代表吉祥善美，抽象为纹饰语言，用两个柿子或柿蒂表现，"柿"与"事"谐音，再和"如意"之物象组合，表达"事事如意"。

庄严"龙纹"。朝服前后胸背及左右两肩、衽均为正龙纹，披领、大身腰斓、下裳膝斓为行龙，缘饰为团龙。牛头、虾眼、鹿角、鹰爪、鱼鳞、蛇尾，龙眼浑圆，向前凝视。龙眼、眉、须、角为白色，龙眼以少量月白色勾填其中。头上的毛向上飘伸，显示其力量；胡须冉冉，以白色、蓝色、石青三色褪晕过渡出向上升腾之势。龙爪强劲有力，五个爪尖锋芒锐利，呈轮状组成圆形，如刀剑寒光，使人畏惧。龙腹部以橘红、蓝二色相间装饰。龙腹颔下盘绕中含着一颗月白、蓝、石青三色褪晕的龙珠，龙珠四周飘着祥云飘带。龙身遒劲有力，扭转翻腾弯曲如蛇，于祥云江崖海水的烘托中蒸腾而上，增进威严感的同时，显现无限张力。

"数"礼"纹"媒。以"数"为礼，以纹为媒，是朝服上又一纹饰特征。柿蒂窠的四个组成是数，四合如意云纹是数，腰斓行龙四是数，八宝吉祥是数。行龙盘曲形成"五"个弧线是数，腰襴行龙"五"、下裳行龙"五"是数，行龙"二"龙戏珠是数，《说文》中解释"五，五行也，从二，阴阳在天地间交午也。""五"和"二"代表了以人为主体，融入宇宙的空间观。正龙"七"是数，"七"是代表恒定。正龙"九"弯是数，"九"代表着极、多，久，阳数最大，"九五"至尊，彰显皇权尊贵，富于吉祥之义。

二、清早期皇帝朝服工艺分析

以上对国家博物馆藏康熙单朝衣具体工艺作了实物考证，以此为基础，梳理故宫博物院、沈阳故宫博物院清早期皇帝朝服数据（见表1、表2），作为旁证，结合文献，进一步分析总结清帝早期朝服共同工艺特点。

① 见参考文献［2］。

（一）款式结构

清帝早期朝服与前章所述朝衣一致，继承了满族传统民族服饰元素，即窄袖、马蹄袖口、披领。又吸收汉族传统服饰特点，采用传统丝织物平面十字裁剪方式，圆领右衽，上下分裁，左右缝合，中间连接。既有别于褒衣博带和传统的紧身袍服，又吸收了“上衣下裳”所包含的礼仪与等级秩序，上身略显宽大，腰臀以下更为宽博，整体呈“A”字形。从而使上千年服饰的“双轨制”，[①]统一为上下一体的“单轨制”。

（二）织造工艺

表1　康熙皇帝朝服传世实物质料

季节及名称 各部位质料	夏季				春秋季		
	石青实地纱彩片金单朝衣	黄色金龙妆花纱男朝袍	深蓝色云龙妆花纱袷朝袍	石青龙凤勾连暗花纱描金云龙单朝袍	黄色云龙妆花缎袷朝袍	蓝缎织金团龙纹袷朝袍	石青二则团花暗花缎袷朝袍
大身面料	石青妆花织金实地纱	黄色妆花织金实地纱	深蓝色妆花织金实地纱	石青暗花芝麻纱	黄色织金妆花缎	蓝色织金缎	蓝色暗花缎
大身里料	石青色纱箭袖里为月白色直径纱	黄色直径纱	蓝色直径纱	—	月白色暗花绫	白色素绫	白色暗花绫
大身缘边	石青色织金缎	石青色织金缎	石青色织金缎	石青满地织金缎	石青片金缎	石青织金缎	蓝色暗花缎
披领面料	石青妆花织金实地纱	蓝色妆花织金实地纱	深蓝色妆花织金实地纱	石青织金芝麻纱	石青织金妆花缎	石青织金妆花缎镶石青漳绒	石青色漳绒
披领里料	红色片金织金缎	红色片金织金缎	红色片金织金缎	红色片金织金缎	红色片金织金缎	红色片金织金缎	红色片金织金绸
披领缘边	石青色织金缎	石青片金织金缎	石青片金织金缎	石青满地织金缎	石青片金织金缎	石青片金织金缎	石青色漳绒

资料来源：故宫博物院

① 见参考文献［3］。

表2　雍正皇帝朝服传世实物质料

季节及名称 / 各部位质料	夏季		春秋	
	明黄色纱缉线绣云龙单朝袍	月白色云龙妆花纱袷朝袍	石青色云龙妆花缎袷朝袍	红色金龙妆花缎皮朝袍
大身面料	明花色暗花芝麻纱	月白色织金妆花纱	石青织金妆花缎	红色织金妆花缎
大身里料	月白色实地纱	湖色暗花实地纱	湖色暗花绫	羔羊皮和银鼠皮
大身缘边	石青色描金直径纱	石青织金缎	石青织金缎	织金缎和熏貂皮边
披领面料	石青色妆花织金纱	石青织金妆花纱	石青织金妆花缎	石青织金妆花缎
披领里料	红色片金织金缎	红色织金绸	红色织锦缎	红色片金织金缎
披领缘边	石青描金直径纱	石青织金缎	石青织金缎	织金缎和熏貂皮边

1. 用料考究，酌时更换

清帝早期朝服用料考究，以示与一般服饰材料的等级区别。据清代文献记载及对相关数据考察，清帝早期朝服用料以精美丝绸和奢华皮毛为主，并随四季变化，更换服装质料，皮、棉、袷、纱等各不相同，且夏季朝服以纱罗为主[①]，如前述康熙朝衣。即便是春秋朝服袷衣，冬季皮毛，也是以丝绸为面或衬里，取其光滑，意其华美，饰以纹饰，以示尊贵。皮毛则多以北方传统产出的保暖性好、服用舒适的珍贵动物皮毛“貂皮、猞猁狲皮和狐皮”等为质料。[②]除了纱罗与皮毛，春秋各季及冬季朝服所用质料最多要数缎料，[③]特别是八枚缎应用较多、使用频繁。漳缎、漳绒等，开始应用于清帝早期朝服上。薄如纱、轻如罗、华如锦、光如缎、茸如绒，风格不一，是清帝早期朝服所用丝绸质料的生动写照。

① 见参考文献［4］。“纱、绸、绛丝等，而以纱为最多。”

② 见参考文献［5］。

③ 妆蟒、织金、唐锦、宋锦、官素、平花、闪缎、帽缎、蟒纱等统称缎料。“缎”料是相比于稀疏而轻薄，因绞经组织形成细密小孔的纱料而言，是一大类彩色纹织物的总称，取其丰富华丽，光洁闪亮，与缎纹组织有异曲同工之妙。它们的共通之处主要是“附加纹纬重纬组织”显花、手工“挖花技法”及此两种方法的复合使用。

2. 纱罗质料，夏服优选

从掌握的资料来看，清帝早期朝服以轻薄丝绢、优质纱罗为料，尤其钟爱纱织物，并推陈出新实地纱、芝麻纱、直径纱等优良品种，优先用于朝服。如前所述，康熙夏朝服便是实地纱。

3. 妆花织金，崇俭尚精

直至康熙前期皇帝朝服，仍主要运用妆花织金复合显花与不同地组织的巧妙结合。织金纱、妆金纱、织金妆花纱、织金缎、妆花缎、妆金缎、织金妆花缎等。花楼提花机已完备，妆花、织金等织造技术更为成熟与自由。此时，帝王既要践行敦厚淳朴之风，在朝服的礼仪示范作用上，尽量减少耗费人力物力的刺绣，又要使得朝服能体现皇权的威严与尊贵。妆花织金看似省力，却能给人以强烈的视觉冲击力，凸显朝服的尊贵等级。

4. 织纹成服，亘古弥新

清早期的朝服，其上纹饰均为一次性织造完成，主体纹饰几乎不使用刺绣。根据织造风格与织造方法大致分为两类，一类是朝服主体质料纹饰全为团花织金或素色团花织制；另一类是主体质料根据事先设计，依据款式绘制好图样，结构合理地排列在整段匹料中，在整段匹料中纹样花本依照服饰结构顺序不断变换，上机挖花通梭一次织制成型。后按其裁剪线分割，再稍加修剪缝制便可成衣。[①]这样的织造制作方法，与历代中原汉族帝王礼服织作有着不可分割的内在联系，在继承传统礼制意义上，于工艺中有所吸收和创新。

（三）装饰纹饰因素

1. 适合结构，鲜明主题

清帝早期朝服纹饰，如前章所述，主体纹饰都均衡地分布于某种适合结构中。纹饰在这些轮廓框架里，无论是带状边饰、柿蒂窠，还是团状结构，都采用对称形式，使整体纹饰在视觉效果上，处于相对静止状态，体现宁静、沉稳。同时，主题鲜明、简洁，以龙纹为中心或唯一装饰图案，将“龙”代

---

① 见参考文献［6］。“再送到皇宫内的养心殿造办处的裁作、绣作、衣作，分别进行裁剪、绣花、缝制。”

表的帝王地位表现得淋漓尽致。

2. 威武龙纹，云气海水，粲然具列

清帝早期朝服上龙纹已完全程式化，成了皇帝秉承典范、教化理念的专用和主要纹饰。在造型上比较注重整体形态表现，充满气息和激动的精神气魄。

顺治帝时的朝服龙纹，龙身整体色彩一致，腹部盘绕龙珠，律动节奏分明，凶猛狰狞。康熙前期朝服的龙纹，龙眼浑圆，与如意云纹或勾连云纹相伴，并间以海水江崖，吉祥八宝。图案的层次、内容增加的同时，龙脸的狰狞感有所减少。康熙中后期的龙纹更加程式化，龙眼立体感增强，更加炯炯有神，由内至外散发着威仪与自信。雍正朝服的龙纹，与康熙帝时相比，龙身更加瘦长轻盈，龙身配色除金色外清雅淡然，色调和谐。间以凤凰、云纹或海水江崖、八宝等吉祥纹饰，表达帝王对繁荣景象的自信与美好希冀。

（四）色彩体系

清帝早期朝服颜色均以黄色为专用服色，[①]并根据实际礼仪场合和礼仪内容衍生出其他几种颜色，代有更张。明黄色朝服兼具祭祀与朝贺的礼仪功能。这两种截然不同的功能通过接袖与配饰的严格区分，产生不同的使用意义。[②]可以说，明黄色朝服在清帝早期的礼仪活动中占据着重要地位，并作为皇帝专用服色，臣庶不得僭用。除了黄色朝服，在顺治帝时期，也服用秋香色、玄色朝服。康熙帝朝服还有秋香色、蓝色、石青、大红、月白等，雍正皇帝朝服从典章和传世实物分析，应为石青、明黄、大红、月白四色。黄色与其他颜色朝服一起，各司其职，与天地五行，日月乾坤相互对应，承应相关仪礼和祭祀活动。

① 见参考文献［7］。“皇帝冠服：崇德元年定。冠用东珠宝石镶顶。服黄袍。束金子镶玉版嵌东珠带。”

② 见参考文献［8］。既可用于皇帝登基、出殿、御殿、元旦、万寿、冬至、金殿传胪、阅奏书、上皇太后徽号、颁诏受贺等，还可用于四孟飨太庙、孟春、孟夏、孟秋、孟冬、岁暮拾祭太庙、祭先坛、祭方泽坛、祭社稷坛、祭先师孔子、坤宁宫祭大神、祭历代帝王庙、人斋宫、祭堂子、祭文昌庙、祭白马关帝庙、坤宁宫还愿、太庙亲诣行礼前殿、后殿、皇后玉册玉宝入太庙、接皇后神牌入太庙。

三、清早期皇帝朝服工艺的文化内涵

服饰制度历来具有礼制教化与等级辨识的重要功能而被封建统治者所重视。作为服制核心的最高象征——清帝早期朝服，其工艺则以物化的服饰语言对新生政权的稳定与巩固发挥作用，是服饰文化与政治文化相结合的产物，更是“以礼为本”的核心思想与本民族文化价值观的全方位展现。

（一）通天致礼、制器尚象

作为一个以马上得天下的民族入主中原，清早期皇帝深谙吸收汉族政治文明对于统治文化先进的汉民族的重要意义。汉文明是以“礼”为核心的中国文化，通过一系列隆重的大型典礼，来教化人心。帝王是实践大型典礼的核心，其所着服饰，是“权力自我展示”的直观体现。因此，作为礼服核心的清帝早期朝服履行着隆重典礼与祭祀之职责。

外化于高度集中的封建政权结构与悠久的汉文化传统，朝服之于华夏之冕服，只不过是以民族化的形式呈现，其上具有与汉族冕服等而视之的礼制意义。古礼冕服是构成皇帝化身神权，与日月天地沟通交流的符号，符合《礼记·玉藻》中记载的“凡祭，容貌颜色，如见所祭者”的古代祭祀仪礼。[①]服色使用先秦阴阳五行学说，来解释天地人的关系，以此发展出青、赤、黄、白、黑五种服色为正色，又有及至南朝刘宋政权时，宋明帝五冕用“玄、黄、绛、紫、红、朱、青诸色，‘间色’与‘正色’杂用”。[②]清帝早期朝服用作祭祀礼仪时，服色沿用了“五色”，延续了中华传统的“天地玄黄，五色正方”的传统礼制与文化精髓，并与天地五行，日月乾坤相互对应。且黄色象征中央政权，使明黄色朝服在清早期皇帝的礼仪活动中占据着极其重要的地位，兼具祭祀与朝贺两大功能。

“制器尚象”，朝服上的纹章以更有张力的形式出现。它从内容到结构乃至数量都彰显了背后的皇权。采用相对静止、宁静、沉稳的适合结构为框架，柿蒂窠或团花，昭示朝服以“礼”为中心的功能，是审美情趣上对于充满

---

① 见参考文献［9］。

② 见参考文献［10］。

张力的、饱满、莹润结构的欣赏与拥抱。祥瑞纹饰以龙为中心或唯一装饰图案，将“龙”代表的帝王地位推向极致。根据不同位置的视觉重要性，间以云纹或海水江崖、八宝等吉祥纹饰，凸显皇权至高、至敬的同时，表达着帝王对繁荣景象的自信与美好希冀。

（二）差序格局、服位有等

服位有等，清帝早期朝服同样行使着“区分人群、强化权力与分配利益的功能”，正如陈寅恪所说：“吾中国文化之定义，具于《白虎通》三纲六纪之说。”①其中，“君为臣纲”居“三纲”之首，“它既体现于礼制，也体现于官制，二者相得益彰”。②

清帝早期朝服从服章、质料到服色均区别于皇室宗亲与官员朝服，有严格的要求和规定，并延续着冕服所体现的天子的尊贵等级。

朝服尊贵的纹章，以肃穆的形式放置于适合结构中，因帝王的使用，成了有意味的形式。团花结构与数的组合，视为区别君臣、宗室等级的权力象征，顺治帝时规定，五爪龙、凤凰，八团、四团补皆皇帝袍服专用，官民等不得服用。及至康熙、雍正，朝服上的团花结构逐渐式微，帝王专有的更为饱满、张扬的柿蒂窠结构呈现，以更加自信而强大的形式，有别于宗室和官员使用的团花，直接跳出数的窠臼，昭示帝王权威的不可企及、与“众”不同。

《礼器》有云，“礼有以文为贵者：天子龙衮，诸侯黼，大夫黻。”龙纹从顺治帝始，已成了清帝早期朝服上与天子相伴相随，且仅天子可拥有的符号，其他人等不得使用。较之雍正后才使用十二章之七章，龙纹脱颖而出，被清帝王优先选择，成了权力合理性认同的纹饰，以此提高皇帝的尊贵与威严。

此外，皇帝朝服所用的精美丝绸和奢华皮毛，通过织造工艺的繁密与精湛、物料的稀缺性与所耗费的人工物力展现出富丽堂皇的独特效果，以区别于皇家宗亲和其他官员的服饰。同时还有严格的规定，即除帝王以外，宗亲臣工朝服皆依规而服，不得僭越。明确君臣有别，尊卑有序，皇权威严，昭然

① 见参考文献［11］。
② 见参考文献［12］。

不紊。如顺治时，冬朝服上只有皇帝可以服用的玄色狐皮，并由内务府所辖官营织造局专门监管，专人织造，着专人运送至宫内缝制，每一个环节都严丝合缝，保证了皇帝朝服至尊、至精、至纯。

朝服上有意味的颜色更彻底、更外化，实现了所谓“严内外，辨亲疏，别等级，定尊卑”的目的。代表皇帝中君之色的黄色，成了皇帝朝服的御用服色，在被反复强调禁令中，最终只有皇帝一人朝服可以使用。

（三）民族符号、“务实”“致用”

清早期统治者深谙，外化为政治统治秩序标识的服制衣冠，关系到社稷安危，是“立国之经”“固国之本”。因此，在制定严格的朝服制度时，保留了本民族服饰的特点。即因袭生活在白山黑水之间的满族先民的生活习俗，突出北方骑射民族的服饰特点。朝服上身外形收敛，符合先民一切装束利于马上奔驰；马蹄袖口，是对以骑兵为主的八旗军队为清一统天下立下赫赫战功的铭记；最早为御寒，后演变为奖赏有功之臣、具有等级象征的披领；因气候寒冷而被钟爱广泛使用的皮毛，都被作为礼服必备的定式保留在了朝服上。维护统治，增强本民族认同感的同时，朝服上的民族符号以一种强势的主流体系向周边民族进行传播，使之成为中华传统服饰文化基因中重要组成部分。

同时，清帝早期朝服承袭了中国传统服装稳定原始的十字平面裁剪的文化基因，并在织造过程中使用一次成型织成的方法。尽量用单纯的手法成就精雕细琢的工艺，践行“一切服饰、力崇俭朴、冀返淳庞”的帝王政治哲学。[①]装饰吉祥福瑞纹饰，以“数”为纹饰之礼，完成“礼”的施行者所代表的天地人和谐共生，敬畏自然的礼仪实践。

四、清早期皇帝朝服工艺产生的根源

蕴藏丰富文化内涵的朝服工艺，其背后产生根源，在于少数民族政权统治华夏正统性与满洲贵族为统治核心的政治诉求，及手工纺织技术的进步

① 见参考文献［13］。

与官营织造的发展。

（一）统治正统性与满族统治核心的政治诉求

清是伴随着强大的武力，以少数民族入主中原。为稳定政权，彰显统治华夏的正统性，清早期帝王采取了一系列行之有效的措施。在思想上，尊孔崇儒，借以取得汉人士大夫的拥戴。在政权内部，很快形成以满洲贵族为政治核心，联合汉族地主阶级执政的封建政权。这样的政权结构决定了自身的行为模式，首先需要充分行使汉族儒学崇尚的，以“礼”为本的大型典礼活动。因此，清帝早期朝服直接外化为帝王政治权力结构的展示，与一系列严格而烦琐的礼仪实践一起，共同完成这一政治诉求。即显示“文物煌煌，仪品穆穆。分别礼数，莫过舆服”的精神标识，[①]紧紧抓住广大中原地区汉族官僚的内心。同时，朝服又要显示满洲贵族政权的核心地位。在形制上，舍弃了孔子尊崇的“服周之冕”，总结“对异族统治集团来说，丧失民族个性与丧失政权，并不是毫无关系”的道理，[②]保留了本民族服饰元素，以有别于传统汉民族衣冠的褒衣博带。

（二）纺织技术的进步与官营织造的发展

清帝早期朝服，其上精湛的织造工艺、创新的织物品种、“织成”的织造方法，无不得益于并体现着手工纺织技术，较之明代，在品种、技术、工艺上，有更为广泛、全面的发展和进步。

其一，清早期，统治者采取一系列举措，积极鼓励桑蚕丝绸业的发展。[③]养蚕的规模和技术，较之明代有了发展与提高。同时，由于商品流通，江浙一带出现了丝绸商贸集镇，纺织工匠队伍不断壮大，为手工纺织业的发展创造了良好条件。

专门织造袍料的官营织造业，无论从织机还是纺织工匠规模，皆比明朝

---

① 见参考文献［14］。

② 见参考文献［15］。

③ 见参考文献［16］。“顺治元年提准盛京地方，令照旧织布，仍留养蚕地屯十处，顺治十五年，复准桑柘榆柳，令民随地种植，以资财用。康熙、雍正年间，统治者对桑蚕生产均有上谕诏书，饬抚官吏劝慰农民，重视发展桑蚕生产。”

大了很多。[1]纺织工匠有了专门的分工，并且在管理体制上，较之明代[2]有了长足发展。[3]

其二，织造局对所织造的产品质量和花色要求严苛，客观上使纺织手工业者力求提高工艺技术。对技术的追求，造就了许多精美而价值连城的织物和新的品种，满足了用缎纱对丝织品种和花色不断翻新的要求，也促成纺织技术达到了一个全新的高度。

其三，较之明代，大花楼提花技术有了进一步发展，应用更加灵活。在大花楼提花机基础上进行了改进，制成倾斜度较小的旱机，兼具绞纱和妆花两种功能；将"附加纹纬重纬组织"显花与手工"挖花技法"复合使用，创造性地加入绞纱、织金，起绒，使得朝服质料的织物品类愈加华丽丰富。

另外，云锦妆花的不断发展，使清帝早期朝服，大量使用一次成型织造缝纫的设计成为可能。它与缂丝、刺绣相比，织造者只要掌握提花的程序，就能依次下色，织出花纹，比看纹挑织的缂丝或刺绣，生产速度要快得多，于无形中契合了清早期皇帝推行淳朴节用的政治理念。

五、结语

综上所述，清代早期朝服工艺蕴含着丰富的文化，是中华服饰文化史上的浓墨重彩。对其研究，一是能促进该类文物整理得到学术升华；二是结合当前国内蓬勃兴起的文化遗产保护工作，形成该类藏品独有的工艺保护资料，总结出更加有效的文物保护办法；三是其上有意味的纹饰、色彩，民族形式的实用款式，融入今天的现代设计、影视创作、展览展示，具有强大的生命力，可为塑造可亲、可爱、可敬的中国形象作实际保障。

---

① 见参考文献［17］。康熙初年"设局监视匠役织造缎纱"，初隶工部，后由总管内务府大臣管理。据《大清会典》记载，顺治年间，江南三织造中上用织造缎机共有一千一百四十台，织造御赐缎匹部机有九百九十五台，至康熙二十年，三织造共有一千八百多张织机，额内机匠七千多名，每年可缴纳缎纱一万匹。康熙九年，"额设织绣等匠三百余名，挽花帮贴匠五百余名，氆氇匠、屯绢匠、绣匠、挑花匠、织匠、纺车匠、络丝匠、络经匠、染匠、画匠、带匠等各项匠役共计八百二十五名"。

② 明代"向来机设散处民居，无监督典事之人，率以浇薄赝货塞责报命，上积驰而下积玩，织染之流弊，浸淫已极，皆由无总织局以汇集群工"。

③ 见参考文献［18］。

参考文献

[1] 吴振棫. 养吉斋丛录: 卷七 [M]. 北京: 中华书局, 2005.
[2] 段成式. 酉阳杂俎 [M]. 北京: 中华书局, 2017.
[3] 孙机. 中国古舆服论丛 [M]. 北京: 文物出版社, 2001: 202.
[4] 中国第一历史档案馆. 清代档案史料丛编: 第五辑 [M]. 北京: 中华书局, 1990: 232.
[5] 严勇. 清代帝后夏季服饰 [J]. 紫禁城, 2006 (7): 4-9+2+1.
[6] 严勇. 试析清代帝后服饰的特点 [J]. 故宫学刊, 2009 (1): 689-699.
[7] 伊桑阿, 等. 大清会典 (康熙朝): 卷四十八 [M]. 南京: 凤凰出版社, 2016.
[8] 房宏俊. 试论清代皇帝明黄色朝袍的功用 [J]. 故宫博物院院刊, 2003 (3): 24-31+95-97.
[9] 阮元. 十三经注疏 (清嘉庆刊本): 卷三十 [M]. 北京: 中华书局, 2009: 1485.
[10] 阎步克. 服周之冕——《周礼》六冕礼制的兴衰变异 [M]. 北京: 中华书局, 2009: 260.
[11] 阎步克. 服周之冕——《周礼》六冕礼制的兴衰变异 [M]. 北京: 中华书局, 2009: 5.
[12] 阎步克. 服周之冕——《周礼》六冕礼制的兴衰变异 [M]. 北京: 中华书局, 2009: 11.
[13] 马齐, 朱轼等. 圣祖仁皇帝实录: 卷五十一 [M]. 影印本. 北京: 中华书局, 1985.
[14] 萧子显. 南齐书: 卷十七 [M]. 北京: 中华书局, 1972.
[15] 刘浦江. 女真的汉化道路与大金帝国的覆亡 [M] //袁行霈. 国学研究: 第七卷, 北京: 北京大学出版社, 2000.
[16] 朱新予. 中国丝绸史·通论 [M]. 北京: 纺织工业出版社, 1992: 311.
[17] 会典馆. 钦定大清会典事例: 卷一一九零 [M]. 北京: 中国藏学出版社, 2007.
[18] 孙佩. 苏州织造局志: 卷一七 [M]. 南京: 江苏人民出版社, 1959: 300.

何以成型：剑河红绣母花本针法路径转化研究

曹寒娟　周　梦

中央民族大学美术学院　北京　100081

摘要： 本文是在田野考察的基础上以剑河红绣支系母花刺绣纹样为例，探索构建关于剑河红绣的可视化针法技艺体系。笔者将“何以成型”的问题意识置于母花针法的技艺知识范畴之中，运用知识链接理论（linkagetheory），厘清红绣母花刺绣纹样“显性纹型”与“隐性针法”之间的关系，系统地归纳、分析红绣母花纹样针法路径构型原理，为隐性手工技艺知识的显性化路径提供新的思路与方法。

关键词： 红绣母花本；剑河；纹样；针法路径；显性；隐性；链接

“红绣”[①]是剑河苗族地区用红色线材以织造和刺绣的技艺以及红色织锦和绣品的统称，在当地苗语称“红绣”为“miuxie”，也意指“红色苗装”。作为红绣刺绣的母花本[②]——即刺绣样本（Sampler）[③]，它所隐含的针

---

① 剑河县苗族“红绣”在2006年被列为第一批国家非物质文化遗产，剑河县是贵州省黔东南苗族、侗族自治州下辖的一个县，位于黔东南中部，东邻锦屏县、天柱县，南连榕江县、黎平县，西接雷山县、台江县，北靠施秉县等地。红绣苗族主要分布在苗族美神仰阿莎故乡剑河县境内的柳川、观么、岑松三个乡镇巫泥、巫亮、巫包、暗拱、展丰、六府、巫烧等28个村寨。本文中的红绣母花本专指剑河苗族刺绣工艺的母花本，剑河红绣女性人亦是指红绣苗族女性。

② 从2022年7月至2023年2月，笔者先后5次到贵州苗族母花本留存地进行田野考察，在二十余个调研地点中发现剑河红绣一带的村寨母花留存和使用范围相对最为集中，该区域仍有一定数量的妇女保留着使用母花辅助织绣的传统。笔者调研红绣母花本的地点有剑河县城、巫泥村、巫亮村、温泉村、暗拱村、六府村、岑松镇、柳川镇，以及邻近地区其他类型的苗族母花本留存地包括金堡镇、爱和村、展留村、马号镇、六合村、偏寨村、敏洞乡、长滩村、大寨村、凯棠镇、芦笙村、青曼村、台江县、盘信镇、大湾村、施洞清水江边的集市、凯里金井路的老绣集市等地。

③ 西方的一些研究刺绣的学者将母花本译为“Sampler”（刺绣样本）或“Mnemonicloths”（助记布本），从字义上看，可将其理解为用于辅助记忆刺绣花样信息的布底本。

法是红绣苗族亘古沿袭的本族群服饰纹样母题、纹样造型以及在母花中衍生出纹样的重要技艺因素和传承内容。母花针法技艺是通过母亲等女性长辈口传身授的方式而世代相承，是一种包括难以用言语描述的技法、诀窍、程式等在内的隐性知识。在国内学术界少有学者研究苗族红绣母花针法技艺，从针法路径的角度探析母花“隐性”针法知识转化的研究更为匮乏。本文试图用知识链接理论，[①]通过关联研究母花的纹样造型与针法路径的内在关系，着重分析了针法路径如何外化成“型”的过程，从而从根本上回答纹样何以成型的问题。

一、母花本——“显”与“隐”的参考书

母花本，是苗族地区女性织绣时用以作纹样造型和数纱[②]技艺参考的辅助工具。就刺绣母花本中“花”的分析，可以理解为是纹样造型，[③]“本”从字义上有底本和根源的意思，可理解为载有如何造型纹样的“秘诀（know how）”——即隐性的针法技艺的底本。[④]母花本刺绣纹样具有“显性”和“隐性”的双重属性，其显性属性体现在纹样造型信息方面，主要表现在以点、线为基础元素组合而成的二维特征的面和以三原形即三角形、圆形、方形拼合而成的三维特征的体，[⑤]以及三原形的质感、肌理等形态结构及其方式；隐性属性则以绣者从母花刺绣纹样造型中提取出针法技艺的过程而存在。可以说刺绣母花反面是一张指导绣者绣出纹样的运针“施工图”，而正面则是运针的结果——纹样成形的“效果图”。由显、隐属性和正、反两面构成的红绣刺绣母花本是集纹型信息和数纱针法技艺为一体的刺绣纹样造型“秘诀”的物质载体（见图1、图2、图3）。

① 所谓知识链接是指“通过知识关联将具有同一、隶属、相关关系的单元知识按照一定的需要有序地联系在一起形成序列化或结构化的知识集合继而构成知识网络的一种行为。”见参考文献［16］。

② 母花的“数纱”——作数纱绣或挑织时，苗族女性用手指点数出布局、排列在母花经纬布纹组织结构中的每一根组成纹样线迹所在的位置以及线迹覆盖经线或纬线的数值，并将数出的母花线迹数值运用在织绣的过程之中，通过“数纱”确保了临摹母花织绣技艺的准确性。

③ 见参考文献［1］。

④ 见参考文献［2］。

⑤ 见参考文献［3］。

图1　红绣刺绣母花本显性造型信息

图2　红绣刺绣母花本纹样正面“效果图”

图3　红绣刺绣母花本纹样反面“施工图”

剑河红绣苗族女性使用母花的过程是一个“内化”隐性针法知识的过程，绣者通过“视觉接收（观看母花）——头脑分析（分析母花）”的方式运用母花，从母花本正面整体“宏观”选择需要的纹样（图1、图2），反面“微观”由经纬线和纹样绣线组成的“网格地图”，用指尖在反面（图3）点数出所需纹样的起点至终点包含的每一粒线迹的位置、长短、角度、方向、纱位等信息，如此，在静止的纹样里将母花纹样内针点与针点相连，还原出动态的运针路径，并参照路径绣出所需纹样。在剑河红绣苗族地区，刺绣母花本作为一种古老的手工技艺，浓缩了数纱绣的针法规律和核心价值，是女性在刺绣时选择纹样造型和临摹针法最为实用的技艺“参考书”和传承技艺的重要手段。然而，在新技术的冲击下，传统手工技艺发生了材料、技术、工艺流程等方面的改革，红绣母花技艺的传承与发展面临巨大问题，急需将其转化为文本知识的模式进行保存。本文研究如何将隐性的红绣刺绣母花针法技艺转化为显性（共享）的文本、图像等可视化知识呈现模式问题。

二、何以成型——“隐”“显”之间的交互

造型为传统手工艺之形态的直接表现，[①]针法是传统手工艺之一的刺绣，以色丝和线进行搭配在织物上绣出各种纹样造型的技术和方法。红绣母花“显”性造型和“隐”性的针法并不是完全分离的，绣者在“眼、心、手”体悟合一的实践中可实现“隐”与“显”之间的互动和转化。红绣母花本针法路径的转化研究主要包括以下几个步骤：第一步，由显到隐，研究母花纹样造型的物理绣线以内隐化（internalization）针法知识；第二步，从隐到显，运用针法逻辑路径外显化（extenalization）[②]纹样造型；第三步，显隐的链接转化，通过链接理论，分析纹样造型和针法路径内在的关联链接，以构建红绣母花纹样针法的知识体系。

（一）从显到隐——三种纹样造型和三种针法

隐含在“显性”纹型信息中的红绣母花针法技艺需要进行转化才能成为有效的知识，[③]正如波兰尼所言，真正的知识应是明确的、客观的、超然的、非个体的。[④]笔者通过在田野调查[⑤]中采访绣者、实践刺绣、拍摄母花技艺等方式了解母花针法；结合书籍资料的查找、校正，对大量的红绣母花纹样进行归类、整理、汇集存储，并根据纹样组织结构及其内容和形态的差异将母花刺绣纹样造型分为三类：一为“块面”型，二为“线面”型，三为“点面”

① 见参考文献［4］。

② 知识创造的SECI模型：社会化（socialization）、外显化（externalization）、组合化（combination）和内隐化（internalization），这为我们提供了一种利用知识创造的有效途径。见参考文献［2］。

③ 隐性知识第一个维度是“技术”维度，包括非正式和难以准确描述的技能或工艺，通常是一种“秘诀”。

④ 见参考文献［5］。

⑤ 笔者在田野考察的过程中看到的和拍摄到的红绣母花本有147张（12张笔者收藏），在调研的8个红绣地点中单独采访了23名红绣女性，集体式采访了上百名红绣女性。

型，与前面纹样造型相对应的针法①分别为：双直针针法、单直针针法、十字针针法。②笔者通过对41张红绣母花本中的515款纹样的分类统计得出表1，其中“块面型”纹样有290款，占比56%，“线面”型纹样有210款，占比41%，“点面”型为15款，占比3%，由此可知，“块面”型和“线面”型纹样是红绣地区女性主要使用的纹样类型，“点面”型纹样多用于辅助装饰之中。不同纹样造型其组成内容和外观形态各不相同，如在纹样线迹长短、廓形、立体度等方面有较明显的差异（表1），而这都与针法技艺有着紧密的联系。

表1　母花的三种纹样造型特征差异表

纹样类型	数量	占比	构型要素	线迹特征	线迹长短（cm）	廓形	平顺度	立体度	针法
一、“块面”型	280	56%	块（线块）	非等长	0.1cm至5cm	规则	高	低	双直针
二、“线面”型	220	41%	线（线面）	等长	0.1cm至0.5cm	规则、非规则	低	高	单直针
三、“点面”型	25	3%	点（线点）	等长	0.2cm至0.3cm	规则	低	中	十字针

其一，“块面”型纹样造型和双直针针法。“块面”型造型是红绣母花纹样中最为常见的纹样造型之一，此纹样由“块面”形要素构成纹样整体。“块面”型纹样由长短不等（约0.1厘米至5厘米）的线迹（两针孔间的绣线）在正反面的经纬组织之间平行排列，其纹样内有“点+面、线+面、点+线+面”组合搭配结构；线面内容有直形线、曲形线、三角形面、菱形面等元素（图4）；整体的纹样外形有连续规则的方形（图4a）、菱形和三角形（图4b）

① 目前学术界对剑河红绣母花数纱绣针法及其归类还未达成共识，其一，与本文“双直针”针法相似的有“直线绣”的定义：“平纹布的表面朝上，根据图案纹样调整线迹的长短，绣至最左边后将线剪断，再回到右边重复运针。”不同的是，而笔者看到的红绣“双直线针”为平纹布的表面朝下，绣至最左边不剪断反面连接下一排线；其二，与“单直线”相似针法有“反面直线绣”定义：“将布的反面朝上开始的刺绣，绣出的纹样，反面线迹较短，而正面线迹较长”。如将“单直线”针定义为反面直线绣，但实际上针法的反面是斜线，很容易与“双直线”针混淆，这是两种差别较大的针。因此，笔者通过融合传统的分类方法，结合正反面形态将母花中的针法划分为“双直针”针法和“单直针”针法。“直线绣”和“反面直线绣”的定义见参考文献［13］。

② 见参考文献［6］。

纹样以及其他多边形（图4c）和单独纹样（图4d）。此纹样正面和反面的线迹均为相互平行的“—”形直线，故笔者将其定义为“双直针”针法（图4e），运行此针法时如图4e中从1出针2入针3出4入至15出16入，如此重复绣出“块面”型纹样。“块面”型纹样主要有天鹅纹、花枝纹、勾勾纹等半具象的纹样题材，此纹样造型运用在红绣服饰装饰中呈现出较为平顺的视觉效果（图4f）。

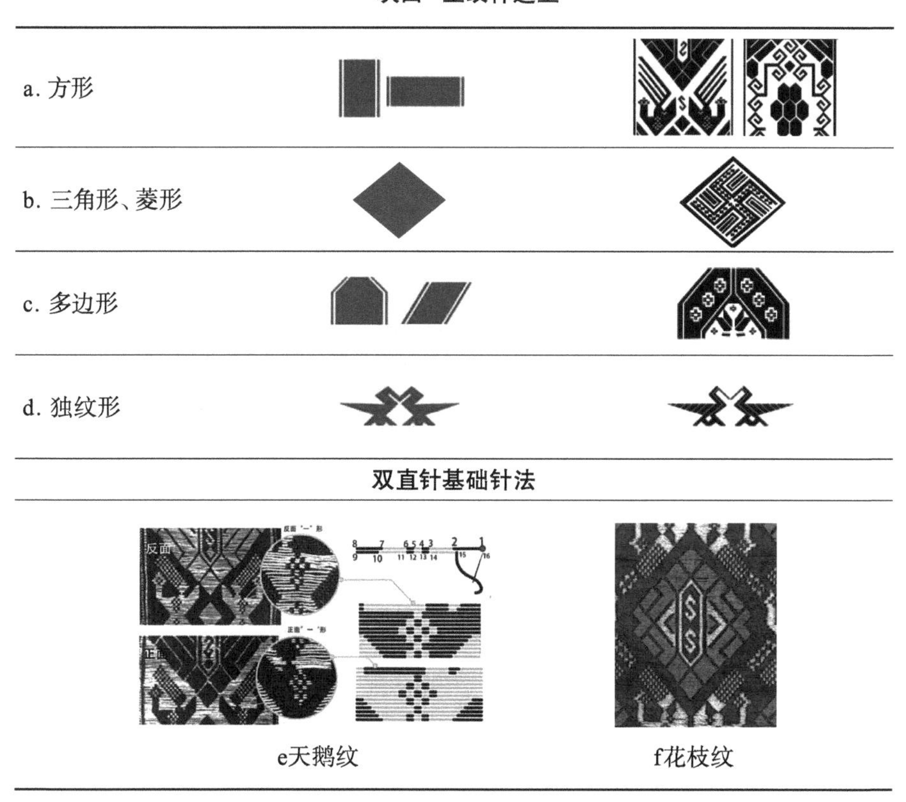

图4　“块面”型纹样造型和双直基础针法

其二，“线面”型纹样造型和单直针针法。“线面”型纹样造型是红绣母花中使用较多的纹样类型，此纹样由“线”形要素构成纹样整体的面，即“线面”由等长（0.1厘米至0.5厘米）线迹组织构成的等宽“线柱”（由等长线排列成“柱状”形的线形要素）排列而成。此纹样是以“线和线”元素相搭配的构成形式，线面的内容有三角形和菱形；整体纹样有齿状“线柱”（图

5a-1、图5a-2、图5a-3）和光边状“线柱”（图5a-3、图5a-5）构成的菱形和齿状不规则形（图5b-1、图5b-2、图5b-3）。从针法角度来看，“线面”纹型正面线迹为“—”形，反面为“/”形，为“单直针”针法，基本针法如图5c中所示，从1出针2入针至6入针，连成“Z”形，通过重复“Z”形绣制出等宽“线柱”构成的“线面”型纹样。此种纹样以锯齿纹、梳子纹、田埂纹、耙子纹等几何抽象纹样为主，运用在红绣服饰装饰中有较强的立体效果（图5d）。

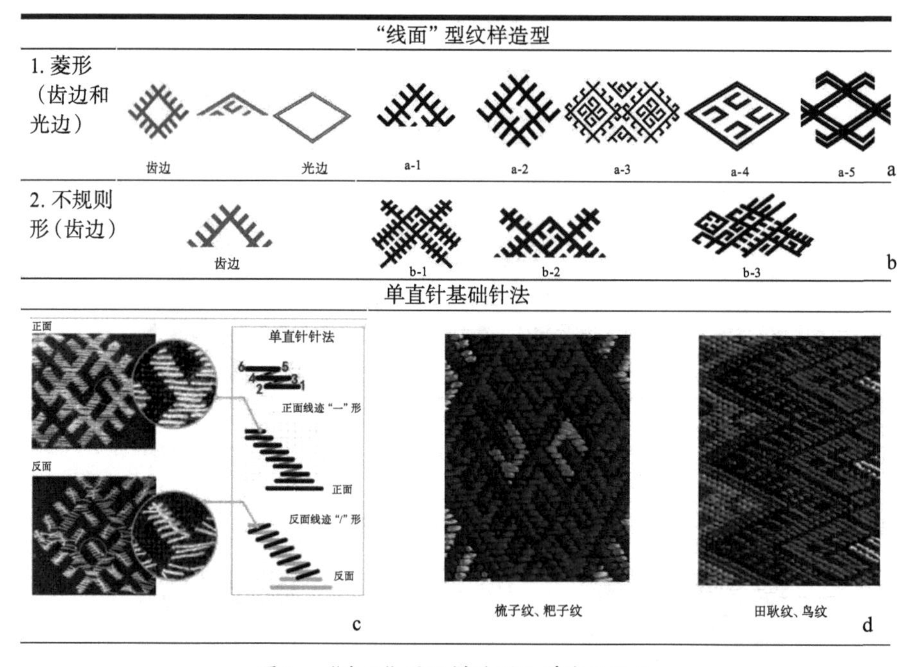

图5　“线面”型纹样造型和单直针针法

其三，“点面”型纹样造型和十字针针法。“点面”型纹样造型是红绣纹样中用以作辅助装饰的纹样类型，此纹样由等长的绣线（0.2厘米至0.3厘米）两两“交叉”成点状排列成“浮网”形的纹样造型，为“点和点”的元素搭配组合的结构。“点面”型纹样造型主要有连续三角形（图6a）、方形（图6b）和单独纹样（图6c）。此针法纹样的正面线迹为等大“十”形，反面绣线多为“一”形（图6d），有“单十”字针针法和“二阶”（一阶拉斜线二阶返回拉斜线交叉成十字）十字针针法两种（图6e）。纹样有勾连纹、八角纹、人马纹等纹样，运用在服饰辅助装饰之中有较强的颗粒质感（图6f）。

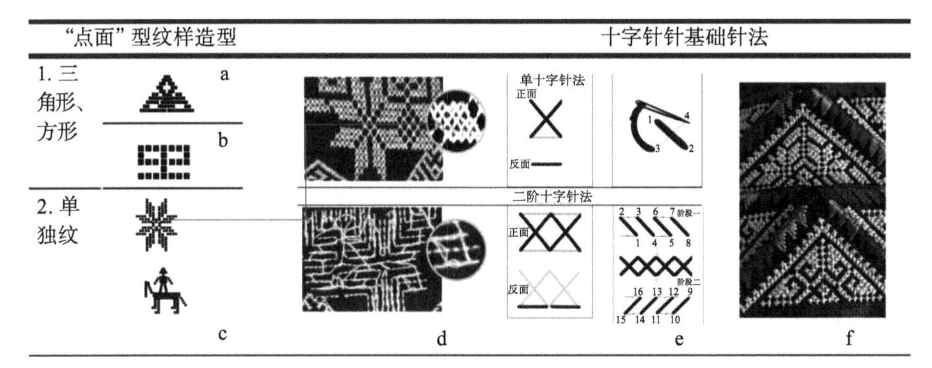

图6 “点面”型纹样造型和十字针基础针法

综上，通过以上三种纹样造型和其对应的三种基础针法的分析而知：三种纹样造型都属于直线数纱绣类型，均为直线元素组成的纹样；纹样正面和反面的绣线功能不同，正面的绣线为纹样的装饰线，纹样反面的连接线使正面造型线迹得以固定在布面并显型。它们的区别在于：(1)线迹的长短排列形式不同，双直针一般为非等长的线迹针法，单直针和十字针为排列等长线的针法；(2)路径的转折度不同，十字针和单直针一线一转，双直针一排（多针）一转（换行）。

（二）从隐到显——针法外化成“型”的过程

剑河红绣母花的针法隐藏在纹样造型的绣线之中，也存在于绣者运针走线的动态过程路径[①]里。红绣母花纹样的针法路径是指以绣布上的某一点为起针[②]点，通过各种方式、技巧到达纹样造型为目的地的终点之间的“技”（技艺）和“物”（绣线）的路线，其包括“单元”针法路径和“程式”针法路径两种。

第一种，“单元”针法路径。这是纹样造型的“基本形”，是针法构成的最小单位，也是绣线组织重复的基本单位，其基本要素包括：路径元[③]、链

① “路径”一词由“路”和“径”组成，在汉语词典中解释“路”意为道路、路线，“径”含有达到目的的方式、方法的意思。路径一词可理解为如何（用何方式）从某地到达目的地的意思，文中的“针法路径”既是纹样成型的绣线线路（路径），也是纹样成型技术、方法的针法路径。

② 刺绣的过程中，针自下而上称为起针，自上而下称为落针。见参考文献［14］。

③ “路径元”在文中是指的纹样中一条或一组由同一特征（如方向、长短、角度等）为单位的绣线，其有两个端点，其中至少有一个端点是用于切换行针方向并用于连接链接线的点。

接线[①]、链接点。通过笔者研究发现，针法“单元”路径=2条（组）路径元+1条（组）链接线的针法构型规律，即纹样的“造型”线由反面的“链接”线实现绣线转弯、换行从而排列成型；第二种，“程式”针法路径。此为重复单元针法的方式，以针法“单元路径×N（纹样造型所需的数值）”实现纹样造型。下面以红绣母花双直线针针法“块面”型纹样、单直线针针法“线面”型纹样造型为例进行其纹样“成型”过程的针法路径解析。

1. “块面”型纹样

双直针针法路径构型以“块面”型纹样造型中常见的双直针针法路径构成的菱形、方形、三边（三角）形、不规则边形纹样造型为例进行其成型过程的针法路径解析。

其一，四边形“万寿纹”。这种纹样的正、反面线迹为“一”形（图7a-1、图7a-2），且反面纹样外轮廓两侧有“\”形和“/”的连接换行的功能线（图7a-2）。具体构型过程解析：阶段一，“ ⊏ ”形单元路径的链接。从母花反面的点1起针（图7a-3），在纹样正面（图7a-3）和纹样反面（图7a-4）的1—2和3—4两点之间同方向的路径，连成的两条直线“路径元”，通过纹样反面2—3（图7a-4）链接线将1—2和3—4路径元连接起来（图7a-3右上），连“1—2—3—4”构成一条完整的“ ⊏ ”形单元路径（图7b-1）；“排排”绣[②]程式路径的链接。在“排排”绣的程式里沿着纹样轮廓转弯换行（图7b-1至图7b-4），按照左右交替式一排接着一排重复“ ⊏ ”形单元路径，最后构成正反两面互为平行的“万寿纹”纹样（图75b-5）。

同样，运用“ ⊏ ”形单元路径和“排排”绣程式路径的原理，连接出三边形“田埂”纹（图7c）、方形“天鹅”纹（图7d）和不规则换“山”字纹（图7e）的纹样造型。双直针针法均以纹样为换行链接区，在纹样的反面链接前后相邻的路径元，实现线迹排列造型，需要注意的是，此针法需严格按照

① “链接线”是存在于母花反面用于连接两条路径元的连接线，链接线两端有两个链接点，是转换路径方向的点，且每一个点连接一条/组“路径元”。

② 笔者在剑河县柳川镇巫泥村采访当地的作红绣的妇女，问询到眼前她所绣刺绣的针法（双直线针和单直线）的名称和方法时，她们告诉笔者说：“你看这个绣花一排一排地绣，我们都叫它排排绣，还有这个绣起来弯弯绕绕的，我们就叫它作拐弯绣。”“排排”绣和“拐弯”绣即单直针和双直针的程式方法。

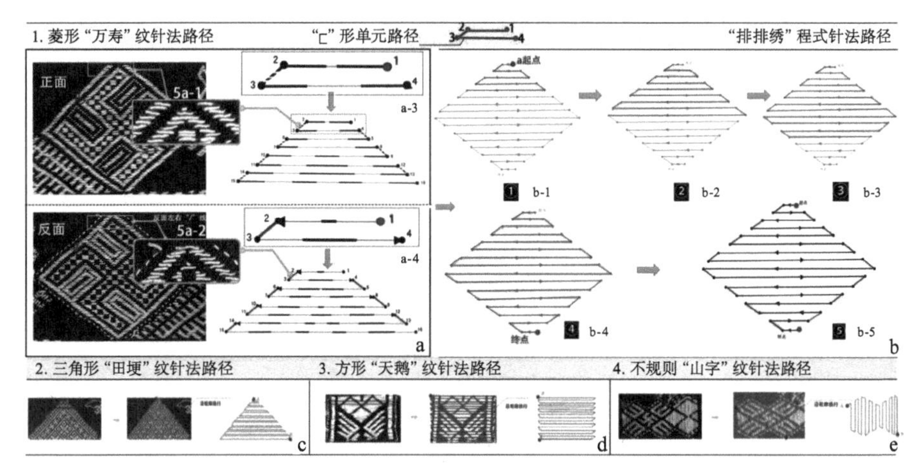

图7　“块面”型——双边、三边、四边、不规则边纹样路径

2. “线面”型纹样

单直针针法路径构型以“线面”型纹样中的单直针针法路径构成的双线框“虾弓”纹纹样为例进行其成型过程的针法路径的解析。双线框“虾弓”纹样为正面线迹为正“一”，反面“/”的单直线针针法（图8a-1、8a-2），纹样的组织结构为3直2斜，即单粒线迹的跨纱值为3根纱，且上下平行的线迹前端错位2纱（图8a-2），其具体针法路径构型过程包括：阶段一，“Z”形单元针法路径的链接。如图8b中单粒线的路径元1—2和3—4，通过反面链接线2—3连接出“1—2—3—4”单直线针针法的单元路径（图8b）；阶段二，“拐弯”绣程式路径的链接。根据纹样的线框将其分为A—E六个区域，外菱形框A区、内菱形框区B区，以及内部的四个开口线框C、D、E、F，整体的路径流程A→B→C→D→E→F区，其中包括32个定位点，以及6处（图中深色点）针法成型要诀（图8c、图8d）：点1起针连“线柱”（图8c-1）、点3平转角针①（图8c-2）、深色点4竖转角针②（图8c-3）、深色点5—6线桥针③（图8c-4）、跨平行线转角④（图8c-5）针。绣制路径从起针点1到终点32为一条完整的针法路径（图8c和图8d-1至8d-6）。从A到F除6处针法（深色点）外，在区域

① 水平转角针：绣制水平夹角转角时，连续三针“\”“一”“/”，实现水平夹角处的路径切换。

② 竖向转角针：绣制竖向夹角转角时，连续三针“一”“/”“一”实现竖向夹角处的路径切换。

③ 线桥针：从菱形框架A连接到和菱形框架B的搭桥贯通为一条线。

④ 跨平行线转角：两条平行线的线柱与线柱相连接的针法，以实现换不同绣线路径的切换。

和区域相连接之处还有6处运用了线桥针（图8c中深色线段）、4处藏针法[①]（图8c中深色线段）以及4处线廊[②]（图8c中上方的深色线迹）。通过单直针针法路径可知，单直针针法与双直线不同，不需要一排排平行绣，可根据纹样框架式的造型转换针法路径的方向。

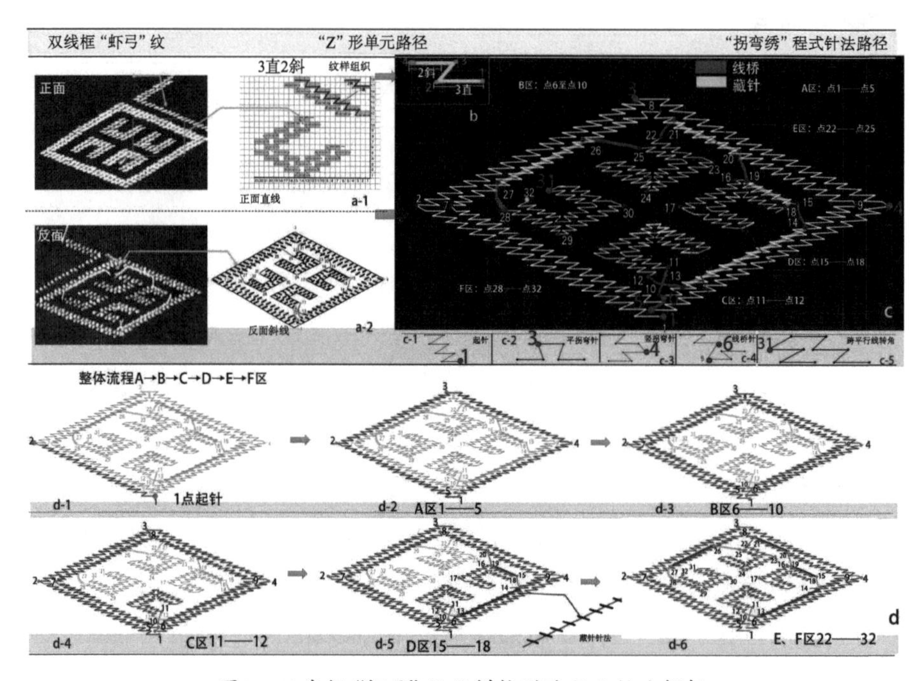

图8　双线框“虾弓”纹纹样构型过程及针法解析

3. 从隐到显

红绣母花纹样针法因子转化将难以表达和共享的个体经验诀窍的隐性知识（tacit knowledge）转化成明晰的显性知识（explicit knowledge），且显性与隐性知识之间的相互转化产生的新知识。文中通过分析剑河红绣母花纹样造型过程的针法路径，以挖掘潜在物理绣线中的针法因子，并将针法因子从物理的母花主体和动态的运针走线过程中提取出来，通过针法编码转化为显性的文本、图像等可传播共享知识，并将隐性的红绣刺绣母花针法知识列表2如下。

① 藏针法：将运行轨迹藏在线的“长廊”里。藏针线，是在从一个绣花区域到另一个区域的行程轨迹将针线藏在“线廊”里，目的是保证背面行针规则整洁，不影响绣制的视线，也可作为绣花参考。

② 线廊：由一粒粒平行的短线搭建起来的线廊通道，便于藏针。

表2 纹样造型——针法因子列表

	块面型（针法因子）									
双直针 显→隐 隐→显	1.双边换行	2.三边换	3.竖双边针	4.四边换	5.不规行针	6.松边针	7.直边针	8.斜针	9.线框针	10.刻针
	11.顺边针	12.竖针	13.横针	14.台阶针	15.锯齿针	16.填齿针	17.等边针	18.合并针	19.双套针	20.刻针
	线面型（针法因子）									
单直针 显→隐 隐→显	1.Z形针	2.双股针	3.竖拐弯	4.平行拐弯	5.平拐弯	6.线框针	7.藏针	9.逆向针	9.单枝针	10.分针
	点面型（针法因子）									
十字针 显→隐 隐→显	1.十字针	2.斜线针	3.直角针	4.半十针	5.半十字	6.双阶针	7.双阶针	8.交叉针	9.重叠针	10.三叠针

剑河红绣母花针法技艺是一系列技术与方法在流线的时间中无缝接合和人与技在空间的转承。隐性的母花针法因子按功能来分可分为两大类：连接针法（表3中蓝色部分）和装饰针法（表3中浅色部分）。连接针法是构成图案的运行针法，实现刺绣线迹连接、换行、转弯、跨线、跨区等功能，如在双直线针体系中的双边针针法、三边换行针法等就是在纹样绣布的反面连接的功能实现“排排”绣的纹样造型；装饰针法在运针的角度、跨纱数量、排列节奏、区域划分等方面有所规定，根据规定从而有规律的塑造纹样造型，如双直线针的双套针、刻针以及十字针的三重叠等就是在纹样绣布的正面进行塑型的针法。

（三）以技成型——“显”与“隐”的因果关联

通过纹样造型信息和针法知识的关联，将具有同一隶属、相关关系的

单元知识，按照一定的需要有序地联系在一起形成序列化、结构化的知识集合，继而构成知识网络。[①]文中通过上下关联、平行关联和相关关联得出纹样成型的因果关系链接。第一步，上下关联——平行关联，将提取的纹样信息分为四个层级，两种属性，三种纹样及其六个特征，以及三种针法及其六个特征。第一层Ⅰ级为“C红绣母花纹样针法知识链体系”的总层级。第二层Ⅱ级为纹样的属性层级，包括“A纹样的造型和B针法属性”。第三层Ⅲ级为纹样的显、隐性信息类别层级；第四层Ⅳ级为纹样的显和隐具体特征层面。第二步，相关关联——因果链接。链接体系具体包括三类纹型和三针针法的因果链接以及六种纹型特征和针法路径的因果链接（见图9）。

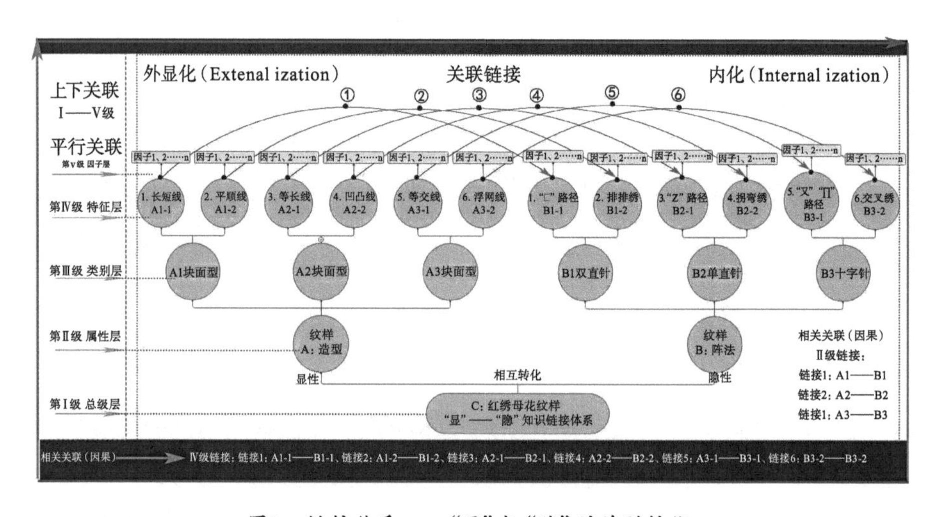

图9　链接体系——“显”与“隐”的关联转化

以红绣母花本的三种纹样造型为基础，关联三种针法体系（包含“显”与“隐”的六个特征的因果关联），其一，双直针针法与块面型纹样的因果关联链接：①“ 匚 ”形单元路径（因）—长短线的纹样造型；②“排排”绣程式路径（因）—平顺形纹样造型链接。其二，单直针针法与线面型纹样链接：①“Z”形单元路径（因）—等长线的纹样造型；②“拐弯”绣程式路径（因）——凹凸型纹样造型链接。其三，十字针针法与点面型纹样的链接：①“又”、斜“∏”形单元路径（因）—等交线纹样造型；②交叉绣程式路径

① 见参考文献［6］。

（因）—浮网形纹样造型的链接。通过梳理“隐—显”“显—隐”的因果逻辑关系链接，明晰了红绣母花纹样成型的针法路径技术动因。

三、红绣母花本——族群秩序与集体无意识

（一）纹样有式、针法有规与特定的族群秩序

剑河红绣苗族母花本纹样造型样式是视觉化了①的族群文化母题，而纹样造型样式与针法规范之间存在着微妙的关系。红绣母花的纹样造型“空间”不仅是“物”的空间，还是以针法路径为载体创造了一种族群的秩序。作为“群”的形式而存在的人类，在其生活的聚落空间中的个体之间、各类事物之间都遵循着本族的秩序，“共有的价值观、生死观、连带感等形式深深映入到共同体每一个成员的意识当中”。②深入探析红绣母花纹样成型的针法路径，会发现几乎每一款纹样都被打上了规范化的族群秩序的烙印。因此，剑河红绣母花本刺绣纹样并非一个简单的图式、运针技术或者单一事件，而是嵌入在红绣苗族传统技艺生产运转中的一个链接轴，把细小“物”的零件、个体“人”的经验和“技”的各个环节链接在一起，是红绣女性感知族群内在秩序的一种载体，隐含着一系列意义完整的“身份认同”，更是剑河红绣苗族女性必须严格遵守的族群秩序。从造物角度来看，红绣母花本作为一种手工技艺的器物，“它一方面是人类借以适应自然以谋生存的工具，而同时却限制和规定了应用者生活的方式。”③

剑河红绣支系的苗族女性在运行母花纹样针法路径之始就将身心置入“从哪里来，到哪里去，用何种方式到达”的过程性体悟思考之中，正如法国人类学家马塞尔·莫斯（Marcel Mauss）所说：“这种身体技艺是让制作者身、心与社会相连的一种技术”。④“行走”在走线造型路径之中的绣者，以对未来美好生活的期待能动地改造眼前的绣线世界，根据“自我”的审美

① “苗族图案的母题，是苗族文化原型母题的视觉化。”见参考文献［15］。

② 见参考文献［7］。

③ 见参考文献［8］。

④ 见参考文献［9］。

对纹样要素进行重组、搭配以创造出新的母花纹样样式，在规范之中以最大限度地发挥创作的自由。在手工技艺知识传播手段有限的年代，红绣母花纹样既为本族“学、授”数纱绣的女性默默地提供技术的支持，也在方寸母花“物”的空间里建立起既有形式之美又符合针法规范，在延续本族群母题文化视觉表达和稳固的族群的生存秩序发挥着极其重要的作用。

（二）一线成型、集体程式与集体无意识

红绣母花纹样造型的针法路径有“一线成型”的特点，绣者可以沿着母花纹样起针的线迹针点至纹样（整体或局部）结束的针点之间逐步链接出一条完整且不间断①的如“迷宫”般的路径，如荷兰结构主义代表人物阿尔多·凡·艾克（Aldovan Eyck）提出的“迷宫式的清晰性”②数量美学理论，母花纹样以相同的单元路径重复排列出一种迂回的清晰、规律的有序的美学感受，同时体现了苗族女性主观能动的效率意识和物尽其用的造物思想。隐含的母花纹样针法路径规范是经历了几代甚至上十代红绣女性在千针万线的实践中凝结而成的刺绣走线的程式，它不是绣者个体或个人的造型技艺程式，而是具有十分强烈传承性的集体程式，是红绣劳作女性群体的审美意识与构建“我族”身份的产物，它凝聚了红绣支系的苗族女性创造性的智慧和灵性。

母花刺绣纹样是苗族女性描述天地万物、记录族群历史和社会生活的一种物质载体，在当下进行的使用母花的实践（图10）③是她们与过去、与祖先与未来时空交流互动的“场”，是无意识中对族群古老针法程式的沿袭。而荣格认为，无意识心理中不仅有个人的经验，而且积存着许多原始的、

---

① 在刺绣母花纹样的过程中如线不够长的情况下，红绣女性用劈线——捻线——接线的方式，将快用完的绣线接入新的绣线。接线前用拇指与食指反转绣线（在绣的）劈开局部（约1.5厘米），然后将准备接入的绣线同样劈开一部分（约1.5厘米），再将双股被劈开的绣线纤维通过手指的搓捻牢牢地拧在一起，合成一股，完成的接线几乎看不出接线位置。

② 见参考文献［10］。

③ 图10、图11为笔者拍摄的红绣苗族妇女使用母花的情况。图10a、10b、10d为红绣苗族女性“看母花—数母花”来刺绣绣品的过程；图10是剑河冬季常服上衣后背的装饰纹样，10f是春夏的头帕纹样，两种纹样运用的是母花中“线面”型造型、单直线针针法；图11是红绣女性最喜爱的天鹅纹、花枝纹系列“块面”型双直线针针法。

祖先的经验，[①]无意识是一种“潜在的”（inpotential）现实。[②]当红绣绣者投入在微观的针法路径的现实之中，是将心中所想、手中所做，以及有关于在“场”中的自我未来的命运，全都无意识沿着这条古老的针法路径徐徐走来，无意识集体程式路径是千百年来族群文化的积淀，是每一次在针法规范中输出的纹样造型的微小变量的史前社会的回声。

母花刺绣的针法路径它既是一种对以塑造我族之“型”为目的开始，又承载着民族基因驶向美好未来的动因，即回看历史传统又向前探索，它一方面指向过去，另一方面又预示着未来。

图10　剑河冬季常服上衣后背的装饰纹样

图11　天鹅纹、花枝纹系列“块面”型双直线针针法

四、结语

本文通过对剑河红绣母花本纹样针法路径的研究，梳理出母花本包含的显性信息和隐性信息。在绣者使用母花本的过程中，通过个人体悟而相互作用并转化出新的信息。母花本纹样以暗含针法路径的形式被红绣支系苗族女性“清晰”地记录在绣布上，成为本族群可共享的“型”和“技”的“参考书”，这也是红绣母花本最具智慧和意义之所在。本文通过文字、图像、符号等方式将针法路径进行可视化提取，解读其持续造型的“动态”过程，在针法外化“物”的表征——以三种“纹样造型”来探析三种“技”的内因，回答了何以成纹样之型的问题，构建了纹样针法技艺知识链接系统，丰富了传统针法技艺知识的文本类型，也为其他地域的传统手工技艺文化资源转

① 见参考文献［11］。

② 见参考文献［12］。

化形式提供了参考案例。

参考文献

[1] 贾京生，贾煜洲. 苗族服饰图案与母花本的文化解读［J］. 贵州民族研究，2019，40（12）：100-105.

[2]［日］竹内弘高，野中裕次郎. 创造知识的螺旋：知识管理理论与案例研究［M］. 李萌，译. 北京：人民邮电出版社，2022：6.

[3] 柏贵喜. 文化基因的类型及其识别原则——基于民族工艺文化的一种构说框架［J］. 中南民族大学学报（人文社会科学版），2021，41（6）：57-64.

[4] 徐艺乙. 中国历史文化中的传统手工艺［J］. 江苏社会科学，2011（5）：6.

[5]［英］迈克尔·波兰尼. 个人知识：迈向后批判哲学［M］. 许泽民，译. 贵阳：贵州人民出版社，2000：578.

[6] Polanyi Michael. Personal knowledge［M］. Chicago: the University of Chicago Press, 1958: 13-51.

[7]［日］藤井明. 聚落探访［M］. 宁晶，译. 北京：中国建筑工业出版社，2003：11.

[8] 费孝通. 怎样做社会研究［M］. 上海：上海人民出版社，2013：173.

[9]［法］马塞尔·莫斯，爱弥尔·涂尔干. 论技术、技艺与文明［M］. 蒙养山人，译. 北京：世界图书出版公司，2010：78-96.

[10] Dirk van den Heuvel. Team10riddles: A few notes on mythopoiesis discourse and epistemology［A］. In: Team 10 Keeping the Language of Modern Architecture Alive［C］. the Delft Faculty of Architecture, 2007.

[11] 叶舒宪. 神话——原型批评的理论与实践（上）［J］. 陕西师大学报（哲学社会科学版），1986（2）：114-123.

[12] 胡苏晓. 集体无意识——原型——神话母题——容格的分析心理学与神话原型批评［J］. 文学评论，1989（1）：133-140.

[13]［日］鸟丸知子. 一针一线贵州——苗族服饰手工艺［M］. 蒋玉秋，译. 北京：中国纺织出版社，2011：59-60.

[14]（清）沈寿，张謇，王逸君. 雪宧绣谱图说［M］. 济南：山东画报出版社，2004：51.

[15] 贾京生，贾煜洲. 苗族服饰图案与母花本的文化解读[J]. 贵州民族研究，2019，40（12）：100-105.
[16] 曾建勋，赵捷，吴雯娜，等. 基于引文的知识链接服务体系研究[J]. 情报理论与实践，2009，32（5）：1-4+8.

北方少数民族服饰的传承与发展

季　敏

黑龙江省艺术研究院　哈尔滨　150007

摘要：我国北方少数民族主要生活在内蒙古草原、大兴安岭、黑龙江、松花江和乌苏里江三江流域之间，生活环境是草原、江河与森林相间地带，生活的地理环境决定了这些民族的生产形式是以放牧、捕鱼、狩猎和采摘为主的生活方式。长期的生活和繁衍逐步形成了北方民族独特的生活习俗和特有的民族文化，民族服饰是北方各民族独具特色的文化标志。在当今世界文化的趋同下，在民族文化的挖掘、保留和传承创新工作中，民族服饰是民族文化不可或缺的重要组成部分，其传承发展是守护我们北方少数民族美好的精神家园与民族文化遗产保护的重要任务。

关键词：北方民族；服饰特色；传承发展

我国北方的蒙古族、鄂伦春族、达斡尔族、鄂温克族、赫哲族等少数民族主要生活在内蒙古、黑龙江、吉林、辽宁等省份，聚居于内蒙古草原、大兴安岭和黑龙江、松花江和乌苏里江三江流域之间，生活环境是草原、江河与森林相间地带，生活的地理环境决定了这些民族的生产形式以放牧、捕鱼、狩猎和采摘为主。长期的生活和繁衍逐步形成了北方民族独特的生活习性和民族文化，民族服饰充分表现出北方民族的文化特征，其服饰特点伴随着民族发展的时间延续下来，形成了北方各民族独具特色的民族文化标志。

随着时代的进步与变迁，民族文化逐步趋同，特色渐渐消失，民族的传统文化已经成为过去。党的十八大以来，我们国家高度重视民族传统文化的保护、挖掘与传承，很多搞民族文化的单位和部门，都开始重视民族艺术的挖掘、民族特色活动的开展等，而民族服饰是民族文化的重要标志之一，因此很多少数民族聚居的地方都开始考虑和制作本民族的传统服饰，从事相关服饰研究和应用的人们通过查找各种相关历史资料和参考各个民族的服饰特点来改造和创新出自己的现代民族服饰样式，民族服饰的再现有了一定的繁花似锦的态势，这对民族文化的传承与挖掘是件大好事，可是同时也出现很多鱼龙混杂的现象。民族服饰出现了脱离本民族传统的基本样式、民族服饰东拼西凑的组合、张冠李戴的现象，凭着个人意识与喜好创新出来的一些民族服饰，外观看既新鲜又漂亮，然而了解民族服饰的专业人都感到遗憾，一个民族服饰的特点和独特的符号特征没有了，出现如同戏装似的花样复杂、色彩斑斓的服饰，既失去了每个民族服饰特色又失去本民族精髓的文化灵魂。很多参与民族服饰的设计制作人员只是对服饰感兴趣，并不懂民族文化，服饰设计原理和美术审美意识及对民族文化了解甚少，所以凭着某种热情和灵气通过查资料的方式搞出来的民族服饰有失对该民族服饰特色和民族服饰美感的准确把握，使之出现一些不伦不类的民族服饰样式。针对以上的各种民族服饰设计的问题现象，下面就民族服饰的设计发展出现的问题提几个方向性的建议，供今后能参与民族服饰设计人员加以参考。

一、图案的特色

北方民族主要生活在多寒冷地区，服饰特点是冬季多以皮袍子为主，短暂的夏季也有其他短款样式的服饰，长袍和短袍是他们服饰的基本样式，民族服饰是指很久以前的该民族传统样式，民族生活基本没有被汉化之前，还保持一定的传统生活方式。所以今天我们的民族服饰设计制作指的就是那个时候的样式，每个民族服饰图案的特点首先不同于其他民族，都有各自不同的常用服饰图案样式，这主要是指北方少数民族（鄂伦春族、达斡尔族、鄂温克族、蒙古族和赫哲族等）。例如：赫哲族人（三江一带居住的），生产、生活方式主要是捕鱼，世代在江上划船捕鱼，因与水的关系是密不可分，故其服饰材料就以鱼皮为主要特色，图案也用水波纹来体现，并且很多生活工具和生活用品都有水纹图案，水纹图案有简单的水卷纹图案，也有组合式的水纹变化复杂的图案等，服饰上用角寓水纹变化的图案居多，这充分

表达赫哲族人对水的喜爱和生存的依赖；而鄂伦春族人主要生产方式是狩猎及采摘，服饰材料以兽皮为特色，冬季穿带毛皮的大氅长袍，夏季穿去毛的皮袍服饰，皮袍的领和袖子、衣服的下摆两侧与前后开衩处等都有很精美的绣花图案，图案特点是领口的半侧带尖角的图案，图案为云纹的变化，这种鄂伦春族图案特征（后有其他民族的模仿和交换而流传到其他民族中）前胸半面有尖角（意欲上岭上的人），和袍子两侧下摆开衩的（意喻英雄图案），都是构成鄂伦春族的服饰图案特征；达斡尔族人主要的生产方式是牧业和农耕，服饰特点与满族服饰样式很像，服饰图案多以花草云朵为主的变化图案，多用在领子、衣襟和袖口；其他的北方民族服饰图案特征都是与他们各自生产和生活方式有关的设计，所以不同的民族服饰图案的特色是与其地域、生活息息相关，现在人们搞的该民族服饰设计应该保留其图案形式，不然就失去了该民族服饰的深刻文化内涵。

二、设计的类别

（一）展示类

现在各个民族村、自治旗所在的地市区，都建立自己的民族历史展览馆或民族历史文化展示窗口等，工作人员身穿民族服饰传播着本民族的古老文化，给前来参观者进行讲解和介绍民族文化历史和发展，他们身穿的民族服饰就是要充分地表现出自己本真文化特点，这样的民族服饰样式是要还原原始传统的样式，不能做过多的样式改变，应该就是传统民族服饰的再现，通过它们来表现该民族真正的传统文化，这种民族服饰要传承原有的历史样式，区分北方各民族服饰特征，改变人们对北方民族服饰样式不清的模糊印象。

（二）舞台表演类

此类民族服饰主要是用作民族歌舞的表演宣传。在舞台上展示每个民族故事，它需要色彩鲜艳、图案明快大气的服饰，因而此类服饰的设计要把本民族服饰样式特点、图案特色和色彩进行夸张和放大处理，要有夺目的视觉效果，使观者感受到浓郁的民族文化气息，既要追求舞台效果又要展示本民族服饰语言特点。

（三）生活服饰类

生活类服饰要从生活实际应用出发进行设计，由于现在少数民族大多是和汉族混居在一起，都早已汉化，我们北方平日里更是见不到穿民族服饰的人。现在国家出台非物质文化遗产保护政策，重视民族文化的挖掘与传承，相关部门也都开始号召民族村里的少数民族人士在每年夏季开展民族大会时，或者在平时日常生活中也都能穿上自己的民族服饰，把自己的民族标志展示出来，据此笔者建议民族服饰设计要从三个实用目标进行设计。

1. 日常穿用的民族服饰

本民族人们日常穿用的民族服饰，从实际生活便利和适用的价格考虑，样式既要有本民族特色，也要有一定的自我爱好的设计元素在里面，还要有个性化的色彩和材料时代感的应用来考虑设计制作。

2. 设计出质量好价格低的美丽民族服饰

很多到民族村旅游参观的人都喜爱将民族服饰作为纪念品带回去，制作民族服饰不仅有经济效益也能宣传民族文化。但这种民族服饰需要具有价廉物美的特点，以供前来参观者留着纪念或收藏，例如民族样式的T恤衫、裙子、短裤、头饰和帽子等，男女不同色彩和款式，用色彩印刷图案形式制作，既好看又廉价，参加民族村旅游活动的人穿着民族服饰不仅增添气氛更起到对民族文化的传播作用。

3. 按照需求层面进行设计

喜爱民族文化的人多是对民族文化有一定认知的消费人群，是对民族服饰有一定品质需求的消费者，如每年一次的民族活动大会，有来自全国各方领导、专家、学者和记者等人士，都是对民族文化有较深的理解和认识，他们喜欢穿上该民族的服饰来参加大会活动，参与该民族的各种活动，然后还要发表宣传一些该民族活动的相关报道以推进各项民族工作，所以他们更需要一些设计考究和制作精美的民族服饰，这种服饰的样式、色彩、材料和做工都要求有一定的品质。所以就以上所谈的几个方面，由于消费者和消

费群体的不同，我们可以设定几个需求层面来进行设计和制作。

三、服饰的色彩

北方民族服饰多采用动物皮和植物的自然色，根据古老的兽皮和鱼皮等传统服装面料特点，可以用仿兽皮的黄色、白色和仿鱼皮的灰色为主要色彩，进行自己民族的服饰特色设计和搭配，如赫哲族可考虑鱼皮的黑色、灰色、白色和水的蓝色等进行搭配；鄂温克族、鄂伦春族可考虑兽皮的黄色、褐色、黑色、白色和蓝天色等为主色调进行设计，其他绚丽的色调可用在花边的装饰上，但注意色调搭配要协调有脱俗的美感，突出服饰艺术的美丽之感；蒙古族、达斡尔族服饰色彩应用范围比较广泛，他们多以布料和丝绸等纺织材料为主，色彩丰富，图案如同满族服饰一样丰富多彩，服饰材料色彩和图案的花纹色彩搭配协调，根据年龄和性别设计多种搭配组合，对诸多设计手段要广泛应用，把简单的民族服饰变成不简单的民族服饰艺术精品。

四、服饰的工艺

传统民族服饰的制作工艺很考究，多是手工制作，缝制细腻精美。而现在的民族服饰的制作可将原始手工制作和现代机器加工的制作手法相结合，即机器加工用在服饰的暗部链接，服饰的明面表现用精致的手工，两者相结合的制作效果相得益彰，如鄂伦春族的皮袍手工制作是非常精美的，细致精美的针脚比机器制作还好，但批量生产就需要讲究制作效率和制作成本，在服饰重要部分需要进行装饰的地方，用机器模仿手工制作的效果会更好些，或者单衣片需重点加工的地方用手工缝制，然后组合成衣，这样既保证品质，又保证美感，更能增加制作效率，重要的是不失原生态的民族服饰的味道，还有现代机器制作的时代感。设计制作的众多手法集合应用，使各民族服饰的传统与现代的艺术美感大放异彩。

五、面对市场的服饰设计

当今我们的民族自治旗和民族村中，都是少数民族与汉族混居。在文化趋同的状态下，对民族文化中的民族服饰感兴趣的人群可分三种类型：一是民族村里的普通村民虽然他们对民族文化不一定认识有多深，但还是希望在自己的民族节日里能穿上自己民族服装，抒发怀旧心理以庆祝自己民族的节日。他们不需要太高端的服饰，能表现自己民族身份即可，这部分多为该民族里的中老年人，是属于普通的民族服饰的消费群体。另一部分是参观民族村的外来旅游者，希望带点地方特色纪念品，不是很贵重但又很漂亮，具有浓郁特色的民族服饰穿上展示就是最好的纪念品，这是很有乐趣和纪念意义的事情。这种价廉物美的民族服饰采用简单流水制作，如用不同技巧的印刷技术，把自己民族服饰上的图案印在文化衫上，具有自己民族特色的服饰效果即可（此如同海南的沙滩服一样，当地特有的图案印在服饰上，既不贵又很有特点，去海南游玩的人都会购买）。二是有一定品质要求的民族服饰类设计，应用材料要有一定的品质要求，制作手法要有一定的设计和精致多样的做工，可以用印刷图案和手工制作相结合，表现做工和色彩及样式搭配要讲究其艺术协调的美感，这是有一定品质的消费人群需求（如领导、专家学者、民俗工作者等）穿用。三是较高端的民族服饰，面料考究，可以用高级的丝绸或现代出产的新型面料；制作精致，用机器加工和手工绣花相结合，做工细致精美；设计高端、艺术水平、色彩搭配和视觉效果皆佳的服饰，具有高端服饰的特点，还要有艺术品质。这类服饰的穿用主要是各级民族领导、主持人、民族文化艺术学者及民族服饰爱好者等。

总之，在民族优秀传统文化的挖掘、保护和传承工作中，民族服饰是民族文化不可或缺的重要组成部分，保护传承民族服饰文化就是守护好我们北方少数民族美好的精神家园，传承好我国每个民族文化的重要工作。但民族服饰的发展不能离开原有本真的内容，一定要在保留和传承的基础上进行发展。本文的思考重在呼吁民族服饰在今后的发展设计中，要在遵循该民族原有的服饰文化特点基础上进行创新，使我们今后的民族服饰设计变化发展保持住各民族原生态的根基，这是民族原本的根和原本的魂。

传统元素在当代首饰设计教育中的探索与实践

赵　祎

北京服装学院　北京　100029

摘要： 习近平总书记指出："我们要善于把弘扬优秀传统文化和发展现实文化有机统一起来，紧密结合起来，在继承中发展，在发展中继承。""要使中华民族最基本的文化基因与当代文化相适应、与现代社会相协调，以人们喜闻乐见、具有广泛参与性的方式推广开来，把跨越时空、超越国度、富有永恒魅力、具有当代价值的文化精神弘扬起来，把继承传统优秀文化又弘扬时代精神、立足本国又面向世界的当代中国文化创新成果传播出去。"①

探求一条适合中国深厚文化根基和当代全球化语境并置而行的发展道路，是新时代各行各业包括当代艺术设计教育者的当务之急，建设和完善有中国特色的当代艺术设计教育体系已成为高校教师的职责所在。本文以2019年北京市优质本科课程、2022年"未来设计师"全国艺术设计教师教学创新大赛全国总决赛一等奖获奖课程——《传统元素首饰设计》为研究对象，从课堂内容设置与成果解读等方面，分析了如何以首饰设计为切入点，将传统文化与当代视觉创新形式相结合，使传统服饰文化在中国青年视界中幻化新风采的教学思考。

关键词： 传统元素；当代首饰设计；艺术设计；教育

① 分别引自习近平《在纪念孔子诞辰2565周年国际学术研讨会暨国际儒学联合会第五届会员大会开幕会上的讲话》习近平《建设社会主义文化强国　着力提高国家文化软实力》，见人民网"习近平系列重要讲话数据库"。

《传统元素首饰设计》是为北京服装学院产品设计专业珠宝首饰设计方向三年级学生开设的专业必修课，共48课时，课程环节分为理论和实践两部分，其中理论授课16课时，实践辅导32课时，学生人数从37—50人不等。课程注重培养学生在实践中转化传统文化的能力，课堂节奏设置前松后紧，理论部分注重学生面对传统文化的带入感，使年轻人的生命轨迹自然地与有时空之隔的传统文化接轨，实践部分注重过程把控和步骤分解，将实践内容和课程目标紧密结合，以追踪学生的阶梯式成长轨迹，设计“跳一跳才够得着”的教学目标。传统首饰文化思维模型、当代首饰设计方法和创新力培养是该课的三大培养目标，通过传统文化与当代设计的碰撞，打通传统元素在当代青年文化语境中的设计转化。

一、以“小首饰”见“大世界”

不论从物质体量还是社会存在度来看，首饰都是一个“不大”的视觉语言形式，惠泽于稳固的农业文明和技艺传统，中国创造了独步世界的古典首饰文化和视觉形态系统。不论是从一而终的玉文化还是西学东渐的黄金工艺，中国人在首饰工艺与设计上表现出来的创造力向来独领风骚，然而，随着300多年的工业革命演变至今，世界范围的传统手工艺及其文脉体系迅速被西方工业文明替代，中国传统首饰设计和工艺文脉如何延续，如何使传统服饰文化适应当下的时代突变，是课堂开设前需要考虑的重要目标。

一般而言，不论是著书立说还是课堂传授，教师普遍采取编年史或者断代史的思路授业解惑，在中华传统文化的内部语境中谈论中国传统首饰形态与工艺的沿革和发展，这样的理论输出是最保险也是最有据可考的，但我在课堂互动中发现，这样做往往难以提起学生的兴趣。其因有二，首先，在万物互联和新技术日新月异的信息时代，学生获取知识类课堂信息完全可以依靠网络检索工具达成；其次，学生们在通识教育阶段的学习基本围绕中国工艺美术史开展，很多经典的传统手工艺案例早已为学生所熟悉，反复重提将难以适应求新求变的年轻人心理趋向。鉴于此，我在理论部分尝试迭代了中国传统首饰工艺文化讲解体系，用跨文化研究视角将小首饰与背后的大世

界相连接，选择中西横向比较时间点上的经典首饰文化表现，展开课堂理论部分的讲授。智慧课堂需要充分考虑年轻人渴望探求世界并期望与之连接的好奇心理，将与专业认知相关的思维框架和知识类资料结合起来讲授，以此才能打破“小首饰”的专业界域和对传统文化的固有思维。例如我把中华玉文化的形成与发展特点放到世界玉文化的应用范围中解读，通过跨越文化和超越时空的比较，结合世界范围发掘的玉器考古图片，不难得出全世界“唯中国以玉为核”的结论，其中伴随讲解中国玉文化与东亚农业定居文明的经济存续形态和地缘政治的密切联系，以及玉与中国人的性格养成和文人素养价值追求一脉相承等知识点，“玉”作为中国服饰文化中被大量多次使用的珍贵用材，便成了中华文明主流造物用材的必然选择——由知识层面触达思维层面的课堂正是我追求的教学目标之一。

为了将形象化的玉石器物和文化心理上的抽象认知联系起来，我遵循从宏观图景到典型案例——层层深入、具体涉及的讲课节奏，在得出“唯中国以玉为核”的结论后，再深入具体朝代对玉器的典型用法与情感维系上。例如西周组玉佩的组合构成方式与西周人对高尚品德的追求关系密切，理解组玉佩在西周礼制体制下的存在形式，不单单只从玉料的选择和纹样表现上分析，也应该从时代精神需求和玉器外貌关系的匹配度上分析，“节步”与西周时代精神的契合便不是偶然的，首饰形式与精神内容之间的关系通过这样生动的典型案例，便能相对通畅地传授给学生。当然，理论课堂的节奏非常重要，我不求学生如数家珍地列数中国传统首饰文化在精神上的深邃逻辑和形式上的精彩表现，只期望学生在中西比较的宏观把控和具体案例的针对性讲解中，能够形成对其中哪怕一个知识点的研究兴趣，从而由点及线或及面地进行自主延伸阅读——对于连接传统与当代的课堂来说都是值得尝试和期待的。为此我只选择在形式和内容上具有鲜明对照和参考价值的中西首饰制作风格进行比较，例如良渚与两河、春秋与古希腊、两汉与古罗马、隋唐与拜占庭、明清与考古复兴主义等进行对照讲解（图1），从首饰形式上的不同表现形态折射出它与社会文明进程相连接的必然性，学生在中西首饰文化于相同时间点的不同表现，获得了理解“小首饰”背后“大世界”的钥匙。

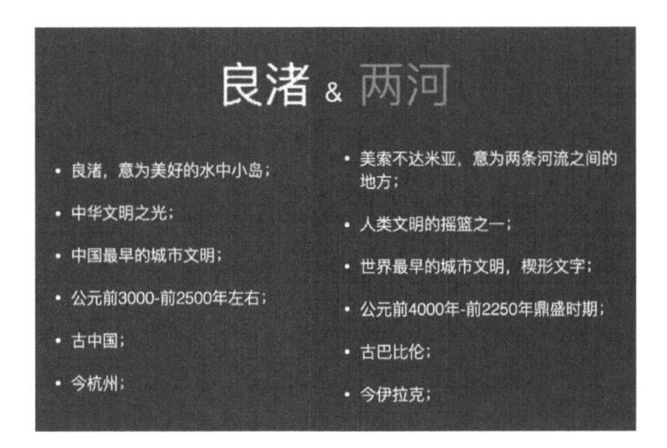

图1 形式和内容上首饰风格的比较

为了更加言简意赅地输出传统首饰文化，我用简单的思维导图把认知方法传授给学生，让学生掌握了量矩中西首饰的工具，例如我将中国首饰技艺文化与“什么是中国”的追问与探讨相连接，把中国文明的独特性放到世界技艺体系中解读，独创“生存结构奠基模型”和“中西首饰文化比对模型”，使学生从文化的底层生成逻辑上理解首饰语言与文化背景的关系，不同的文化土壤必然孕育不同的首饰技艺文化，通过中西时间横轴典型案例比对，中国首饰文化的独有性便一目了然。

二、当传统文化遇到当代艺术

“文化于流变里谋求发展，无法在静止中得到保护”，[①]20世纪60年代掀起的撼动西方艺术思潮并最终使世界艺术风格改道的当代艺术革命，就是在流变中谋求发展的绝佳案例。当代艺术理论家丹托曾经有过这样一段总结，他说：“我感到，是凯奇、杜尚和禅的结合造就了这个出乎意外的艺术革命”——言外之意，当代艺术的审美性是东西方文化互相交流碰撞的结果，也是西方主流文化打开心胸，拥抱来自极具差异性的东方文化而幻化出的艺术能量。受此感召，当代艺术大行其道之后的二十年，首饰艺术也开始了一场从材料、主题到观念的当代首饰视觉革命，一大波当代首饰的先行者为我们的视觉体验奉献了他们的奇思妙想，时至今日他们依然是首饰创作者

① 见参考文献［2］。

表达突出个性和旺盛创新力的阵营。因此，当代艺术或当代艺术首饰本身就是一场跨文化、跨时空的文化运动，它集合了传统与当代两股力量：宣扬“去掉分别心”，实则与庄子的“齐物论”异曲同工；强调艺术创作关注生命的存在状态，其实是艺术自存在以来一直探讨的恒久话题。受教于此，我深感传统与当代不应该各立山头、不相往来，中国的年轻人如果能够掌握当代艺术设计视觉转化的方法论，无疑能够为传统文化的生命力延续助力，也能为世界首饰语言的多样性贡献更多的中国力量。

在此基础上，考虑到48课时的课堂容量与将近40的学生人数，我要做的首先就是解放他们的设计思想和固有形式认知，我带着学生到学校艺术图书阅览室或者北京的文物现场，尽可能拉近他们与任一中国传统形式之间的距离，并在此过程中临摹或者记录一些图文信息以备后用，但是我并不要求他们对一个事件或纹样做完整的记录或者非常深入的研究工作，我只是让他们用最放松的状态感受线条、颜色、形态或者文字信息，并把最打动自己的部分记录下来，如果有必要也可以在传统元素的基础上做一些形式变形或重构。当学生们拿着一手素材与我一对一沟通时，教师需要在倾听中帮助学生提炼出其审美关注点的具体表现，并在对谈中获得价值认同……保持这样的沟通2~3次之后，老师需要逐步清理由抽象感知到具象实施环节中出现的层级问题，例如审美兴趣点的凝练、首饰形态的选取、工艺语言的匹配、佩戴方式与首饰品类的确立等诸多环节。整个过程中，教师要相信学生具备旺盛的创新能力和当代眼光，尊重学生多样化的审美趣味与作品形式之间的对应关系，教师以学生的个性诉求为目标，在经验的驱动下助力学生完成传统元素的当代化转化，这一点与当代艺术宣扬尊重生命存在价值的宗旨是趋同的，也是传统元素与青年人进行情感连接的前提和保障。

首饰是复杂和精细化的手工艺门类，中国传统首饰工艺所体现出来的精湛与巧思更是令人惊叹，在3周的课堂里带领40位学生用传统工艺制作首饰，无疑是不现实的。2017年前后我曾经三次邀请意大利当代首饰协会主席Maria Rosa Franzin来校开设工作营，担任助教期间学习了用冷连接工艺进行首饰结构搭建的方法，这样做不但为复杂冗长的工艺流程瘦身，还能增强人们在佩戴首饰时的互动体验，不但能为传统元素的当代化实践提供了新的可能，学生也可以在基本结构逻辑的基础上有所创新，从而成为实操环节首饰工艺精细度和创新力的工艺保障。

三、以“山水”为题的当代首饰设计转化

“‘山水’作为中国文化的独特因子，起于六朝。……如孙绰所言：‘振辔于朝市，则充屈之心生；闲步于林野，则辽落之志兴。……屡借山水，以化其郁结’”。[①]“山水”在中国文化中的特殊性不单在于它是文人疏散心结的去处，更在于它与中国人根深蒂固的农业社会构型和文化情怀有不可分割的联系。然而“西方文明主宰世界，已经有三百年之久。由于西方文明本身排他的特色，在一个长时段内，西方文明已经削薄甚至损毁了许多其他文明……环顾全世界，能够对西方文明提出针砭的文化系统，只有中国这一处了！”[②]

在课程主题的设置中重提“山水”并不是为了针砭谁，而是期望在回溯传统中找到中国古人看世界的方式与视界，使学生们领悟到中国人所创造的艺术形式之所以与西方有“极性”差异，究其本质是因为中国人观看方式的不同，例如中国文人画中处处体现的“散点透视”有别于西方油画的“焦点透视”，而山水画中体现的贯穿四季、循环往复的时空观，与西方文明始终有序的时空观也有本质的区别。更为重要的是，在信息共享的第四次工业革命浪潮中，学生们的艺术创作愈加依赖于网络二级图像，并在此基础上再创造，最具独创性的一级图像却愈加远离他们。鉴于以上种种，我希望为学生提供一种与他们熟悉的西方审美和观察方式极具差异性的东方世界观和视角，引领他们回到真实的大自然中去寻找灵感，用中国古典文人画中的“飞鸟视角”观察山水，然后用手绘或者电绘的方式画山水速写——这将成为他们后期设计最真实的资料来源。相对于游历山水的放松状态，采风结束后的师生对谈则需要更多的理性分析和信息提取，如前所言，教师需要去掉分别心、不拘一格降人才，用当代艺术的思想抓取学生审美敏感度表现较

① 见参考文献［3］。
② 见参考文献［4］。

高潮的部分，例如有的学生重思辨析哲学，那么他的设计需要较为严密的逻辑推理过程和论证演化路径；有的同学天生对颜色、线条或者结构敏感，那么他的山水手绘稿就是形式法则的直接体现……这些都将催生作品的差异性和学生自我认知。

从教学目标实施过程的表现来看，学生在自然中表现出来的“松”和反复多次思路剖析时的“紧”形成鲜明的情绪对照，进入自然中，人的感知如同广泛撒网般吸取立体化的视觉信息，而设计路径的不断延展则是一个逐步收网的选择过程，如何去掉干扰项、保留强势感受，并使用恰当的材料和工艺进行手工实验、形态提取、模型制作和首饰实践，是每一个学生要面对的课堂重点和设计难点。学生们由传统山水观开启设计思路，在真实的山水接触中体会古人创作诗文图画时的心情和意境，当他们面对自己的设计主题时，传统山水文化的背书便像一层审美底色固守在那里，当代艺术首饰在形式上的包容性和多样性为这层底色增加了很多可能性。课程时间虽短，但从最终的作品效果来看，的确开出了一朵朵传统山水主题的当代首饰小花（图2），虽然工艺细节和结构严谨性上都暴露出了不同程度的问题，但创新难在先行，先行带动后续进而促成永续，这也是新时代艺术设计教育在回应文化可持续议题上需要不断推进的事。

图2　传统山水主题的当代首饰

四、结语

传统文化浩若烟海如同宝库，中华文明之所以延续至今依然强势，与坚韧的文明底色和国人的民族认同感有直接关系，在全世界艺术设计越来越扁平化和同质化的今天，如何培养具有全球化视野的中国青年，使他们对民族身份认同和文化自信保有深刻认知，能够为世界艺术设计贡献东方智慧和视觉形式，是摆在高校教师和高等教育面前的时代课题。探求有中国味道和形式语言的当代首饰设计，是我师从唐绪祥老师以来一直遵循的不变教诲，是我从教20年来一直致力追求的目标，也是诸多同道中人共同努力的方向，中国传统首饰基因历经千年，虽不断变幻形式、不断融合各家所长，但终成一派，我们理应将其发扬传续下去，除了“山水”还有很多值得挖掘的文化因子，期待此文能够提供一些教学实践的范式，与各位抱薪者继续展开话题、深入探讨。

参考文献

[1] 陈来. 中华优秀文化的传承和发展[N]. 光明日报，2017(15).

[2] [日]冈仓天心. 茶书[M]. 谷泉，译. 北京：新星出版社，2016：125.

[3] 渠敬东，孙向晨. 中国文明与山水世界[M]. 北京：生活·读书·新知三联书店，2021.

[4] 许倬云. 中国文化的精神[M]. 北京：九州出版社，2018：277.

唐代佛教绣像艺术研究

崔　岩

北京服装学院　北京　100029

摘要：随着佛教的兴盛，唐代精美的佛教绣像艺术成为刺绣工艺的重要题材，皇室的提倡表率为刺绣题材扩大和工艺创新带来了新的机遇。本文以《灵鹫山释迦说法图》和《释迦如来说法图》两件现存唐代大型佛教绣像为例，阐述了绣像的形式与内容、功能与作用以及工艺特点，从佛教文化和刺绣工艺等角度对唐代佛教绣像艺术进行分析和研究。

关键词：唐代；佛教绣像；绣像艺术；工艺特点

引言：佛教起源于公元前五至六世纪的印度，初期的佛教不直接表现佛祖释迦牟尼的形象，在印度的桑奇三塔和巴尔胡特大塔栏楯石刻中，仅以伞盖、菩提树、宝座、足印、窣堵波（舍利塔）等象征物来代表释迦牟尼的形象。公元一世纪左右才出现最早的佛像，内容表现的是释迦牟尼佛说法、思维、禅定等独身立像或坐像，以及传统的佛传故事和本生故事等，多为石雕和石刻。随着佛教广泛的传播和信众群体的扩大，逐渐发展出以不同材质表现佛教造像的艺术门类，如木、石、泥塑、夹纻、陶瓷、金银等。以刺绣工艺的方法表现佛像属于传统佛教造像的一种，绣像在表现佛教内涵的同时，因宗教信仰的理念使得绣工格外精密细致，代表着特定时代的刺绣技艺特点和艺术风格。本文仅以唐代两件大型佛教绣像实物为例，探讨唐代佛教绣像的形式与内容、功能与作用以及工艺特点等。

一、唐代佛教绣像的形式与内容

唐代佛教绣像题材多样，形式广泛，但绣像内容都是表现佛教义理。唐代佛教绣像最为常见的表现形式是以佛陀说法为主体的《说法图》，基本格局是佛陀居中，左右有胁侍菩萨、弟子、天龙八部护法围绕佛陀听法，背景通常为宝盖和树木，间或有莲花水池。从初唐到盛唐时期，流行弥勒如来头顶螺髻、身披袈裟的佛像，表现的是弥勒菩萨下生成佛后为天人眷属说法的场景。在唐代佛教中，弥勒佛虽被冠以佛名，但实仍为菩萨。佛教认为，弥勒菩萨现在兜率天宫说法，于五十六亿万岁后才下生人间成佛，号弥勒如来。这在敦煌壁画和彩塑中都有所表现，弥勒如来坐姿常为交脚式或善跏趺坐，山西佛教彩塑中的弥勒菩萨也多为跏趺坐或善跏趺坐。善跏趺坐是隋唐以来佛教弥勒像的基本坐姿，也是弥勒像造像与其他佛菩萨造像最明显的区别。此种表现形态，与佛教信徒信仰兜率净土发展为信仰弥勒下生成佛后的弥勒净土思想有关，同时也是武周时期弥勒下生成佛热潮的反映。所以，弥勒菩萨或弥勒如来也是唐代佛教绣像的主要表现内容。

随着唐代佛教盛行，精美的佛教绣像成为刺绣工艺的表现形式，因其在皇室和民间都很流行，逐渐形成了独特的佛教绣像艺术。《全唐文》《大慈恩寺三藏法师传》《法苑珠林》《册府元龟》等古籍中的相关记载，都有篇幅盛赞佛教绣像的精美瑰丽或光彩夺目。对照现存的唐代绣像实物，文献中的赞誉之词并不夸张，本文仅以两件典型唐代佛教绣像实物为重点进行介绍和分析。

第一件是1900年出土于敦煌莫高窟藏经洞，现藏于英国大英博物馆的《灵鹫山释迦说法图》。该图长241cm，宽159.5cm，制作年代为盛唐时期（7世纪下半叶至8世纪上半叶）。《灵鹫山释迦说法图》中佛陀背光后的山石，代表佛陀说法地点为灵鹫山。灵鹫山位于印度摩竭陀国王舍城东北处，以山上多鹫鸟而得名。佛陀住世时常在灵鹫山说法，佛说《法华经》的地点即为灵鹫山。《灵鹫山释迦说法图》采用长方形构图，为一佛二菩萨二弟子立像形式，下方跪拜的是功德主供养人。画面中心的释迦牟尼佛身披红色袈裟，偏袒右肩，立于莲花座上，身后有圆形头光和舟形身光，背光后是层层叠叠、斑驳瑰丽的岩石，表示佛陀说法的山间场景。释迦牟尼佛头部上方为一顶华盖，华盖两侧各有一尊飞天，作散花状。佛陀两侧为文殊菩萨、普贤菩萨和两位佛弟子，弟子的面部和身体虽有残缺，但是从一长一幼的面部特征来

看，应为迦叶尊者和阿难尊者，这是常见的一佛二菩萨二弟子的组合形式。佛菩萨的莲花座下有两只白色的狮子，正在听法，绣像的下部中央长方形框为题记，内容缺失，题记右侧为供养比丘、世俗男供养人和侍者像，左侧为贵妇装扮的女供养人和侍女像，供养人身旁有题记为“义明供养”和“一心供养”，多已湮灭不可辨识。这幅大型绣像表现的就是释迦牟尼佛在灵鹫山说法的场景。

第二件是日本奈良国立博物馆收藏的《释迦如来说法图》。该图长200㎝，宽105㎝，制作时代为8世纪。《释迦如来说法图》为一佛十四菩萨天人圣众、弟子及供养人。这种组合方式后来发展成为说法图的固定程式，用于佛教壁画和彩塑。从《释迦如来说法图》中央佛像善跏趺坐姿、背屏式宝座等特点来看，内容应为下生成佛的弥勒说法像。在唐代佛教壁画中常以这种类型的说法图为基础，四周加以与佛教经文相关的故事，并增添胁侍菩萨、伎乐人、天龙八部、力士、建筑和山水背景的描绘，发展成为内容丰富多彩的经变画。《释迦如来说法图》也采用长方形的构图，画面中央为善跏趺坐于背屏式狮子座的如来说法像，周围环绕着十四尊立姿菩萨，宝座下方为比丘、护法、供养人，以及一块椭圆形花毯。如来头部上方为绚丽的华盖和葱茏的树木，华盖两侧各有六身演奏乐器的伎乐人，绣像的最上方是六位骑着瑞禽前来听法的天人。这幅佛教绣像作品应来自中国文明的中心地区，它的造型、构图和工艺水平更能代表唐代绣像的高超技艺和精美风采。

除了以上两件唐代遗留并保存下来的大型佛教绣像，还有许多佛教绣像虽然已见不到实物，但能从文字描述中窥见当时盛况。如《册府元龟》：“太宗以（萧）瑀好佛道，尝赉绣佛像一躯……”“十载六月，帝以先帝忌日，命女工绣释迦牟尼佛像……”《大慈恩寺三藏法师传》：“先是内出绣画等像二百余驱……”等。此外，在张说《鄎国长公主神道碑铭》、白居易《绣观音菩萨赞并序》等文中均提到皇室公主、臣子眷属以绣像为供养的事迹。

二、唐代佛教绣像的功能与作用

佛教绣像的题材、形式、内容都表现佛教义理，具有多方面的功能和作用。佛教绣像由信徒笃信佛教教义衍生而来，因而首先是供养的功能与作用。佛教中的供养可分为三种，第一种是“利供养”，是以香花饮食供养；第二种是“敬供养”，指赞叹恭敬；第三种是“行供养”，为受持修行妙法。在《灵鹫山释迦说法图》和《释迦如来说法图》中，都出现了比丘及世俗供养人，前者题记文字也说明了供养的作用，应属第二种和第三种供养。除此两件绣像，敦煌莫高窟盛唐第125窟和126窟前室，曾出土一件北魏时期的刺绣佛像及供养人，现已残破，但从残留的部分可以推知原来的刺绣应包含佛陀说法图、发愿文、供养人和边饰等。由旁侧的题记可知，供养人像中有一位是洛阳广阳王。由此可见，以佛陀说法图加供养人的绣像模式早已出现，而且供养人的身份常常都为世族皇胄，地位尊崇，绣像中出现供养人的形象不仅是出资者的记录，更是供养人虔诚信念的象征。

其次，佛教绣像还具有祈福功能与作用。《灵鹫山释迦说法图》和《释迦如来说法图》两件大型绣像制作精美，技艺高超，尤其是面积较大，基本以满绣遍铺，可见投入巨大的人力和时间才能完成。这样一丝不苟的态度体现了佛教中造像积福的思想，《佛说大乘造像功德经》中写道：“若有人以众杂彩而为缋饰，或复镕铸金银铜铁铅锡等物，或有雕刻栴檀香等，或复杂以真珠螺具锦绣织成，丹土白灰若泥若木如是等物，随其力分而作佛像……如是之人于生死中虽复流转，终不生在贫穷之家，亦不生于边小国土下劣种姓孤独之家……是人常生转轮圣王……或生净行婆罗门，富贵自在无过失家。所生之处常遇诸佛承事供养。或得为王，能持正法以法教化不行非道或作转轮圣王，七宝成就千子具足……诸相具足无所缺减……当知此人在在所生净除业障，种种伎术无师自解……所生之处无诸疾苦……”可见，按照对佛经的理解，佛教弟子或供养人以不同的材质制作佛像，会得到富贵圆满的福报。因此，佛教绣像的制作也就成为表现功德盛举的庄严大事，特别是刺绣由一针一线累缀而成，更能体现信徒潜心修行、积少成多、不畏艰难的意念。

第三，绣像还具有观想功能与作用。佛教造像之初便有观想的功用，如净土法门称名念佛时常于厅堂中悬挂佛像，供养礼拜，令修行者时时刻刻如见佛菩萨现立眼前，追随佛菩萨教导，普行众善。因此，佛教绣像常为立幅

构图，便于悬挂和瞻仰观想。以精美的刺绣工艺制作，更能引起观者欢喜赞叹佛相的美好庄严，或者观想佛菩萨修行的妙法，进而引发人的向佛之心、向善之行。

三、唐代佛教绣像的工艺特点

刺绣艺术的工艺特点主要通过针法来体现。中国刺绣艺术历史悠久，据《尚书》记载，帝舜时已用刺绣的方法制作十二章纹中的部分图案。河南安阳出土殷商时期青铜器上的刺绣痕迹，进一步证明了刺绣艺术的悠久历史。从现存的刺绣实物来看，早期刺绣重在表现自由流动、穿插变化的线条，最早出现的针法是锁绣，又称辫子股绣，是一种前针绕环、后针从环中刺出再绕环，形成环环相套的针法。在战国、秦汉时期出土的刺绣实物中，这种锁绣一直是主流针法。发展至唐代，佛教的兴盛使佛教绣像流行起来，佛教绣像中需要大量表现块面，比如绣面背景、人物的皮肤、衣饰以及背光光环的退晕等，传统的锁绣针法已无法满足较大面积的表现和相对快捷的制作需要，因而对刺绣工艺提出了更高的要求，极大促进了刺绣针法的发展。对佛教绣像而言，使用的针法不仅要方便完成巨大尺寸和密度的绣像，还要对佛像、菩萨、天人的面貌、发肤、瓔珞珠饰，以及动物的动态和皮毛等细节做出深入的刻画。因此，唐代刺绣的劈针针法应时而生，虽然劈针的表现效果与锁针有相似之处，但最大区别在于劈针的绣线直行而锁针的绣线呈线圈绕行，劈针更适于表现佛像的细腻变化，而且效率大大提高。唐代劈针法的出现是刺绣针法发展历史中的一个重大进步，为以后平针技法的出现以及刺绣工艺的进一步发展奠定了基础。从以上叙述可以看出，题材的扩大带来了刺绣工艺的变革。纵观刺绣艺术发展历程，由锁绣至劈针再到平绣的发展路径，正是为了适应表现不同效果的需要，这是刺绣针法不断丰富和创新的见证。反过来，刺绣工艺的进步也使得刺绣题材变得更加广泛，极大丰富和发展了刺绣艺术。比如宋代之后，刺绣开始摹仿名家书画，技法愈加细腻，效果惟妙惟肖，名家辈出，成为我国古代工艺美术中一抹特别的光彩，令人叹为观止。

从英藏《灵鹫山释迦说法图》和日藏《释迦如来说法图》绣像工艺看，

都主要使用了唐代劈针技法。相比之下，前者《灵鹫山释迦说法图》多数针脚较长，约在0.8～1.0㎝，这些针法明显是早期劈针绣的拉长，虽然显得较为粗疏，但也较为适合大型绣像的制作需要。从表现效果看，针脚较长的劈针已类似于一般的直针，应该是介于劈针和平针之间的过渡。而后者《释迦如来说法图》在佛陀螺髻、菩萨头冠和一些细节还使用了打籽绣（日本称“相良绣”，又称“玉绣”）的方法。打籽绣最早实物见于东汉诺因乌拉出土的刺绣品，整齐细小的籽粒以不同的排列组合方式，表现多种肌理或质感效果。《释迦如来说法图》通过匀密的打籽绣针法，极大丰富了艺术表现力，但人物面部的白色则为补笔。

现存唐代刺绣实物，以敦煌莫高窟藏经洞、陕西扶风法门寺地宫和苏州虎丘云岩寺塔出土的文物为主，虽然包括幡、经帙、袱、衣物等，但早期刺绣工艺多用于服饰装点。因而，唐代大型佛教绣像宏大场面和精致表现，与皇室的介入和表率是分不开的。文献记载，初唐时唐太宗曾敕宫中制作绣像，法琳法师将其描绘道：“爰敕上宫，式摹遗景，奉造释迦绣像一帧，并菩萨、圣僧、金刚、狮子。备擒仙藻，殚诸神变。六文杂沓，五色相宜。写满月于双针，托修杨于素手。妍逾蜀锦，丽越燕缇。纷纶含七曜之光，布濩列九华之彩。日轮吐焰，蔼袁宏之丝；莲目凝辉，发秦姬之缕。隋侯百里之珠，惭斯百福；子羽千金之壁，愧彼千轮。华盖陆离，看疑涌出；云衣摇曳，望似飞来。何但思极回肠，抑亦巧穷元妙。以今岁在庚寅，月居太簇，三元启候之节，四始交泰之辰，乃降纶言，于胜光伽蓝，设斋庆像。”这幅绣像场面恢宏，只有在皇室倡导以及巨大人力、物力、财力投入下，才能够完成如此巨幅佛像制作，达到令人惊叹的效果。

四、结语

通过以上的分析论述可知，唐代佛教绣像都是以佛教义理为底蕴，通过功德主供养人尤其是皇室的推崇和信仰，为佛教绣像的题材内容和表现形式的发展，以及工艺技术的进步带来了历史机遇。因此，唐代佛教的兴盛促进了刺绣艺术的发展和变革，为了适应制作大量佛教绣像，特别是大型而精致的绣像需求，唐代的刺绣工艺在前代基础上不断求新求变，形成了独具特

色的唐代佛教绣像艺术。在工艺上，唐代佛教绣像的刺绣针法承前启后，为我国宋元刺绣艺术的发展高峰奠定了基础。

参考文献

[1] 尚刚. 隋唐五代工艺美术史[M]. 北京：人民美术出版社，2005.

[2] 赵丰. 敦煌丝绸艺术全集（英藏卷）[M]. 上海：东华大学出版社，2007.

[3] 志莲净苑. 万古长新：中国当代苏州刺绣精品艺术[M]. 香港：志莲净苑，2013.

[4] [英] 大英博物馆. 西域美术：第三卷[M]. 东京：讲谈社，1984.

[5] [日] 松本包夫. 正倉院裂と飛鳥天平の染織[M]. 东京：紫红社，1984.

文化振兴背景下西南民族银饰的工艺传承

唐 天

北京服装学院 北京 100029

摘要：崇尚银饰装扮是中国各民族普遍的文化现象，“以银为饰”是中国民族服饰的一大特色。北方民族与南方民族，由于地理环境、文化背景和生活习俗不同，显示出迥然不同的银饰风格，银饰是民族服饰中最为广泛、最具代表性的装饰品，展示了中华民族博大精深、丰姿多彩的服饰文化以及中华文化的多样性。

西南地区是中国民族服饰最为丰富之地，其银装佩饰及传统制作工艺具有保护传承和创新发展的重要研究价值。

关键词：西南民族银饰；工艺特色；保护传承

中国各民族都有佩戴装饰品的习俗，北方民族崇尚金银珠玉制成的装饰品，南方民族崇尚白银制成的装饰品，而较为原始的民族装饰品多用海贝、羽毛、骨珠、兽牙等自然物制成。北方民族与南方民族，由于地理环境、文化背景和生活习俗不同，显示出迥然不同的银饰风格，甚至同一民族的不同支系间，银饰也有很大差别，这些差异极大地丰富了银饰的种类。西南地区是中国民族服饰最为丰富之地，本文重点讲述西南少数民族银装佩饰的文化内涵、工艺特色及其传承发展。

一、绚丽多姿的西南民族银饰

中国民族传统银饰可分为银头饰和银佩饰两大类，在西南各民族的银饰中，银头饰最为精彩，银佩饰最为流行。

银头饰中，西南民族的银冠、银角、银凤钗、银花插等头饰都是无与伦比的美饰。苗族银冠由众多的银花和各种银鸟、银蝶、银兽以及银链、银铃组成，给人以富丽堂皇之感。苗族银角有西江式、施洞式、三都式、革一式、舟溪式、榕江式等多种款式，各具特色。银凤钗、银花插等头饰更是美不胜收。水族的银头饰，花丝点珠，盘龙团凤，工艺精细。藏族的银头饰多镶嵌珊瑚、松石、蜡玉、珍珠、九眼石、琥珀等珠宝，崇尚华丽之美，雍容华贵。贵州的侗族、水族、布依族，四川的彝族、藏族，云南的哈尼族、壮族、瑶族等民族的银头饰也各具特色，彰显了西南民族精美奇特的银头饰的独特魅力。银佩饰中，最流行的有银项圈、银链、银锁、银镯、银耳坠、银戒、银腰吊以及装饰衣物的银牌、银花，银响铃等。银项圈是最常见的装饰物，种类丰富。银镯形式多样，粗犷者硕大沉重，精巧者工艺细致。银耳饰种类最多，可达百余种，款式丰富，因不受经济约束，故而广为流传。

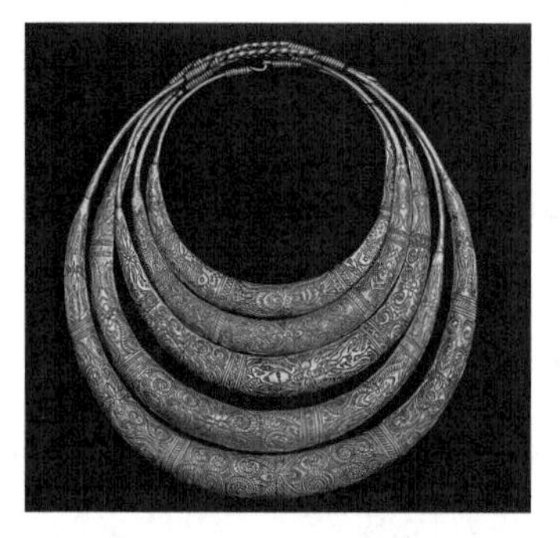

图1　贵州贞丰苗族银项圈

图2　四川凉山彝族三花银耳饰

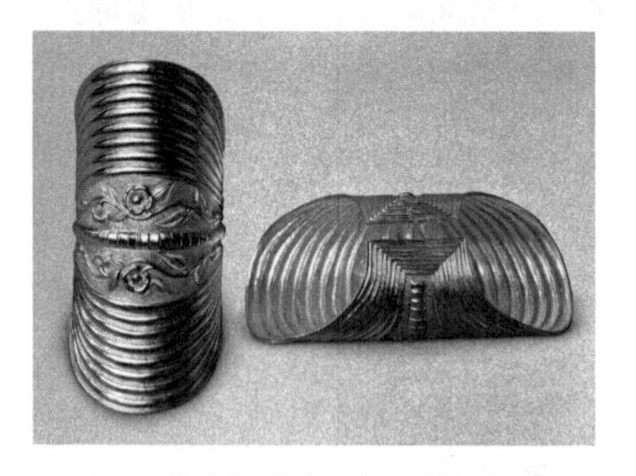

图3　广西柳州三江侗族筒形银镯

西南民族中，若论饰银之风盛行，以苗族为最。居住在清水江流域的苗族人盛行穿戴花衣银饰，最具代表性的是施洞苗、雷山苗和凯棠苗，其少女盛装皆以银衣为饰。錾花银牌是银衣的主要饰物，錾有精美花纹，有龙蛇、凤鸟、蝴蝶、舞狮、麒麟、仙鹤、花卉、罗汉、仙童等吉祥图案，用于装饰衣襟、衣袖和衣背等处。苗女聪明善绣，台江、雷山等地流行的绉绣、堆绣和劈丝绣是苗族特有的绣法，用这三种绣法制作的上衣皆为盛装礼服，称作“花衣”。在花衣上缀满银饰，又称作盛装“银衣”，是苗族服饰中的精品。绚丽的花衣和丰富的银饰构成了苗族服饰的独特风采。

雷山西江苗族银角头饰，虽形如牛角，但却象征着龙角。龙在苗族民俗信仰中是吉祥之神，每个苗家人都相信有一条龙在庇护着自己的村寨，以至于银角成为苗族服饰中的一大奇观。雷山西江苗大银角，宽约85厘米，高约80厘米，造型大气，最具古风。佩戴时，还要在银角两端插上白色羽毛，使银角在巍峨壮观中兼有轻盈飘逸之美。施洞苗银角又称银扇，因其在银角中间设四条银片形似扇骨而得名，其上饰有“二龙戏珠”和“双凤朝阳”，造型栩栩如生。银片间立有6只凤鸟，展翅欲飞，堪称苗族银角中最为华美之作。苗族的银冠、银角、银凤钗、银花梳、银项圈、银镯、银耳饰等都是无与伦比的佳作，其种类丰富、工艺精湛，堪称一流。

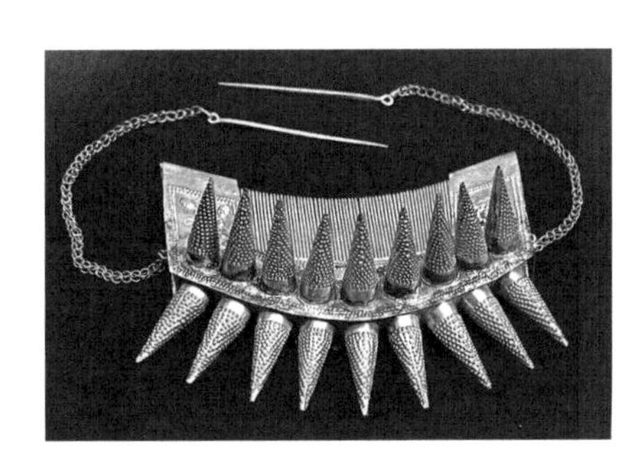

图4　贵州雷山短裙苗鼓钉银梳

贵州水族银饰以花丝工艺著称，其工匠善于花丝点珠，盘龙团凤，工艺精细至极。每一位水族女子都佩戴传统银饰，大的有银花冠、银压领、银腰篓，小的有银镯、银簪、银耳环、银铃等，女人的衣箱里都会藏有几件，而这些银饰都出自当地水族银匠之手。水族少女盛装时佩戴于胸前的大型银压领，雕龙盘凤，装饰效果十分显著。水族女子，一身青衣，无绣饰，通身上下以银饰装扮，黑白辉映，也能达到至美境界。

贵州江县高增乡一带的侗族女子盛装时佩戴大量银饰，挽髻于头顶，戴银额带、插银凤钗，胸前佩银锁、银链，其腰间饰物银腰篓，簪刻精美，腰系镶银牌围裙，装饰风格别致。黔东南镇远地区侗族女子的银冠精美华丽，由许多银牌、银花组成，其上还插饰银凤钗、银梳，佩戴银项圈、银锁、银耳

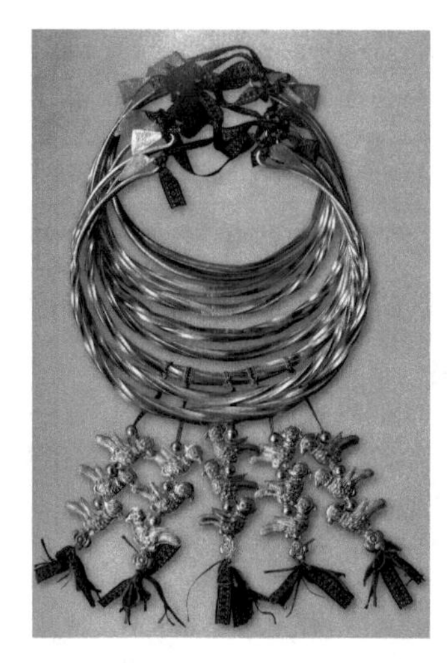

图5　贵州黎平侗族男子银项圈

饰、银镯等多种银饰。崇尚银饰装扮的侗族，其银饰亦各有特色，“以多为美，以多为富”的银饰观念流行于广大侗族地区，庆典喜事时，不仅侗族女子通身佩戴精美的银饰，银光闪闪，令人目不暇接，侗族男子也佩戴硕大的银项圈。

云南的傣族、壮族、德昂族、景颇族、彝族、哈尼族、拉祜族等民族以代表星月的银泡装饰衣物。在民俗信仰中，星星象征多子，月亮是主生育的女神，服饰上缀银泡为饰，便是祈求人丁兴旺，民族世代昌盛。

云南花腰傣少女身穿镶银泡的小褂、外套一件精美的刺绣短上衣，仅七寸长的短衣充分地展示出她们腰饰的华美。身着银泡服饰的花腰傣女孩，红色织花腰带在腰间层层缠绕，银泡小褂下摆缀有均匀排列的银芝麻响铃，长长的丝带将精美的“花央箩”系在腰边，斜挎腰间的银带、镶满银泡的长穗“简帕”，还有织锦挑花筒裙、高高的发髻、别致的小笠帽等。

云南澜沧江一带的哈尼族女子多以银链和成串的银泡、银币作为胸饰，戴硕大的银耳环或耳坠，帽子上镶银泡、料珠，缀丝线编织的流苏，特色浓郁。男子穿青布右襟上衣，沿衣襟点缀银泡、镶两排大银片作为装饰，亦蔚为壮观。

云南文山地区的壮族女子银饰佩戴极为讲究，在盛大节日里，她们周身佩戴银饰，上衣缀满银牌、银响铃，领襟镶饰银泡，熠熠生辉。耳饰有大小不同的银耳环和银耳坠，项饰有片式和柱式银项圈以及银链、银珠串等，垂于胸前的银牌上簪刻有银鸟、银狮、银蝶，手饰有各式银镯、银戒，皆工艺精美。

云南楚雄地区彝族女子穿立领右衽蓝布上衣，其领、襟、袖彩绣缠枝花纹装饰，镶两道花边，色彩艳丽。服饰上还用丰富的银饰装扮，银头饰系双环银链，链上点缀有银须、银铃、银花、银蝶等饰物，衣领上钉一排錾花银屏，戴錾花银手镯。围腰上部彩绣三道花边并镶钉银泡装饰，在彩绣纹样上将银泡钉成三角形，银饰与纹饰图案相映成趣。

四川大凉山是彝族主要聚居区之一，凉山型彝族服饰保留着固有的文化传统，故在彝族服饰中最具有代表性。凉山彝族崇尚佩戴银饰，其中最为引人注目的是彝族新娘的银镀金披索、银胸饰和银饰盖头、银斗笠，其华美艳丽，独具特色。在火把节上参加选美的彝族姑娘们头戴银冠、身着绣有传统纹样的衣衫和百褶裙盛装出场，精美的银胸饰是盛装少女不可缺少的装饰，还有银耳饰、银领牌、银链、银镯、银戒等众多银饰，隆重而华丽。银饰在凉山彝族中广为流行，它不仅是华美的装饰品，也被视为吉祥之物，在彝族年等重大节日中，无论男女都有佩戴银饰的习俗。布拖及普格等地彝族男子衣装上的大银扣也有着强烈的装饰效果，故称为扣饰，风格别具。

四川甘孜藏区及其毗邻的西藏昌都等地的康巴藏族银饰从造型到工艺都十分讲究，精工细作，以华贵为美。藏族银饰造型多样，无论男女，盛装时皆佩戴丰富的银饰，其头饰、耳饰、胸饰、手镯、戒指、呷乌（护身符）、腰饰、奶钩、佩刀、火镰等均为华美饰物，镶嵌红珊瑚、绿松石，用鎏金錾花、雕刻镂空等工艺精制而成。康巴藏族是藏族中最为崇尚佩戴银饰的民族，其银鎏金镶珊瑚头饰、辫饰、腰饰以及硕大的蜜蜡、天珠、珊瑚珠串等饰物，样式别致，装饰丰富，具有浓郁的民族特色和文化内涵。

图6　西藏昌都藏族男子金银镶珠腰饰

藏族银饰不仅是藏族人民的传统装饰品，也是中国民族文化遗产的重要组成部分。

西南民族曾经崇尚“万物有灵观”，反映在民族银饰的造型上，以鼓钉象征光明，于是有了鼓钉银梳、鼓钉银额带、鼓钉银镯等银饰，堪称精彩神奇的银饰装扮。

银饰，一方面显示富有和美丽，另一方面则具有更深层的社会含义。作为民族的标志，银饰具有维系族群的作用，同一个族群必须佩戴同样的银

饰；作为崇拜物，银饰把同一祖先的子孙紧紧凝聚在一起；作为婚姻标志，银饰给人们的婚恋生活带来良好的秩序；作为避邪物，银饰从心理上给人们提供生活的安全感。因此，民族银饰已不是单纯的装饰品，而是根植于民族文化中的佳作，与人类社会生活紧密相伴，具有永恒的魅力。

二、精湛娴熟的西南民族银饰工艺

中国西南民族地区流传的金工技艺中，最为丰富的是西藏地区的藏族金银工艺，还有贵州的苗族银饰工艺、云南白族的金银工艺和四川凉山的银饰工艺等。这些地区在20世纪90年代至21世纪初期还保持着较为完整的传统工艺体系，工匠艺人的传承谱系也很清晰，这是十分难能可贵的。

瑰丽多姿的银饰装扮表现出西南各民族的文化风采，其银饰制作工艺皆十分讲究，有镶嵌、簪花、镂空、花丝、锻造、点珠等精工技法，娴熟的技艺成就了丰富多彩的银饰艺术。

藏族金工技艺随文成公主入藏时传入，此后世代相传，名匠辈出，继承了唐代金银采矿、冶炼、制作工艺的卓越成就。至今藏族工匠仍保持着唐代传统的金工技艺，其银饰上的花纹，也包含了唐代流行的装饰花纹。西藏昌都的藏族银匠制作银饰久已闻名，历史上他们承担着西藏、青海、四川地区藏族银饰的制作。后藏日喀则地区银匠的银饰制作技艺也很精湛。

昌都嘎玛乡瓦孜村是一个银匠村，这里的银匠主要打制藏族妇女佩戴的各种银饰以及寺庙中的供器和法器。由于分工专业，银匠们的手艺都很好，其中银匠扎西达拉家族最为出色。该村汪青秋达家族有五位银匠，都擅长铁花工艺。铁花工艺包括两种，一种用铁片錾刻花纹，做镂空处理，然后鎏金；另一种是错金银工艺，将铁片錾出花纹，然后将金银线打进花纹中，形成纹样，黑白对比，艺术效果很好。但由于这些工艺费时又费工，所以能做铁花工艺的银匠越来越少了。

日喀则地区的银匠多吉次旺，主要专长于錾刻工艺，是该地区最优秀的錾刻师傅。1998年，多吉次旺被邀请到北京服装学院为首饰设计专业的学生传授錾刻技艺，并制作了一批精美的银饰作品，被北服民族服饰博物馆永久收藏展示。2000年之后，日喀则手艺较好的银匠还有七八位，其中拉巴多吉也应邀到过北京服装学院传承技艺。现在，只有多吉次旺和拉巴多吉还在坚持。

藏族银饰制作工艺流程如下：

将银片退火软化，剪切银片时要比模具外形略大一圈。

将剪好的银片放到两块锡锌模具中间，用左手压紧。

用铁锤轻轻打压，将两块模具对合紧密后，再加大捶打力度。

取出压制成型的银片，用弧錾雕刻纹样边线。

用小圆錾旋转錾出卷草纹。

用锯齿錾沿着卷草纹刻出细纹。

在银片的外沿，围焊大联珠纹，内沿围焊小联珠纹。

用铁卡夹把联珠纹固定在银片上，放电炉上烘干。

经过整体焊接成型，最后打磨抛光，一件藏族银饰的制作就完成了。

水族主要聚居在贵州三都，此地银饰在水族中最具有代表性。水族银匠在一代又一代的传承中，将银饰制作的锻、拉、钻、压、镂、刻、焊、铆等技艺运用得非常娴熟，尤其是花丝点珠，工艺精细，在水族银饰品中广泛使用，表现出高超的工艺水平。

花丝龙锁是水族银饰中最为精致的项饰，其重570克，长48厘米。龙锁分双层结构，双龙戏珠纹装饰在最上层，龙身以花丝工艺成型，十分生动；宝珠用螺丝环绕做装饰，风格独特。龙锁的下层以鸟纹、鱼纹、蝴蝶纹为主，通体以花丝装饰。

水族花丝龙锁制作工艺流程如下：

拉丝，搓花丝，掐龙纹、鸟纹、鱼纹、蝴蝶纹。

将掐好花丝的银饰纹样排列在银片上，焊接三遍，清洗剪边。

焊接龙锁的基本型，并焊接双龙戏珠的花丝台。

搓螺丝缠绕出龙身，并与花丝龙头、龙尾焊接，完成两条立体感很强的银龙。

点珠，在龙锁边缘的每个装饰纹样及龙眼睛上焊小银珠。

用银片剪出花、蝶、鱼等纹形，盘花丝装饰，焊接圆环链，与芝麻花响铃一起分成11组，排列吊坠在龙锁下端。

各部件组装成型，将龙锁挂在银项圈上，制作就完成了。

银压领也能体现水族银匠高超的银饰制作手法。银压领的形状采用中空式，正面雕镂着许多花鸟图形，并焊接上立体的龙凤主题银件，其下缀吊着一排排银片、银花和银铃，行走时如风摆杨柳，柔美婉约。

图7　贵州三都水族银花丝龙锁

在凉山彝族，银饰被视为美和富有的象征，因此彝族人喜用各种银饰品装扮自己。这些传统银饰品，均由技艺精湛的彝族银匠手工制作而成。凉山彝族银饰的制作材料主要是纯银，制作工艺丰富多样，有镂空雕花、银丝细绕、模制加工、银板錾刻、银器镶嵌等多种技法，做工精美，图纹丰富。凉山彝族银饰种类多样，有银羽衣、银冠、银斗笠、银衣片、银扣、银铃、银耳饰、银镯、银戒、银胸饰、银领牌等，多出自凉山昭觉银匠作坊。

凉山彝族银镯形制可分为两类，一种用银丝弯成圆形，点珠装饰，造型简洁。另一种用模制法加工制成环形镂空雕花银镯，镯面上刻有纹饰或镶嵌宝石、点珠装饰。镂空雕花手镯是凉山彝族最传统的模制加工银镯，其制作工艺流程如下：

铸炼，将银料放在“银窝”（坩埚）内，坩埚置于火炉上，待银料溶化成液体后，倒入卡槽内。

锻打，待银料凝固，再取出趁热锤打成银片和细圆条。

拉丝，将细圆条用一个特制的丝眼板，拉出粗、细不同的银花丝备用。

模制，将银片按需要剪成小块，放在两块模具中间，先用铁锤轻轻打压，待两块模具对合紧密后，再加大捶打力度，打压出花纹轮廓。

簪花，将贴有松脂板的压花银片錾刻出细致的镂空花纹。

焊接，将簪花成型的手镯银片围合成圈，然后焊内环封合。在手镯内环的焊口上，再压一圈银花丝。

洗涤，最后将整件饰品放入特制的溶液中洗涤成光亮耀眼的饰品。

经过最后一道工序，精美的镂空雕花银镯制作就完成了。

图8　云南鹤庆银匠王正武制作的藏式嘎乌

云南鹤庆新华村的“小炉匠”自唐代南诏国时期就开始加工金银铜等金属手工艺品，至今已有一千多年的历史。一件件银器的背后，流传着一代代匠人的故事。新华村的白族银匠王正武，16岁随父亲学习花丝手艺，其后随长兄到四川甘孜州向藏族银匠学习花丝工艺，长达8年之久，掌握了藏族花丝的工艺技术和使用铁夹子制作花丝银饰的方法，制作的产品质量和数量都大为提高。王正武回到鹤庆新华村至今，专门制作藏式花丝银饰，技艺精湛，产品畅销到四川、青海等藏族地区。

我们在考察中所见，银匠王正武的藏式嘎乌制作工艺流程如下：

拉丝，将银丝拉到直径2.5mm，搓成螺丝状，其效果接近藏族工艺中的联珠纹边丝。

搓正反丝，单丝直径0.6mm，正反排列。在螺丝内侧排列三对正反丝。

用花丝排列四瓣花，在花上焊银珠。

镶宝石碗，中间镶大宝石碗一个，侧边镶小宝石碗四个，银片围焊而成，用于镶嵌珊瑚珠。

用素丝排列卷草纹轮廓，中间用花丝排列勾云纹，均匀填满。每一组花丝的排列需用铁夹子固定，用焊药吹焊两次即可。用银珠点缀在卷草纹上，效果美观。

将金皮花镶嵌进预留的凹槽中，中间圆形，四边条状，均簪刻有花纹。

围边，用錾刻卷草纹的银片围在嘎乌侧面，焊接成型。

用银片剪出嘎乌形，焊接子口做成后盖。

做上部坠扣圈，下部六角形饰物。

经过“三烧三洗”整理成型，一件精美的嘎乌制作完成了。

中国是手工艺大国，约百分之六十的传统工艺是在民族地区，因此说中华文化的根脉是乡土基因。西南少数民族银饰的制作和流行，既美化生活，也是生活所需，彰显了传统工艺是中华民族的文化基因，也是民族生命力和创造力的重要体现，在地域文化和民族发展中具有重要的价值。

三、结语

进入新时代的人们对于具有现代元素的首饰设计更加关注，同时亦注重从传统银饰工艺中发掘艺术元素，在技艺运用、视觉效果、创新引领、商业转化等方面进行整合。我们需要关注传统工艺在新时期的传承利用与创新发展。

当今中国面临着文化振兴的巨大转型，尤其是在全球化治理的生态保护与可持续发展日显重要的背景下，乡土文化将会发挥极为重要的作用，存在于中国少数民族地区的乡村之美及地方文化也日显重要，未来乡村传统文化的复兴和再生长将会成为国家文化建设的根基。同时，这也是一次中国当代时尚设计的革命性转型，即许多城市中的时尚艺术家以及艺术院校的师生进入乡村，将自己的艺术活力与乡土手艺、乡村艺术合而为一，立足传统手工艺的保护传承和开发利用，发掘创新既传统又时尚，既是文化又是产业的乡村技艺，为发现和弘扬乡土之美而助力，以文化促进乡村振兴。

从宏观上讲，民族传统文化是人类文明的一部分，其既是人类历史文化的象征，也是人类社会长期发展的文明结晶，是记录和保持中华传统文化的重要表现，更是珍贵的非物质文化遗产。民族服饰对于当代中国展现中华优秀传统文化内涵、创造具有国际知名度和影响力的时尚品牌，推动中国风、国潮风的时尚产品走向世界有着十分重要的意义。

国家非遗“剧装戏具制作技艺”的保护与传承策略研究

任丽红[1]　郝瑞闽[2]　李荣森[3]

1、2 常熟理工学院　常熟　215506　3 中国戏曲学院　北京　100068

摘要: 苏州的“剧装戏具制作技艺”已于2006年入选首批国家非物质文化遗产名录，这些精彩绝伦的中华非遗，蕴含着中华民族特有的精神价值、思维方式、想象力，剧装戏具制作技艺是戏剧文化的重要组成部分与精髓之一。深入挖掘中国传统服饰文化精髓，使其绽放更耀目的光彩，加强对戏剧服饰文化的保护已刻不容缓。本文针对剧装戏具制作技艺目前存在的问题及造成这些问题的成因进行剖析，从保护和传承的角度，寻求解决问题的对策。

关键词: 剧装戏具制作技艺；保护传承；发展策略

一、苏州剧装业的艺术特色及历史背景

苏州剧装业有着悠久的历史，明清时期的苏州经济发达、文化昌盛，以及苏州地区发达的传统手工艺文化背景，对苏州剧装业的形成起着重要的推动作用。戏剧服装简称“戏衣”，过去戏剧界称之为“行头”，现在称之为“剧装”。戏剧服装与戏曲的发展有着密切联系，它是随着戏曲的诞生而出现的。正是有了丰富多彩、制作精良的戏衣戏具的烘托，才有了戏曲独特的舞台艺术效果，并成为我国乃至世界的文化遗产。

由于所有南曲戏班的发源地都在长江以南，戏班的剧装需求推进了苏州戏衣业的发展。而苏州的丝绸品、刺绣品生产早已驰誉全国，条件优越，因此，在明代苏州开始了正规化的戏衣生产，从明代嘉靖年间算起，迄今已

有四百多年历史。在20世纪30年代，苏州的戏衣从业户数约达60家，当时，京剧界最负盛名的梅兰芳、程砚秋、荀慧生、尚小云四大名旦的剧装均在苏州定制。

改革开放以来，苏州生产的剧装戏具产品在全国和东南亚、港澳台地区有着相当的影响力，苏州戏具厂的"金龙牌"商标在国内外的市场上享有非常高的声誉，在20世纪80年代两次被轻工部评为"百花奖"。从1983年开始，苏州剧装厂为经典87版《红楼梦》制作戏衣及戏具，连续4年的时间制作了87版《红楼梦》剧装及服饰，一件件精美的戏衣，百分之九十都是手工制作和刺绣而成，精美绝伦，成就了独有的"红楼梦时代"，成为了历史的经典。但是到90年代，戏曲演艺活动的主流文化地位在多元文化冲击下不保，传统剧装业随之也变得萧条。传统戏曲的衰退，导致了传统戏装需求量的下降，这对剧装戏具行业是一个致命的冲击，因此，戏装制作行业也开始走向衰弱。

苏州剧装戏具厂曾经是全国生产剧装戏具用品最为齐全的专业制作单位，其品种包括各类演出戏衣、硬盔、软巾、靴鞋、口面、头饰、刀枪等，在戏曲演艺界具有较大的影响和声誉。然而，受到社会大环境的影响，公司从20世纪80年代几百名员工缩减为现在的员工不足50人，而且面临着技术队伍老化、专业技艺人员越来越少、技艺传承后继乏人的尴尬局面，剧装戏具制作技艺已经到了"失传的边缘"。一套剧装戏具，通常由二十多道工序组成，照常规，每道工艺最少应该有两个人掌握，这样才能保证传承，但现在有些工艺只有一个师傅会做，而且现在通常要一人同时兼顾几道工序，从事戏装生产的人越来越少，因此导致了老一辈的工艺技师没有了接班人，许多精湛的制作工艺得不到传承。

二、苏州剧装业的发展现状及困境

（一）传承人年龄老化、活态传承后继乏人

苏州剧装戏具合作公司，是目前苏州唯一一家具有相对规模的剧装戏具生产企业，20世纪80年代初，苏州剧装戏具厂有几百名的员工，仅刺绣配

色老师傅就有六七个人，加上下属放绣站的十几个配色员，配色师傅就达20人之多。然而现在公司包括开料、印花、刺绣、成合、鞋靴、盔帽等车间的工艺师傅加起来还不到50人，平均年龄在50岁，并且有四成的工人师傅是退休后继续留用的。面对从业人员的老龄化，且有相当一部分民间艺人的相继辞世现状，他们所拥有的剧装戏具制作独特技艺和传承理念并未得到很好的保护，就随之消失，这是剧装戏具制作行业传承发展极大的损失。

（二）社会环境变迁，民俗文化载体出现变化，走向衰弱

随着现代经济、科技的快速发展，先进的电子产品、网络电视等娱乐项目的涌现以及生活方式的变革及流行文化的冲击，使得人们不再去关注传统戏剧，观看戏曲的观众也越来越少，演出场次也在缩减。传统戏曲的衰退，导致了传统戏装需求量的下降，这对剧装戏具行业是一个致命的冲击，戏装制作行业也开始走向衰弱，陷入了迅速下降的漩涡。

（三）从业人员的工资偏低，人才匮乏

在1929年之前，苏州剧装戏具厂工人的工资最高每月仅有12元，当时的学徒是没有工资的。后来成立工会后，工人最高工资提高到14.8元。新中国成立后工人成立了戏衣业工会，工资得到增加。到了20世纪50年代中期，最高的工人工资也只有36元（包括伙食费在内）。在1956—1957年，实行了计件工资制，当时产量得到大幅直线上升，每人每月工资人均超过底薪的50%。在当时的社会状况下可以说工资水平已经达到了相当的高度。一直到20世纪80年代末，这期间工资是在逐渐地增加。[①]

据2021年1月最新统计，苏州戏具厂师傅每月的工薪在2500—3000元左右[②]，工资水平明显低于其他行业，微薄的工资不能吸引高水平的知识技术人才，尤其是剧装戏具行业对年轻人缺乏吸引力，这使得许多文化人才流失，发展极不稳定，戏衣传统制作技艺和传承正面临着严重的危机和考验。

① 数据来自苏州剧装戏具厂内部资料，李书泉所编《苏州剧装戏剧厂志》。

② 数据来源于课题组在2021年1月在苏州剧装戏具厂问卷调查中的数据。

三、戏衣传统制作技艺的保护传承及策略研究

（一）提高手工艺人的工资待遇，加强培养后备力量

非物质文化遗产的传承不仅是个人的行为，还是一个国家和民族遗产继承的举措。非物质文化遗产传承人的培养是“非遗”能否不断延续发展的第一要素，提高传承意识，注重非物质文化遗产的活态保护、活态传承、活态发展，是摆在我们面前的当务之急。目前非遗的自发性传承面临着一定的困难，年轻人大都出去打工，不愿意继承耗时费力又收入微薄的非遗传统手工艺，年迈的非遗匠人后继无人，因此，非遗传承的首要任务就是培养后备力量。

非遗中的技艺和创意是中华民族的宝贵财富，因而对传承人应该有严格的评价审查机制和激励机制。对于从事剧装戏具制作技艺的一些老艺人，他（她）们的传统观念还比较强，不肯轻易将自己的技艺展示和传人，对非物质文化遗产保护的宣传工作显得尤为重要，要通过加大宣传，引起社会公众更多的关注，相应地提高民间艺人的社会地位，让民间手工艺人得到更多的报酬和益处，增强他们的自豪感。强调保护非物质文化遗产的重要性，把他们的技艺传承下去，发扬光大，留住传统技艺和文化。与此同时，要加强宣传，激发更多热爱戏曲的人来守护戏曲传统服饰制作技艺，重视戏曲与戏曲服饰作为“文化遗产”的潜在资源开发，吸引更多人参与到对戏曲服饰的保护与传承中来。与此同时，提高手工艺人的工资待遇，大力引进知识型人才，是传承和保护我国优秀传统工艺的当务之急。

（二）加强“剧装戏具制作技艺”的收集整理及知识产权的保护工作

以苏州剧装制作李氏家族第三代传承人李荣森为代表，重点收集苏州剧装业百年工艺技艺，总结整理剧装厂老艺人剧装制作的工艺流程、操作规范等。由于剧装戏具传统工艺制作难度较大，以手工制作为主，效率不高，随意性强，要鼓励更多的剧装制作传统技艺的守护者、文化创意人才，加入

“剧装戏具制作技艺”的收集整理及知识产权的保护工作之中。

在收集整理工作中，要仔细观察老艺人们的制作技艺，协助老艺人归纳总结工艺规范及工艺流程，形成标准的制作工艺流程、步骤及方法，制定标准的剧装制作工艺规范。通过与“非遗”传承人的“对话”，获取剧装戏具服饰制作技艺的历史、特征、内涵、文化等资料，建立剧装戏具制作技艺传统意义图案、纹样、版型、工艺规范等资料及数字化、影像化保存数据库，分类归档，加强对传统技艺和方法知识产权的保护工作，加大对老一辈戏曲服饰制作传统技艺的收集整理和传承保护。

戏曲服饰种类繁多，不是一朝一夕就能完成收集工作的，需要提前做好知识储备，需要长时间付出艰苦的努力和艰辛的劳动，需要有恒心有毅力，把保护和传承工作作为一项事业来做，需要做好长期工作的打算，需要一批全身心投入这一伟大的事业当中的传统文化守护者。

（三）加强校企合作，实施非遗进校园传承计划

非物质文化遗产的传承特性，是非物质文化遗产本身得以生存发展的前提。在高校开设相关的非遗专业，利用现代教育理念和培养模式，在文化素质、审美感悟、创意创新等方面为非遗的传承和发展提供优质人才，并且培养传承主体的文化自觉意识。苏州剧装戏具厂与中国戏曲学院联合培养学生，并以苏州剧装戏具厂为教学实践基地，进行传统文化传承、技术传承，收到了非常好的教学效果、同时也给企业增添了新的血液和机遇，实现了双方的共赢。

以此为契机，给了我们一个很好的启示，我们应当充分发挥优势，继承剧装文化内涵及实质，鼓励国内定点高校与苏州地区剧装厂校企合作培养戏剧服饰制作技艺方面的专业人才，在高校开设与戏曲服饰文化研究和传承相关的专业，如戏曲服饰设计与工艺、艺术学、服装设计学等。学生们通过专业学习，钻研和传承戏曲服饰文化的理论、方法及传统技艺。以剧装企业为实践基地，学习剧装戏具传统技艺及手工艺，加强校企“产学研”深度合作，实现资源共享，谋求提高科技创新的能力，共同探寻戏曲服饰传统技艺的传承方法，感受传统剧装制作技艺的博大精深和丰富的文化内涵，为今

后从事剧装戏具制作技艺研究和传承工作打下良好的基础。通过“非遗”进校园、将“非遗”技艺编入教材，探索“非遗”的校园传承及保护模式，使非物质文化遗产得到有效保护，修复其自然传承链条，振兴非遗传统工艺。

（四）体现地域特色的非物质文化遗产文创产品开发

近年来，国家民族文化保护工程高度重视非物质文化遗产的保护和传承工作，对非物质文化遗产保护投入巨大，但却难以挽救非物质文化遗产式微的势头。因此，仅靠国家的投入和扶持还远远不能满足现实所需，但是部分非物质文化遗产已经表现出较好的经济潜在价值。这些潜在因素，应在政府的主导下，鼓励各类市场主体参与，率先走上市场化、产业化的道路。将传统手工艺与当代国际设计理念相结合，走传统文化与流行文化的结合、交融之路。将戏曲艺术文化通过文化创意载体推向民众、推向世界，让更多的人了解中国的传统文化、了解中国的剧装艺术。

“剧装戏具制作技艺”文化遗产资源既可以通过整理、编辑、出版、展演，实现对其自身的产业化经营，又可以迎合当代大众的口味，为影视作品开发戏衣、戏具、配饰等系列产品。利用当地非物质文化遗产中可供开发的项目，整合资源、政府引导、企业打造、媒体协助，将其培育为具有地域标志作用的著名工艺品品牌。并且在产品的文化内涵、广告营销、形象设计及注册商标等方面，融入地域文化元素，既要体现传统文化的地域特色，又要与新时代的文化生活接轨，将品牌所蕴含的地域特色文化有效传播出去，让非遗企业单位充分享受到产业化的成果，使得“剧装戏具制作技艺”非物质文化遗产得到长期有效的保护。

四、结语

“剧装戏具制作技艺”是我国民族传统文化的精华，是多少代工匠师傅智慧的结晶、艺术的沉淀和传承，才形成了剧装戏具制作技艺的精髓。对戏曲戏衣制作濒危技艺开展抢救、继承及创新性研究与开发工作，是对非物质文化遗产保护和传承做出的最实际工作，是为中国剧装戏具制作技艺的保护、传承、发展和创新所寻求的一条可持续之路。

参考文献

[1] 刘月美. 中国昆曲衣箱[M]. 上海: 上海辞书出版社, 2010.

[2] 张淑贤. 清宫戏曲文物[M]. 上海: 上海科学技术出版社, 2008.

[3] 谭元杰. 戏曲服装设计[M]. 北京: 文化艺术出版社, 2000.

[4] 陈申, 李荣森, 潘嘉来. 中国传统戏衣[M]. 北京: 人民美术出版社, 2006.

[5] 宋俊华. 中国古代戏剧服饰研究[M]. 广州: 广东高等教育出版社, 2003.

[6] 刘瑞濮, 陈静洁. 中华民族服饰结构图考[M]. 北京: 中国纺织出版社, 2013.

[7] 曾长生. 昆剧穿戴[M]. 苏州: 苏州大学出版社, 2005.

[8] 孙晓华. 剧装戏具制作技艺[M]. 北京: 北京美术摄影出版社, 2015.

[9] 白先勇. 姹紫嫣红牡丹亭: 四百年青春之梦[M]. 桂林: 广西师范大学出版社, 2004.

[10] 朱琳. 昆曲与近世江南社会生活——以昆曲受众群体为对象的考察[D]. 苏州: 苏州大学, 2006.

[11] 苏州市文化局, 苏州戏曲志编辑委员会. 苏州戏曲志[M]. 苏州: 古吴轩出版社, 1998.

[12] 周秦. 苏州昆曲[M]. 苏州: 苏州大学出版社, 2004.

[13] 梅兰芳, 许姬传, 许源来. 舞台生活四十年[M]. 上海: 平明出版社, 1952.

[14] 苏文灏.基于青春版《牡丹亭》戏服的昆曲戏衣“世俗化”解析[J].服饰导刊, 2020, 9(4): 74-79.

[15] 孙立慧. 论中国传统戏曲服饰的基本特征[J]. 戏曲艺术, 1991(2): 85-89.

浅谈民族服饰与中国时尚文创产业发展

董苏艺

内蒙古博物院　呼和浩特　150102

摘要：中国是一个多民族国家，每个民族都有自己独特的服饰文化。从古代到现代，民族服饰一直是中国文化的重要组成部分。民族服饰反映了中国各民族的生活习惯和审美观念，彰显了中华传统文化的辉煌。随着中国时尚文创产业的发展，民族服饰也逐渐被赋予了新的时尚内涵，许多设计师将传统的民族元素融入当代时装设计中，使其更具有现代感和国际化视野。在中国时尚文创产业的发展中，民族服饰发挥着重要的作用。

关键词：民族服饰；民族元素；创新设计；服装产业发展

民族服饰是中华优秀传统文化的遗产之一，具有悠久的历史和独特的文化意义。在中国时尚文创产业的发展中，民族服饰发挥着重要的作用。中国是一个多民族国家，每个民族都有自己独特的服饰文化。从古代到现代，民族服饰一直是中国文化的重要组成部分。民族服饰不仅反映了各民族的生活习惯和审美观念，还蕴含着深厚的历史文化内涵。例如，汉族的唐装、宋装等代表了中国古代文化的辉煌；蒙古族的蒙古袍体现了草原民族的豪迈气息；藏族的藏袍则展示了西藏文化的神秘和美丽。随着中国时尚文创产业的发展，民族服饰也逐渐被赋予了新的时尚内涵。许多设计师将传统的民族元素融入时装设计中，使其更具有现代感和国际化视野。通过这种方式，民族服饰得以更好地推广和传承。总之，民族服饰是中国文化的重要组成部分，具有丰富的历史和文化内涵。在中国时尚文创产业的发展中，民族服饰的保护、传承和创新至关重要。

一、民族服饰的种类和特点

中国民族服饰是中华传统文化的重要组成部分，也是中国服装产业重要的创新设计元素。中国民族服饰种类繁多，每个民族都有自己的独特风格和特点。例如，蒙古族的传统服饰蒙古袍有蒙古单袍、棉袍、皮袍等；藏族的传统服饰有藏袍、藏袍裙等。中国民族服饰的特点是色彩鲜艳、图案丰富、材质多样、工艺精湛等，融合了民族文化的符号、象征和意义，具有浓郁的地方特色和文化内涵。同时，民族服饰也是中国时尚文创产业中的重要资源，可以为中国时尚文创产业注入新的设计元素和文化符号，并且可以带动相关产业的发展，如纺织、印染、刺绣、饰品等。因此，对于中国时尚文创产业的发展来说，发掘中国民族服饰的文化内涵和商业价值，不仅有利于传承和弘扬中华传统文化，也有助于推动中国时尚文创产业的创新和发展。

北方草原民族服饰是草原文化的重要组成部分，是草原民族的形象标识之一，也是本文探讨的重点。蒙古族自古生息在北方草原，辽金时期逐渐兴起，十三世纪初成吉思汗统一北方草原后，建立横跨欧亚的蒙古国，其孙忽必烈建立大元王朝，并于1279年统一了中国。蒙古族保持和发展了以穿窄袖长袍为主的草原服饰风格，使之更加美观庄重和便于鞍马骑射。早期蒙古袍以皮毛为主，取材自然，质朴简约；元代后以棉帛为主，兼用皮毛，配金、银、玉饰，极显华贵；在冠帽、衣袍、带靴等方面都有重大发展，特别是“质孙服”与“姑姑冠”是最具民族特色的经典服饰。元代蒙古族集前代北方民族服饰文化之大成，最终形成了草原民族服饰的基本风格。

十六世纪中叶，在蒙古各个部落中崭露头角的漠南土默特领主、被明王朝封为顺义王的阿勒坦汗，顺应历史潮流，在忠顺夫人三娘子的辅助下，实行与明王朝修好的方针，开创了近百年和明王朝“通贡互市”的和平新局面，并进一步推动了蒙古族服饰的发展变化。关于明代蒙古族服饰的款式，主要反映在《阿拉坦汗法典》《卫拉特蒙古法典》和明代《北虏风俗》等著述中。其直观的形象资料是内蒙古美岱召大雄宝殿绘制的阿拉坦汗家族《供养人》《礼佛图》，壁画上面有明代人物的发型、冠饰、领衣、长短坎肩、斗篷和装饰品，均与元代有着明显的不同处。如：上层贵族女子袍服外多罩对襟

无袖长坎肩，男子多穿窄袖宽袍。以珍贵兽皮镶衣边为装饰，均为明代服饰的一大特色，形成一种全新的风格。

蒙古族自元明至清代以来，一直是北方草原的主体民族。蒙古族服饰至元代定型，到明代延至清代，因地域辽阔和部落分立的原因，开始走向多样化的发展道路，分成巴尔虎、科尔沁、察哈尔、鄂尔多斯、乌拉特、喀尔喀等若干分支，在头饰袍服与佩饰方面，形成大风格相近，又各具风采的文化面貌。尤其是女子头饰服饰，质地华贵，做工精细，色彩斑斓，争奇斗艳，成为部落和地域的标志之一。清代蒙古族继承元、明代蒙古族传统服饰款式，凭借社会经济繁荣发展的有利条件，将北方草原服饰文化推向鼎盛。

蒙古族服饰种类丰富，以部落服饰为主要特点，分别列举如下。

①巴尔虎部落服饰。“巴尔虎”为古代蒙古族部落的名称，意为“林中百姓”，曾经是生活在森林当中的狩猎民族，现今主要分布在内蒙古呼伦贝尔大草原。

②布里亚特部落服饰。“布里亚特”蒙古族是厄鲁特蒙古人的一支，部落名称延续至今。十二至十三世纪布里亚特蒙古部落生息繁衍在贝加尔湖周围及内、外兴安岭之间的草原上，现今主要生活在内蒙古鄂温克旗和外蒙古。

③科尔沁部落服饰。“科尔沁”为古代蒙古族部落的名称。蒙古语“科尔沁”为“弓箭手”或“带弓箭的侍卫”之意。科尔沁部落现今主要分布在内蒙古通辽地区。

图1　巴尔虎蒙古族服饰

图2　布里亚特蒙古族服饰

图3　科尔沁蒙古族服饰

④阿巴嘎部落服饰。“阿巴嘎”为古代蒙古族部落的名称。蒙古语“阿巴嘎”为“叔权”之意。因其部落首领曾是元太祖成吉思汗同父异母的兄弟，故将其所率蒙古部落称为阿巴嘎部落，现今主要分布在内蒙古锡林郭勒盟阿巴嘎旗。

⑤苏尼特部落服饰。“苏尼特”为古代蒙古族部落的名称，是蒙古部落中有史书记载的最古老的部落之一。苏尼特蒙古部落最早居于贝加尔湖南部，现今主要分布在内蒙古锡林郭勒盟。

⑥鄂尔多斯部落服饰。“鄂尔多斯”为古代蒙古族部落的名称。蒙古语，意即成吉思汗的“宫帐群”。那些守护“鄂尔多斯”的部落称为鄂尔多斯人。鄂尔多斯部落现今主要分布在内蒙古鄂尔多斯地区。

图4　阿巴嘎蒙古族服饰

图5　苏尼特蒙古族服饰

图6　鄂尔多斯蒙古族服饰

二、中国时尚文创产业的现状和发展趋势

民族服饰是中华文化的重要组成部分，其源远流长，有着悠久的历史和丰富的文化内涵。在当今社会，随着人们对文化传承的重视，民族服饰逐渐成了时尚设计的元素内容，受到越来越多人的关注和青睐。同时，中国服装时尚产业也在不断发展壮大。中国是世界上最大的服装生产和出口国家，但随着国内外市场的变化和竞争的加剧，中国服装时尚文创产业也面临着挑战和机遇。在现有情况下，中国时尚文创产业应该注重品牌建设和质量提升。

同时，应该更加注重设计和创新，推出更具时代感和文化内涵的产品。此外，应该积极拓展国内市场和拓展国际市场，以适应市场需求和推动产业升级。总之，民族服饰和中国时尚文创产业的发展是相互关联的，应该注重文化传承和创新，推动产业发展和文化传承相互促进。民族服饰作为中华文化的重要组成部分，对中国时尚文创产业的发展有着重要的启示和影响。

本文以蒙古族服饰元素设计创作的时尚文创产品为例，展示内蒙古地区充分利用当地丰厚的蒙古族文化资源优势，以文化推进创意产业发展，同时以刺绣扶贫，以刺绣作为重要的脱贫产业，并推动牧民素质的提升。调动蒙古族妇女脱贫致富的积极性，做到居家就业、巧手致富，提升了文化自觉，提高了生活水平，使刺绣产业成为草原牧区蒙古族妇女脱贫致富的手段。蒙古族服饰元素及刺绣技艺已成为当地妇女“居家就业、巧手致富”的文创产业，使蒙古族妇女因参与刺绣产业受益增收，并传承民族文化。

以下两张图为蒙古族传统服饰元素文创衍生品照片。

图7　织锦刺绣镶玉挂件

图8　织锦刺绣皮质挂件

三、如何促进民族服饰与中国时尚文创产业的融合

民族服饰是中华文化的重要组成部分，也是中国服装时尚设计的重要资源。在中国服装时尚产业快速发展的今天，如何促进民族服饰与中国时尚文创产业的融合，成了一个重要的问题。

首先，需要加强对民族服饰的保护和传承。中国有着丰富多彩的民族服饰，但是随着时代的变迁，一些民族服饰的传承和保护工作做的并不充分。

因此，需要加大对民族服饰的保护和传承力度，让更多的人了解和认识民族服饰的文化内涵和价值。

其次，需要通过文化交流和设计创新，促进民族服饰与中国时尚文创产业的融合。中国服装时尚产业一直在追求创新和升级，而民族服饰中的元素和造型，可以为中国时尚文创产业注入新的灵感和创意。因此，需要通过文化交流和设计创新，将民族服饰的元素和造型融入中国服装产业中，打造更具有中国特色的时尚品牌和产品。

再者，需要加强对民族服饰产业的发展支持。民族服饰产业在中国仍处于初级发展阶段，需要政府和社会的支持和关注。政府可以制定有针对性的政策和措施，扶持民族服饰产业的发展；社会可以通过消费和宣传，支持和推广民族服饰产业的发展。

总之，民族服饰与中国服装时尚产业的融合是一个长期而复杂的过程，需要政府、企业、设计师和消费者共同努力，才能实现中国服装时尚文创产业的创新和升级。蒙古族服饰制作和蒙古族刺绣是国家级非物质文化遗产，是重要的民族传统工艺，需要保护和传承、振兴和发展。保护之道在于振兴，振兴之道在于创新。利用社会市场、开发时尚文创产业是振兴民族文化发展的一条重要路径。

参考文献

[1] 戴平. 中华民族服饰文化研究[M]. 上海：上海人民出版社，2000.

[2] 段梅. 东方霓裳：解读中国少数民族服饰[M]. 北京：民族出版社，2004.

客家非物质文化遗产数字化路径研究

朱学平

深圳大学文化产业研究院　深圳　518060

摘要：2022年5月，中共中央办公厅、国务院办公厅印发了《关于推进实施国家文化数字化战略的意见》（以下简称《意见》）。《意见》明确了文化数字化既是国家文化强国的战略选择，也是文化产业转型升级的内在要求。强调了文化数字化不但需要科技支撑，而且需要打造精品内容。随着信息技术的快速发展，数字化在保护和发扬客家非物质文化遗产方面发挥了非常重要的作用。基于此，建议以《意见》的出台为契机，利用《意见》的政策引导作用，实现客家非物质文化遗产的路径寻找。针对目前客家非物质文化遗产保护与传承的实际困境，提出突破困境的具体方法：利用数字化技术，建立客家非物质文化遗产的数据资源库，逐步融合到国家文化大数据体系；注重用户文化消费的新体验需求，推进以用户为导向的多元化传播途径；打造客家非物质文化遗产展示场景化模式，善于运用博物馆的展示功能，实现客家非物质文化遗产的活化、传承与创新。

关键词：客家非遗；传承创新；文化数字化战略

2022年5月下旬，中共中央办公厅、国务院办公厅印发的《意见》将文化数字化工程提升到国家战略层面，明确了文化数字化的主要目标和重点任务，对文化数字化战略路径和步骤作出了重点部署。近期目标是到2025年，基本建成文化数字化基础设施和服务平台，形成线上线下融合互动、立体覆盖的文化服务供给体系。远景目标是到2035年，建成物理分布、逻辑关联、快速链接、高效搜索、全面共享、重点集成的国家文化大数据体系，中华文化全景呈现，中华文化数字化成果全民共享。[①]文化数字化战略意义深远。该战略是推动中华优秀传统文化创造性转化、创新性发展的有效途径。实施国家文化数字化战略，不仅能够满足广大人民群众对精神文化生活的需求，从而更好地体现出中华民族的文化精神、文化胸怀和文化自信；同时，这也为讲好中国故事提供了坚实的战略支撑，为创新推进国际传播，加强人类多层次文明对话构建版图。党的二十大报告明确提出，推进文化自信自强，铸就社会主义文化新辉煌。围绕举旗帜、聚民心、育新人、兴文化、展形象建设社会主义文化强国。数字时代，文化数字化是文化强国建设的重要推动力量。客家，作为汉民族的一个重要支系，唯一一个不以地域命名的民系，创造了独特而丰富的文化资源。客家这个称呼，也是文化层面的概念。客家人在长期迁徙和发展的过程中，形成了璀璨夺目的客家文化，是我们中华民族优秀的传统文化一部分。其中，客家非物质文化遗产，既是客家人历史与生活的印记，是客家历史文明的生动记录，也是客家族群文化自信的来源，还是客家族群鲜活记忆的浓缩与见证。周建新教授曾对客家族群意象进行过专题研究。他以过程论为分析方法，从历史、结构、过程角度全面地考察客家族群的历史发展和文化建构，开创性地提出了“在路上”这个族群意象，并获得了学术界的广泛认同。他用“在路上”的意象表现客家人族群认同的状态和过程，指出在族群的历史记忆中，客家人是迁徙的、离散的，这种记忆影响了客家文化的建构脉络。“在路上”隐喻了客家从一开始就是一个变化中的族群，不仅指地理空间上的不断移动，还指客家人的特质也是处在不断发展、变化的路上。正是因为这样，血缘虽然重要，但是它不是形成当前客家族群的充分因素，客家族群历史的论述、客家族群想象的文化基础，才是客家族群“离而不散”的重要基础，这是当前最重要的客家文化资本。[②]客家非物质文化遗产，是时间长河里客家人生动的文化标记。正是因为生动鲜活，这种非物质文化遗产可能在时间的长河中发生变化甚至消失，但是希望通过数字化的技术和物质媒介可以使它们摆脱形态上的束缚，让它们得到更好的传承与创新发展。近年来，国家非常重视非物质文化遗产的保护工

① 见参考文献［1］。
② 见参考文献［2］。

作，如何保护和创新也成为研究的热点问题。我们应该结合客家非物质文化遗产的特点和保护现状，以《意见》的出台为契机，充分运用文化数字化的技术和战略指导作用，拓宽客家非物质文化遗产的发展空间。

一、客家非物质文化遗产的保护现状

1997年11月，联合国教科文组织通过了建立“人类口头和非物质遗产代表作”的决议，并于1998年11月审议通过了《宣布人类口头和非物质遗产代表作条例》。2003年，联合国教科文组织第32届大会通过了《保护非物质文化遗产公约》。在此公约上，将非物质文化遗产定义为：指被各社区、群体，有时是个人，视为其文化遗产组成部分的各种社会实践、观念表述、表现形式、知识、技能以及相关的工具、实物、手工艺品和文化场所。这种非物质文化遗产世代相传，在各社区和群体适应周围环境以及与自然和历史的互动中，被不断地再创造，为这些社区和群体提供认同感和持续感，从而增强对文化多样性和人类创造力的尊重。它主要包括5个方面的内容：口头说唱艺术和表现形式，包括作为非物质文化遗产媒介的语言；表演艺术；社会实践、仪式、节庆活动；有关自然界和宇宙的知识和实践；传统手工艺。[①]截至2022年，中国入选联合国教科文组织非物质文化遗产名录（名册）项目，共计43项，包括昆曲、中国传统制茶技艺及其相关习俗。非物质文化遗产国家级代表性项目3610项，国家级代表性传承人3057人。分别涵盖了民间文学、传统音乐、传统舞蹈、传统戏剧、曲艺、传统体育、游艺与杂技、传统美术、传统技艺、传统医药、民俗11大门类，分5个批次公布。其中客家非物质文化遗产资源非常丰富，仅赣闽粤毗邻区就有31项国家级非物质文化遗产代表性项目。项目名称中带有“客家”两字的国家级非物质文化遗产代表性项目就有15项，如客家古文、客家土楼营造技艺、客家山歌等（详见表1）。

① 见参考文献［3］。

表1　冠名“客家”的国家级非遗项目名录

项目编号	项目名称	申报地区	公布时间
Ⅱ-11	梅州客家山歌	广东省梅州市	2006
Ⅱ-44	十番音乐（闽西客家十番音乐）	福建省龙岩市	2006
Ⅷ-28	客家土楼营造技艺	福建省龙岩市	2006
Ⅹ-71	元宵节（闽西客家元宵节庆）	福建省连城县	2008
Ⅷ-28	客家土楼营造技艺	福建省南靖县	2011
Ⅷ-28	客家土楼营造技艺	福建省华安县	2011
Ⅹ-90	祭祖习俗（石壁客家祭祖习俗）	福建省宁化县	2011
Ⅴ-120	客家古文	江西省于都县	2014
Ⅲ-43	麒麟舞（西贡坑口客家舞麒麟）	香港特别行政区	2014
Ⅷ-28	客家民居营造技艺（赣南客家围屋营造技艺）	江西省龙南县	2014
Ⅷ-148	绿茶制作技艺（赣南客家擂茶制作技艺）	江西省全南县	2014
Ⅹ-151	匾额习俗（赣南客家匾额习俗）	江西省会昌县	2014
Ⅳ-92	木偶戏（闽西客家木偶戏）	福建省龙岩市	2021
Ⅹ-71	元宵节（赣南客家唱船习俗）	江西省南康区	2021
Ⅹ-182	传统服饰（赣南客家服饰）	江西省定南县	2021

通过表1，我们可以直观地感受到客家非物质文化遗产具有浓郁的“客家味”，鲜明的“客家化”，辨识度较高。同时，客家非物质文化遗产显示出独特的地域性，集中度非常高。比如，2006年被列入第一批国家级非物质文化遗产名录的梅州客家山歌是用客家方言演唱的广东梅州山歌。广东梅州被誉为“世界客都”，是客家人非常集中的聚居地。梅州重峦叠嶂、沟谷纵

横、梯田生产、山泉灌溉、土楼居住，这些正是梅州客家山歌赖以依靠的自然环境和生产生活方式。保护客家山歌的文化空间及其民间性最具挑战性。所谓“文化空间及其民间性”就是客家山歌传唱的日常生活场域。文化遗产一旦进入政府构织的“保护网”——非遗保护系统，很容易滑向“脱域”。吉登斯认为脱域的机制有两种类型，一种为象征标志（symbolic tokens），另一种为专家系统（expert systerm）。所谓象征标志指的是“相互交流的媒介，它能将信息传递开来，用不着考虑任何特定场景下处理这些信息的个人或团体的特殊品质”。专家系统则指的是“由技术成就和专业队伍所组成的体系，正是这些体系编织着我们生活于其中的物质与社会环境的博大范围。[①]正是由于客家非物质文化遗产的文化空间很难再重现，原有的文化生态也很难保真。针对这种情况，文化和旅游部批准设立的国家级客家文化生态保护实验区，对客家非物质和物质文化遗产内容丰富、较为集中的区域实施整体性保护。目前设立的客家文化生态保护试验区有3个：客家文化（梅州）生态保护实验区、客家文化（赣南）生态保护实验区、客家文化（闽西）生态保护实验区。2010年5月获批的客家文化（梅州）生态保护实验区是客家第一个、全国第九个文化生态保护区。指的是在梅州市辖区内设立的以保护非物质文化遗产为核心，对历史文化积淀深厚、存续状态良好、具有重要价值和鲜明特色的客家文化形态进行整体性保护的特定区域。2013年1月获批的客家文化（赣南）生态保护实验区是客家第二个、全国第十六个文化生态保护区。指的是在江西省赣州市辖区内设立的以保护非物质文化遗产为核心，对历史文化积淀深厚、存续状态良好、具有重要价值和鲜明特色的客家文化形态进行整体性保护的特定区域。2017年1月获批的客家文化（闽西）生态保护实验区是客家第三个、全国第二十个文化生态保护区。指的是在“古汀州八县”（包括现今福建省龙岩市的长汀县、上杭县、武平县、连城县、永定区和三明市的宁化县、清流县、明溪县）辖区内设立的以保护非物质文化遗产为核心，对历史文化积淀深厚、存续状态良好、具有重要价值和鲜明特色的客家文化形态进行整体性保护的特定区域。以上文化生态保护区对客家非物

① 见参考文献［4］。

质文化遗产的整体保护和活化传承起到了十分重要的作用。对客家非物质文化遗产保护工作的开展，使得传承保护拥有了合法性和政策上的支持。但是，在保护的同时，我们也遇到一些困境。一是很多客家非物质文化遗产因为后继无人，加上社会的转型、社会的快速发展导致了传统技艺濒临失传的风险。例如赣南客家围屋营造技艺，现在的传承人年龄都普遍过大。二是受众基础不广泛。现在大多数年轻人不再喜欢传统的歌谣和戏曲，比如赣南采茶戏。因为既不符合现代年轻人的心理特点，也不符合大众流行文化的趋势。老一辈的受众基础逐渐凋零之后，在新的一代之中无法培养受众，也是让客家非物质文化遗产难以得到传承的主要因素之一。三是缺乏确切的保护措施以及保护意识，即使有保护措施，有时也难以执行。比如很多县市级客家非物质文化遗产的保护，采集到的数据信息很不完善。所以完成非物质文化遗产的保护，这是一件需要整个社会，相关单位，以及每一个公民都行动起来的事情。那么如何对客家非物质文化遗产进行有效地保护呢？如何在数字化环境下使客家非物质文化遗产留存较完好的样态和更丰富的信息呢？这是我们需要考虑的现实问题。

二、利用文化数字化技术进行保护

过去，不少客家非物质文化遗产难以得到保护和传承，有一个重要的问题是记录的手段限制。如今现代高科技的数码相机和录音设备可以让边远地区的客家非物质文化遗产信息得到完整记录，再存储到客家非物质文化遗产数字保护库。利用数字技术对非物质文化遗产保护发展的进程非常迅速。早在20世纪90年代，数字技术开始进入文化遗产保护领域。斯坦福大学先后开展的Digital Michelangelo Project与Forma Urbis Romae项目展现了数字技术在遗产保护领域的应用前景。随后，数字化就成为保存与传播文化遗产的新兴解决方案。进入21世纪，文化遗产保护领域越来越多的机构规划实施数字化项目，通过高分辨率扫描仪、光学字符识别对书籍、手稿和档案等文献进行数字转换，使用交互式3D模型对历史遗迹和馆藏文物进行数字存档。到了21世纪10年代，非遗数字化已逐渐发展为一个独立的研究与实践领域。非遗数字化技术应用范围和深度不断拓展。数据库、Wiki、VR、

3D建模、动作捕捉、数字动画、数字博物馆等技术与不同表现形式的非遗结合，促进了非遗数字化最优方案的探索。21世纪20年代，更是文化数字化与科技融合发展的时代。正如中宣部文改办原副主任、一级巡视员高书生所说，世界已进入数字化时代，互联网触动的是消费，数字化撬动的是生产。要发力供给侧，激活文化资源，实现文化生产体系现代化。文化数字化是指基于计算机信息处理技术，作用于人的全部感官，以产品和服务的形态，为中华文明的国际传播和构建人类命运共同体作出贡献。文化数字化包含文化资源数字化、文化生产数字化以及文化传播数字化，即全面数字化。当今社会，数字化可以彻底打破时空的限制。谁拥有技术，谁最先实现文化产业转型升级，具有重大的战略意义。《意见》明确，集成全息呈现、数字孪生、多语言交互、高逼真、跨时空等新型体验技术，创新数字电视、数字投影等“大屏”运用方式，为移动终端等“小屏”量身定制个性化多样化的文化数字内容，推动“大屏”“小屏”跨屏互动，融合发展。正是新技术的不断探索与应用，促进“云演出”“云影院”“云看展”“云赏剧”等新兴业务的全面开花。由上可见，数字化之所以即将融入我们每个人的文化生活，关键在于技术的变革。以网络视频为例，业界有一个著名的“两秒法则”：只要视频的加载时间超过2秒，用户就开始不耐烦地退出播放。如果视频加载时间达到5秒，将有约20%的用户放弃观看。仅仅10秒钟的等待，就会让一半用户关掉页面。这就涉及文化数字化呈现载体的问题，说明了文化数字化对科学技术的要求非常高。正如哥伦比亚大学教授安德鲁·德尔班科所说：“当代文化最显著的特征，是对完美的无限追求。”1995年，美国学者尼葛洛庞帝就在其著作《数字化生存》的前言中开宗明义地写道：“计算不再只和计算机有关，它决定我们的生存。”①数字化的好处很多。最明显的就是数据压缩（data compression）和纠正错误（error correction）的功能，如果是在非常昂贵或杂音充斥的信道（channel）上传递信息，这两个功能就显得更加重要了。例如，有了这样的功能，电视广播业就可以省下一大笔钱，而观众也可以收到高品质的画面和声音。但是，我们逐渐发现，数字化所造成的影响远比

① 见参考文献［5］。

这些重要得多……到了1995年，我们已经可以把如此庞大的数字影像信息依照这个比例压缩（compress）和解压（decompress），编码（encode）和解码（decode），而且成本低廉，品质又好。这就好像我们突然掌握了制造意大利卡布奇诺咖啡粉的诀窍，这个东西是如此美妙，只要加上热水冲泡，就可以享受到和意大利咖啡馆里的现煮咖啡同样香醇的味道。①利用这些数字技术，我们可以存储海量的客家非物质文化遗产数据，包括非物质文化遗产项目、非物质文化遗产传承人名录、非物质文化遗产创新创造案例、非物质文化遗产录像表演等。这些数据建立，不仅能够对客家非物质文化遗产进行整体保存和保护，也能够得到更好的传播。因为就像不能把文物藏在库房里一样，同理，文化数字化也不要把数据封闭在数据库里，而是要向社会大众发布和共享。通过共享和共建的方式，不仅可以使平台里的资源内容更加丰富、历史信息更加准确，同时也能唤起民众的参与感。

三、注重客家非物质文化遗产的新体验需求

新型数字化技术的推广和应用使我们的文化消费更加多样化，文化体验更加丰富多元。随着人们的生活水平不断提高，大部分人不再仅为生计奔波。就像马克斯·韦伯所说的那样："人是悬挂在自己编织的意义之网上的动物。"只要生而为人，就意味着我们不得不去思考这辈子到底想干什么。人们不再只关注日常的生活琐事，对幸福和美好的生活有着更为真诚的向往。人们对美好生活的向往，必然是物质和精神的双重富足。对自我实现等精神价值的追求，不只是小部分人的权利，而是更多人的选择。人们对文化的消费，归根结底是一种精神消费，根本目的是满足人们的精神需要。"加快文化数字化发展，要充分重视人民群众的个性化精神文化需求。"②《意见》提出，"发展数字化文化消费新场景，大力发展线上线下一体化、在线在场相结合的数字化文化新体验。"从新场景来说，像AR/VR技术与设备已经参与到客家文化影视公司的创作过程中，VR全景直播已经成为客家非物质文化遗产新的传播渠道；客家博物馆、客家风景名胜区等文化企事业单

① 见参考文献［5］。
② 见参考文献［6］。

位通过VR配合智能语音导览、虚拟光影追踪等技术还原3D空间，提供云端沉浸式游览，如广东中国客家博物馆在线观展等。通过娱乐休闲数字化消费、旅游数字化消费、体育数字化消费、康养数字化消费等新场景，推动文化、娱乐、旅游、体育、康养等行业服务与管理智慧化。从新体验来说，借助AR/VR等数字技术打造线上展览、联动线下实体场馆体验，让更多用户可以突破物理空间的限制，实现沉浸式、交互式的文化体验。通过线上音乐会、VR云游博物馆等新体验，使文化与生活的表现形式更为丰富，让文化消费者可以获取到更丰富的文化产品与服务，文化消费成本不断降低。所以，各地的客家非遗展馆争相借助数字化手段——线上数字展馆、非遗直播带货、沉浸式体验非遗项目等形式，唤醒“沉睡”的非遗市场，让人们足不出户就能了解非遗、喜欢非遗。可以说，越来越多的客家非物质文化遗产机构倾向于将遗产作为一种可供游客体验的资源来看待和提供。当然，仅有技术是远远不够的，我们都有以下切身体会。在物理世界里，时间的分布是均匀的。但在心理世界中，时间的流淌却是快慢不一的，具有相对性。一方面，科技拉近了人和人，人和社会的距离，让沟通变得更加高效，让学习变得更加便利。另一方面，科技所创造的“快”，并没有让我们对幸福的体验感来得更多。我们身边唾手可得的信息呈爆炸式增长——游戏、视频、微博、微信朋友圈等。我们需要极强的意志力才能抵抗这些看似简单、开心的事情。因为短暂的愉悦过后，可能是无尽的空虚和懊恼。那种轻轻松松就能得到的快乐，是没办法给人带来心灵上的满足感。只有那种需要付出艰辛努力才能获得的快乐，才能让人体会到那种深层次的满足感和幸福感。我们只有静下心来享受优秀的客家非物质文化遗产，才能感受到内心的富足。人们能够从文化中获得某种精神慰藉，这种慰藉不仅来自文化的载体，更多的是来自文化的内容。在对客家非物质文化遗产保护的过程中，我们不能“重技术，轻文化”。以火遍全网的东方甄选直播间为例，与以往只会“1、2、3上链接”或者“买买买”等叫喊式直播间相比，东方甄选直播间开启了全新的直播带货模式。主播董宇辉们既能幽默风趣地讲解英语知识，又能诗词歌赋、古今中外文学知识随口就来，还能满腹才情富有才华地讲述故事以至和观众产生内心的共鸣。东方甄选直播间几乎每一句都是金句，富有文化的底蕴，以高质量的直播内容成为“流量密码”。其结果是拉高了直播带货的文化水准和审美水平，成为直播界的一股清流。面对东方甄选的火爆，粉丝的增长也是必然的。短短十几天时间，粉丝数量从几十万飙升到2000多万。根据新抖数据显示，整个6月份，东方甄选销售额6.81亿元，是抖音平台6月份唯一一个破6亿的直播间。大浪淘沙，方显真金本色。在文化数字化的浪潮里，最后胜出者，大都以内容为王，同时对形式进行创新。

四、总结

综上所述，在实施国家文化数字化战略的背景下，将数字技术应用于客家非物质文化遗产的传承和保护，恰逢其时。利用新技术，对客家非物质文化遗产资源的创新型产业发展进行传承和保护，既要做好文化生态环境的保护，同时也应该对传播模式进行数字化创新。同时我们必须时刻警惕数字技术的“双刃剑”的特性。数字技术在帮助世人生动地看到客家非物质文化遗产丰富的文化多样性的同时，也会存在片面追求具有视觉冲击力的新的、独特的文化风格。我们应剔除限于非物质文化遗产的表层传播，却没有涉及其背后的内层逻辑与文化内核的数字化技术，真正做到对客家非物质文化遗产的表层和内核的全面保护。

参考文献

［1］新华社. 中共中央办公厅国务院办公厅印发《关于推进实施国家文化数字化战略的意见》［EB/OL］.（2022-05-22）［2023-01-27］. http://www.gov.cn/xinwen/2022-05/22/content_5691759.htm.

［2］周建新. 客家的族群意象与文化表述——论作为意识形态、研究对象和文化资源的客家［J］. 学术研究，2020（6）：169-176.

［3］联合国教科文组织. 保护非物质文化遗产公约（2003）［DB/OL］.（2003-12-08）［2023-01-27］.https://www.ihchina.cn/zhengce_details/11668.htm.

［4］邱立汉. 守正创新：“非遗”语境下客家山歌的保护与传承［J］. 三明学院学报，2021，38（1）：55-60.

[5] [美]尼古拉斯·尼葛洛庞帝. 数字化生存[M]. 胡泳, 范海燕, 译. 海口: 海南出版社, 1997.

[6] 魏鹏举, 魏西笑. 文化数字化带动文化消费转型升级[N]. 中国社会科学报, 2022-07-26(008).

湘西土家族苗族自治州清代官员服饰蕴含的政治一统

——以中南民族大学民族学博物馆馆藏官服为例

张博源

中南民族大学民族学与社会学学院　武汉　430074

摘要：历朝历代官员所穿服饰一直是国家政治生活的重要组成部分，其背后是一个国家的统一管理制度，到清代官服制度更加完备，成为维持封建统治的又一利器。偏远民族地区的官员虽不受中央直接管理，有一套行使自身权利的办法，但其办公所穿服饰与政权核心区域存在众多共同性特征，这也从侧面反映出清代王朝政治的大一统环境。本文通过对馆藏四件湘西地区官服的基础研究，在掌握每件官服的特征基础上归纳出其共同的特点，并与清代官服大宗进行比较分析，从而得出清代湘西地区官员在土司制度的统一管理下所穿服饰与中央王朝高度统一的结论。

关键词：官服；民族地区；土司

一、清代官服概述

清朝服饰是中国历代服饰中最为繁缛和最具特色的，对近世的中国服饰影响较大。清朝服饰处于一个重大变革的时期，作为一个由满族建立的政权，清代服饰既保留了满族的特点，又继承了汉服的形式。作为中国古代最后一个封建王朝，清朝等级制度森严，为巩固统治地位，将服饰的装饰功能提高到突出地位，被当作分贵贱、别等级的载体，是阶级社会的形象代言人。清代官服也因循于此，作为一种维护和巩固统治秩序的典章制度中的一项重要内容。

官服也叫章服，一般指封建社会中包括皇帝、后妃、王公大臣以及各级官员在朝会和执行公务时所着服装，是按官制规定，以明辨等级的服饰。官服是官员服饰的总称，通常还有常服、公服、朝服、祭服等的区别。其中在褂上前后各缀一块“补子”的官服——补服，是清代文武大臣和百官的重要服饰。补服的形式为圆领、对襟、平袖、袖与肘齐，衣长至膝下，前后各缀有一块补子。补子是用来区分官爵大小的，其上不同纹饰表示着不同的官职品级。清代补服的补子纹样总体分为皇族和百官两大类，除了图案纹样，补服的颜色和材料也被用来表征品级高低。总之，清代的官服制度是在吸收历代服饰制度的基础上，融合了各民族服饰特点，又有本朝创新的一项维护封建统治秩序的制度。通过对少数民族已有官服材料的分析，我们得以窥见古时各民族服饰文化的交融，它们共同铸就了完整又丰富的中国古代官服系统。

二、馆藏清代官服解读

（一）地方官员夏装

这件官服（图1）是20世纪60年代于湖南省湘西土家族苗族自治州苗族地区征集来的，其应为地方官员的夏装，年代为清末。官服衣长115.5厘米，肩宽69厘米，袖长53厘米，棉质。长袍式，对襟低领，两侧及后部开衩，直筒宽袖，5粒铜纽扣，其中两粒铜纽扣头遗失。布料为黑色粗布，单层。衣服胸前及后背有方形虎纹补子。除了胸前和后背补子上的彩色图案纹样，没有其他图案纹饰，补子为前胸开片，后背完整一片。

（二）官员夏季服饰

这件官服（图2）同样征集于20世纪60年代的湖南省湘西土家族苗族自治州苗族地区，为当地官员的夏季服饰，年代为清末。官服衣长120厘米，肩宽86厘米，袖长59厘米，棉质。长袍式，对襟低领，直筒宽袖，长下摆，两侧及后部开衩，领口、襟边用黑粗布缘边，用布条以包缝的形式与布边拼接是布料边缘处理常用的工艺之一（不但可以防止布料毛边的发生，增加衣服的牢度，而且不同颜色、不同材料也能起到装饰的作用）。襟前有3枚布扣。布料为藏青色粗布，素净无纹，单层。胸前及后背均有方形蟒纹补子。

（三）海水江崖纹官服

此官服（图3）于20世纪60年代从湖南省湘西土家族苗族自治州苗族地区征集而来，年代为清末。官服衣长140厘米，肩宽74厘米，袖长83厘米，丝质。长袍式，右衽低领，衣襟从领下往右腋下开，马蹄袖，袖口装有箭袖，平时翻起，行礼时放下，下摆两侧及后背下部开衩，领口、襟边及袖口镶绣花边，长袍外层为海水江崖纹织锦缎，内层为素净蓝色绸布。

（四）湘西土守备之战服

此守备衣（图4）于20世纪60年代从湖南省湘西土家族苗族自治州征集而来，为清末湘西土守备所穿之战服。衣长77厘米，肩宽76厘米，袖长65厘米，棉、丝质。对襟短装式，低圆领，宽袖，袖口呈马蹄式，两侧下摆开衩，袖

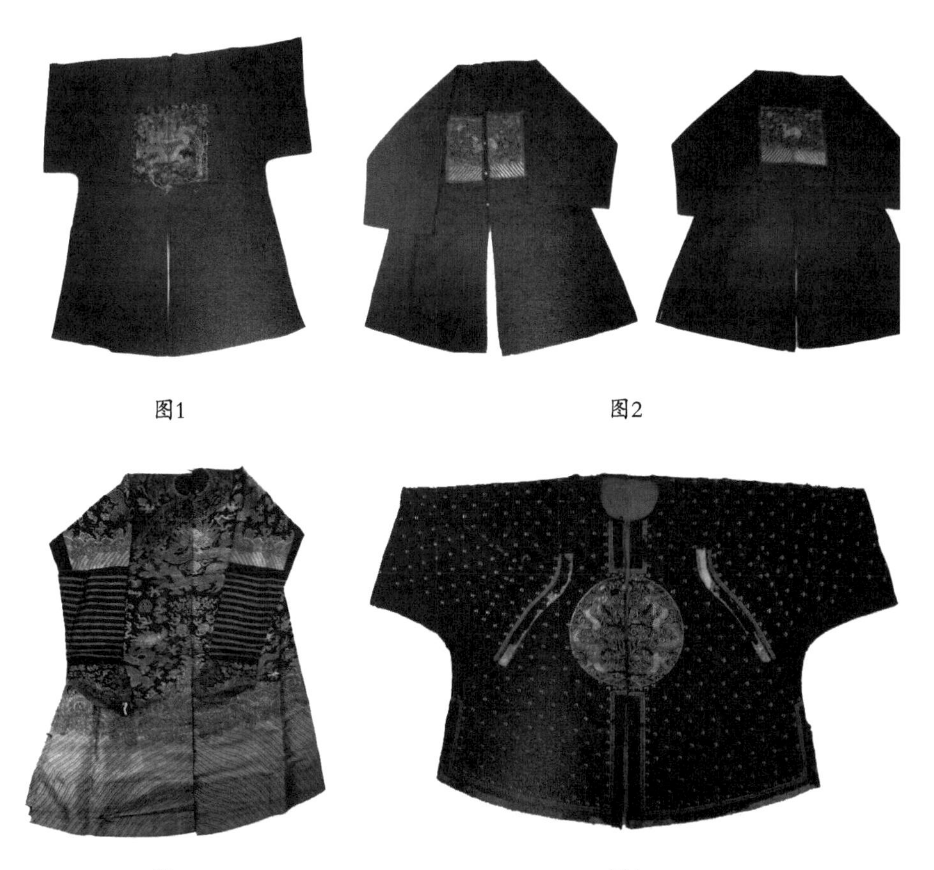

图1　　图2

图3　　图4

口、襟边及下摆用蓝色土布缘边，袖口有破损，露出内里。衣服外层为黑色绸缎，绸缎上缀满铜钉，衣服内层为蓝色土布，中间有夹层，以铜钉固定夹层与外层。胸前及后背有圆形云龙纹补子。值得关注的是，贝子以下以至各品级官员均采用方形补子，圆形补子为身份尊贵的皇室成员所使用，这件守备战服的补子也为圆形，且补子内为云龙纹，一般情况下龙纹只有皇帝天子才能使用，这说明馆藏的这件守备衣有着不同寻常的规制。

三、偏远民族地区官服与王朝腹地官服的共同性特征

（一）补服的补子

王朝腹地与偏远民族地区的官服共同性首先体现在补服上，补服形式为圆领、对襟、平袖、袖与肘齐，衣长至膝下，前后各缀一块补子，底色用石青色，补子上文有图案，补子前后成对，但前片对开（由于清代补服为外褂，形成对襟，需要配合纽襻使用），后片则与正片织在一起，为了方便穿着。补服的主要特色在——补子，都是一块约40—50厘米见方的绸料，织绣上不同纹样，再缝缀到官服上，胸背各一块。方形补子构图形式多为对比、平衡、叠加、重复等手法，整体构图效果既规整又稳定，主次分明、繁而不乱、疏密有序。补子的图案文官和武官是不同的，但都是动物的图案，补子用动物界的强弱来映射官场上尊卑贵贱的等级关系。可以看到，清代的主体纹样多为单只动物，文官的补子为飞禽，武官的补子则为走兽，并且各分九等。文官的图案有仙鹤、锦鸡、孔雀、云雁等，武官的图案有麒麟、狮子、豹、虎等，每一种动物图案都代表着一个品级的官职。清代文武官服纹样描摹的动物均为雄性，不仅因为其美丽，还因为封建社会中男尊女卑的政治环境。补子的纹样除了绣上飞禽走兽，还有其他的辅助纹样（背景纹样）来补充，一块补子的图案如同一个完整的画面般，具有很高的审美意义。辅助纹样主要由植物纹、自然气候纹、吉祥纹等构成，这些纹样的填充令补子画面更加生动饱满。植物纹中以花卉、竹子、合欢、佛手、灵芝、葡萄、石榴、卷草为主要纹样，如石榴寓意多子多孙，牡丹寓意富贵吉祥；自然气候纹样中以太阳、云、水、海水、江崖等纹样为主，布局形式较规律，具有强烈的秩序感与整齐的

节奏感，如太阳纹代表天子，象征权力中心，主体纹样的头首或眼神望向太阳，代表尊敬和臣服，海水江崖纹预示着万里江山稳固不倒，皇权统治犹如滔滔海水延续不断；代表吉庆、祥瑞的八吉祥纹样由法轮、法螺、法幢、盖、莲花、瓶、鱼、结八种图案纹饰组成，象征美好的预兆。基本上辅助纹样"图必有意，意必吉祥"，纹样的表现都具有寓意和美好的祝福。补子有织制，也有刺绣和缂丝等，清代多为刺绣，其中又有彩绣和平金绣之分。清朝官服制度对各等级官员的补服绣纹都有明确的规定，不能随意改动，低品级的官员不能使用高品级的图案，否则就要受到惩罚。

（二）官服的门襟闭合系统

共同性其次体现在官服的门襟闭合系统中，服饰的门襟闭合系统是指服装开襟的各组件以及不同的闭合形式。清代官服一般以纽襻式为闭合居多，纽和纽套是其组件，纽又包括纽头和纽脚，纽套包括纽环和纽脚。纽头一般为球形，由织物襻条按一定方法缠绕而成。由于清代官服一般以对襟服装为主，所以襻带和纽襻的组合搭配常见于其上，纽襻以门襟为轴对称分布，一般纽扣位于门襟的第一个闭合位置，襻带位于门襟的最末一个闭合位置，襻带也由织物卷成，有的为使其结实饱满还会内衬粗线。这种门襟闭合系统不仅极具实用功能，在其形式上也别具意义。审美功能主要表现在两个方面：盘花纽脚的形态和纽襻的形式分布。分布的节奏由纽襻之间的疏密关系以及它们在服装上的位置产生，这种节奏感在纽脚为一字形的纽襻上表现得尤为突出。在补服中，实际多为5对纽襻，它们之间的距离都相等，但最下面的一对距离下摆线较远，即纽襻较为密集地分布于衣服之上方，以使衣服下方出现较大留白。另外，补服中的纽襻看似均匀分布，实际并不是如此，其位置会根据补子图案略作调整，这样处理的目的或为避免破坏补子的整体感。

（三）官服的色彩

再次是关于官服的颜色，中国古代官服一个明显的特点就是，以颜色标示等级，无论是汉族还是其他民族都是如此。官服品色服制度初步形成于隋朝，正式完成于唐朝。此后各朝代的官服颜色大体以唐朝的品色服制度为依

据，基本上以紫、绯、绿、青四色定官品之高低尊卑。宋朝官员的服色略有改动，辽、金、元统治时期，吸收采纳了许多汉民族的政治制度以及文化模式，在官服上亦是如此。到明清两代，用颜色标示等级已远远不止于服饰整体颜色方面，还包括衣服各部分的颜色。在官服制度上注重对颜色的应用，这是统治阶级意识的体现，皇室有其皇族专用色，官员按品级用色，普通百姓在服饰用色上受到许多限制。

（四）蕴含在官服里的传统文化

最后一个共同性体现在官服中统一蕴含的中华传统文化。服饰作为古代中国政治生活中的重要表征物，所有与官场相关的人都会被服饰制度所规制，乃至可以说，在传统“礼治”的中国，是以建构“礼制”为先导，即以“礼”为“经国家，定社稷，序民人，利后嗣”的基础，而“礼制”之基础，则往往通过服饰制度的建构、区隔得以实现。清代官服融儒、道、佛各家思想于一体。在古代中国传统的“儒”思想中，“上下尊卑”的观念十分盛行，讲究尊卑有序，内外有别。在强调高低贵贱思想为代表的中国儒家文化中补子得到了恰如其分的诠释，同时体现了满汉文化有意无意地相互渗透、融合。清代官服鲜明地体现了“君臣尊卑有序，夫妻内外有别”的等级思想。清代官服主要通过顶戴花翎、朝服、补服、朝珠等形式来表现官吏级别，它是统治阶级内部的等级尊卑关系的具体体现，清代官服就是用物化的等级尊卑关系约束不同级别官吏的行为，以维护等级社会的秩序。另外，“五服十二章”是古代中国服饰制度的一个显著特点，无论是皇帝朝服上的章纹，还是官员补服上的补子都不是随心而绣的，其蕴含着对皇帝和官员的要求和赞美。清代官服上的绣纹正是“道法自然，以物喻人，达到人与自然相统一”的道家思想的反映。至于受到的佛教文化影响则主要体现在清代官服的顶戴形制中，由金佛、舍林和三层顶子组成的朝冠形象地展示了清代的官服顶戴、深刻地受到佛教思想的影响。

四、结语

中南民族大学民族学博物馆馆藏的这四件官服皆是征集于不受中央皇

权直接控制的偏远少数民族地区。随着管理少数民族事务的土司制度生根发芽，与之相关的一系列附属制度也应运而生，对于少数民族地区土司来说，除了印信是其土司身份正统性的有力证明，他们在处理公务、行使土司职权时所穿戴的服饰也是另一种权力的有效证明，并体现了服饰蕴含的政治大一统思想。土司制度的出现和运行本就是中央王朝统治者政治智慧的体现，以一种“中庸”的方式管理少数民族，有效治理整个疆域，保障边疆地区的和平稳定发展。一方面，从现今所拥有材料来看，与土司官印一样，土司官服在服饰形制、色彩、结构及工艺等方面与流官制度下的朝廷各品级官员同处一个等级系统，在各服饰要素的等级制度上并无例外。这一现象说明，尽管少数民族地区在改土归流之前实行着独有的土司制度来进行政治活动，但是其政治权力的对外表征方式和非土司制度管理下的中央直接管辖区保持一致，这也表明中央对少数民族地区的这种土人自治持有明确支持和高度认可的态度，并不会因为土官性质的差异而存在官服歧视。另一方面在服饰等级制度上的统一也有利于维持土司对中央的信任与依附，有利于联手土司形成合力，更加便于中央的管理，避免生出异端。土司手持印信，身着正统的官服，来行使自己管理范围内的权力正是少数民族地区与中央政治共融共通的表现，也正是这种同根同源的权力来源使得历史上的土司大多数都能正确履行自己的权力，为管理边疆少数民族事务做出努力，为国家统一、民族团结贡献力量。

尽管清朝为满族政权，在服饰制度的发展演变中重视统一规范，但其不可避免地需要兼收各民族原有服饰特点，退而只能追求在吸收包容各种风格下的大体统一。总之，服饰的政治性是中国文化的传统，官服要素传承数千年成为一种“国统”，且成为政权合法性、权力等级化、秩序化、伦理化的表征。服饰文化与社会时代背景有着不可分割的联系，也不可避免地总是融入有民族历史文化因素，明清宫廷服饰所呈现出来的“国统”在不同民族统治者中的认同和承继，使中国这块土地上的文化核心才得以延绵传承数千年而成为境内各民族认同的优良传统，也才使得我国成为包容多民族、文化多样性的国家。

参考文献

[1] 王渊. 清代补子纹样的定制及完善[J]. 东华大学学报(社会科学版), 2008(1): 25-28+33.

[2] 包铭新, 莫艳. 清代门襟闭合系统[J]. 东华大学学报(自然科学版), 2007(2): 180-185.

[3] 王宏君, 陈超. 清代官服的文化意蕴探析[J]. 石河子大学学报(哲学社会科学版), 2014, 28(5): 103-108.

[4] 梁博. 浅谈清代官服的历史演变与特点[J]. 科学大众(科学教育), 2014(7): 174.

[5] 赵连赏. 浅谈历史上两次异域服饰引入对中国古代官服的影响[J]. 云南大学学报(社会科学版), 2014, 13(6): 67-72+110.

[6] 稻香. 古代官服颜色与权力等级[J]. 秘书, 2015(1): 29-30.

[7] 张琼. 清朝官服制度与官僚等级制度的相互作用[J]. 西安工程大学学报, 2013, 27(3): 335-338.

[8] 成臻铭. 论土司与土司学——兼及土司文化及其研究价值[J]. 青海民族研究, 2010, 21(1): 86-95.

[9] 张晓松. 论元明清时期的西南少数民族土司土官制度与改土归流[J]. 中国边疆史地研究, 2005(2): 78-84+147-148.

通道侗族织锦服饰中的民族交融研究

洪晓露

中南民族大学民族学与社会学学院　武汉　430074

摘要：湖南省通道县因其独特的地理位置而保存下侗族传统文化，生活在这片土地上的侗族人民织造的侗锦服饰极富本民族特色，通过结合通道侗族织锦服饰实物考证动物类、植物类、文字类、景观类图案纹样，挖掘图案背后的文化内涵及民族交往交流交融的历史。

关键词：侗族；织锦；民族交融

通道县隶属湖南省，湖南怀化通道侗族自治县是湘、桂、黔三省接合部，有着绝佳的地理位置，自古就是族群间人员往来、民族间文化交流的枢纽。群山环绕造成了通道县的交通不便与经济相对落后，同时形成了保持传统文化的天然优势，丰富植被与温热多雨的自然环境为织造侗锦提供了良好的原材料物质基础。

侗锦历史悠久，根据《后汉书》记载：南蛮“织绩木皮，染以草实，好五色衣服，制裁皆有尾形”。此叙述与当今的侗族凤尾衣相符，由此可知当时便有侗锦制成服饰。同治时期《苗疆闻见录》载：“有曰洞锦者，出于永从洞苗者为佳，以五色绒为之，土人呼为诸葛锦。日洞被则以苎布用彩线挑刺而成也。”光绪时期《黎平府志》也有关于侗锦的记载：“绒锦出自古州，绒锦以麻丝为经，纬挑五色绒，其花样不一，出古州司等处，苗家每逢集场，苗女多携以出售；棉锦，府属地青、特洞等处所产，以白纱为经，蓝纱为纬，随机挑织，自具各种花形，巾帨尤佳，即所谓诸葛锦，亦名洞锦。”从“诸葛锦”的名称中可以看出侗锦的产生受到中原历史人物的影响，并且与诸葛亮治蜀时

产生的重要物质蜀锦联系紧密。明初《侗锦歌》云："郎锦鱼鳞纹，侬锦鸭头翠；侬锦作郎茵，郎锦载侬被。茵被自两端，终身不相离。"可以看出侗锦在中原地区影响之广泛。乾隆时期余上泗《蛮洞竹枝词》言："永是深山陋质流，腰肢难问绮罗谋。机中却有攒花锦，南北官人到处求。"[①]说明汉侗之间已有一定的市场交换，而侗锦作为其中重要的商品受到汉族人民的喜爱。

侗锦服饰的精美独特，与其种类繁多、样式美丽的图案关系密切。侗锦图案的编织技法由侗族妇女根据传统经验口口相传，代代相授，因此侗锦图案起到了记录历史、表情达意的作用，同时是文明历程与民族文化的生动写照。侗锦图案的题材十分丰富，大多取材于生活，记录眼前的鸟兽虫鱼、江河湖海、生活中的一景一物与衣食住行。对于缺乏文字记录的民族历史时期，织造在服饰上的纹样是一种特殊的"史书"，记录下民族间交往互动的历程。

一、动物类纹样

通道县位于云贵高原与南岭之间，山岭连绵，人们以打猎为最主要的生活方式，因此主要的动物类纹样包括鱼纹、蝙蝠纹、蜘蛛纹、鸟纹等。

鱼纹是侗家人自然崇拜的主要纹样之一，对鱼的多子与灵性的崇拜在一定程度上体现了侗家人希望后代能够鱼跃龙门、多子多福。在侗族居住的地方，有大量的鱼群，在吊脚楼的池塘里，在稻田里，在村边的溪流中，都可以看到，鱼群与稻子一样受到侗族人民的重视。在侗族民间，有很多关于鱼的传说，比如新年的早上或是婚礼的时候都要有鱼，在祭祖或祭天的传说中亦不乏鱼这一元素。鱼的纹路是鱼骨形、三角形、菱形等。不仅在侗族，鱼在其他民族文化中也有相似的象征意义。"鱼者，余也"《辞海》释义"余"为遗留、遗下，即不绝的意思。因此，在多民族文化中，多子鱼腹都具有强盛的繁殖能力、繁荣昌盛、人丁兴旺等丰富的象征含义。较为常见的如双鱼纹、鱼戏莲等，象征着多子多福、富贵有余，《东京梦华录》记载："女家以淡水二瓶，活鱼三五个，箸一双，悉送在元酒瓶内，谓之'回鱼箸'。"富户官家多用

① 见参考文献［1］。

金银打造鱼和箸，其他婚嫁用品上也多以双鱼为饰，以示吉祥。

在通道侗族地区，鱼纹（图1）常见于孩童服饰之上。这一纹样体现出女性的智慧以及对孩子的爱，其中蕴藏着母亲对孩子健康成长、幸福快乐的殷切期望。这与包裹婴儿的水族马尾绣背带上绣制蝴蝶纹、土家族虎头帽上绣制虎纹样等所表达的情感价值一样，都体现了母亲对孩子能平安幸福、茁壮成长的渴望。而织造鱼纹时使用短而扎实的斜提花工艺技巧，可以使服饰在结实耐穿的前提下尽可能使孩童感到舒适，织造者将殷殷心意与深深祝福织进丝丝缕缕，用最深沉的母爱表达对孩童的守护与祝福。甘肃敦煌阳关博物馆收藏儿童木棺婴儿身上包裹的织品襁褓，或是各民族地区均流行的百家衣的缝制方式与风俗，其中蕴含的情感得以跨越地域与民族，是所有母亲所拥有的共性情感价值。

图1　鱼纹

鱼纹为一种各民族共同拥有的，体现男女鱼水、子孙繁衍、富贵有余的吉祥纹样，反映了多民族文化的共同性特征。

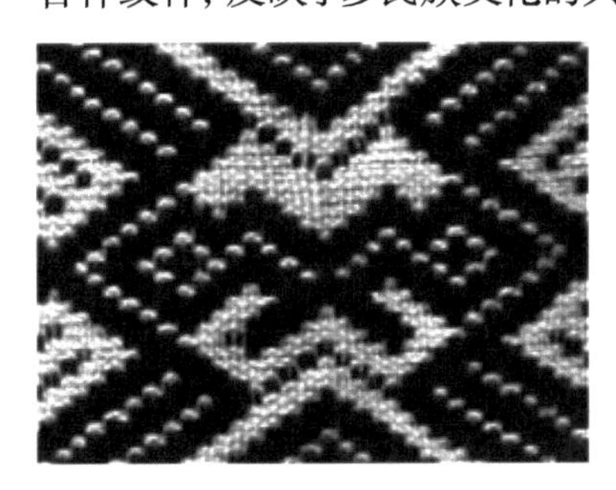

图2　蝙蝠纹

通道侗族崇尚蝙蝠纹（图2），是希冀福运绵长，福气降临到孩童身上。这种“吉祥如意”的内涵，在侗族人的观念里，实际上是一种“有福”的含义。也就是说，他们认为这是一种幸福生活必须具备的因素。当一个人对这种幸福生活的需要、欲望和目的得到满足与实现时，他就会获得幸福，吉祥也就会降临在他的身边。

因此，以“蝠”寓“福”，同时与各种吉祥纹样组合在一起构成更完满的寓意。这种吉祥寓意不仅存在于侗族地区，葛洪《抱朴子》载：“千岁蝙蝠，色如白雪，集则倒悬，脑重故也。此物得而阴干末服之，令人寿万岁。”[①]从

① 见参考文献［2］。

中可以看出，传统文化中的蝙蝠是长寿的象征。明清时期，无论是在宫廷还是在民间，蝙蝠纹都应用非常广泛，且构成形式多样，通过借喻、谐音、象征等手法，表达人们对美好生活的向往和追求，如北京故宫博物院藏清乾隆黄色缂丝云蝠寿袷袍上就绣有大量红色蝙蝠纹样，且常与祥云、植物等纹样搭配共同使用。

图3　凤鸟纹

凤鸟纹（图3）在侗族地位十分特殊，常见于通道侗族侗锦服饰之上。不同侗族妇女采用不同代称方式，或为群鸟之长的凤，或为展翅翱翔的鸟，无论是哪种代称，凤鸟纹都反映出原始社会时期人们对自然环境与生活环境的恐惧，对自然界万事万物运作规律的好奇，对天空及鸟类飞行能力的向往以及希望获得超脱自身以外的强大力量的庇护、帮助。凤鸟展翅翱翔于天地，得以联络天地，成为与上天沟通的媒介。通道侗族女性将凤鸟纹织造在服饰之上，是希望借助凤鸟对话上天，获取平安吉祥，因而尤其喜欢昂首挺胸，仿佛振翅欲飞的凤鸟纹，并将其织造在织锦包头布的边缘，以这种栩栩如生的刻画方式表达自己的情感。以凤鸟纹寄托寓意、表达情感不仅发生在侗族地区，在其他民族地区也同样盛行。《山海经·大荒西经》："有五采鸟三名：……一曰凤鸟。"雄鸟为凤，雌鸟为凰，凤凰比翼齐飞，常相和而鸣，因此常用"凤凰于飞""鸾凤和鸣"祝人新婚；[①]《大雅》中有："凤凰鸣矣，于彼高冈，梧桐生矣，于彼朝阳。"遂以"凤鸣朝阳"喻高才逢时，足见凤鸟纹中寄托寓意的丰富。凤鸟也是楚文化最重要的信仰对象之一，如人物龙凤图、凤鸟双联杯、虎座凤鸟漆鼓架等上面的凤鸟纹样，楚人远古好巫拜日的传统信仰体系衍生出对凤鸟纹的信仰与重视。楚文化发展于我国的长江中下游地区，即当今的湖南省、湖北省、安徽的南部等地区，通道侗族生活的湖南省怀化市正处于其文化辐射范围。凤鸟纹在通道侗族地区的特殊地位，正是楚文化与侗族文化交往交流

① 见参考文献［3］。

交融的生动见证。

二、植物类纹样

植物与侗族人民的生活息息相关，从衣食住行到生产生活的方方面面，侗族人民适应自然，运用植物，与自然界中的各色花草植物建立了密不可分的联系。在这一过程中，侗族人民逐渐对各种各类植物的外在特征与内在属性有了一定的认知。聪颖灵巧的侗族妇女将这种认知抽象为纹样织造在侗锦之上，既反映其对自然美的追求，又显示出一种精神上的寄托。通道侗族织锦服饰上常见的植物纹有梅花纹、菊花纹、枫叶纹等。

图4　梅花纹

梅花纹（图4）是通道侗族人民常用的装饰图案纹样之一，常用作修饰主体图案，补充织锦空白区域的修饰性纹样。梅花能在较老的枝干上开出新的枝叶与花苞，能在天寒地冻、百花凋零之时临寒开花，《落梅》写“雪虐风饕愈凛然，花中气节最高坚。”《白梅》亦有“忽然一夜清香发，散作乾坤万里春。”足见在中原汉文化中，梅花是不畏艰难，品行高洁，同时不老不朽，多福多寿的象征。梅花纹在战国时期出现，宋代在文人墨客和坊间百姓中逐渐流行。元、明、清时期，梅花纹大量出现在家具、服饰、瓷器等领域。睡虎地秦墓所出秦国漆器梅花纹奁与河南洛阳周公庙出土汉代画像砖上的梅花纹样，足以说明早在秦汉时期，梅花纹就在中原汉族地区得到了广泛的应用。宋代随着士大夫文化和花鸟画的兴起，梅花以及独特的精神品格价值而成为最重要的植物纹样之一，如藏于故宫博物院的吉州窑剪纸贴花梅花纹碗，广东博物馆梅花纹铜炉，中国丝绸博物馆酱色松竹梅暗花罗等。元、明、清时期随着民族间交往交流，已在民间得到广泛应用的梅花纹传播到民族地区，如黎族龙被上的梅花纹样，新疆维吾尔族着克努斯卡式地毯上的梅花纹样等。[①]侗族织锦服饰上的梅花纹常与菊花纹等搭配使

① 见参考文献［4］。

用，显然是学习借鉴了梅花在汉文化中坚韧高洁、长寿不衰的象征含义，也寄托了梅花“福禄寿喜财”的吉祥寓意。文化寓意上的共通性是民族间文化交融的生动体现。

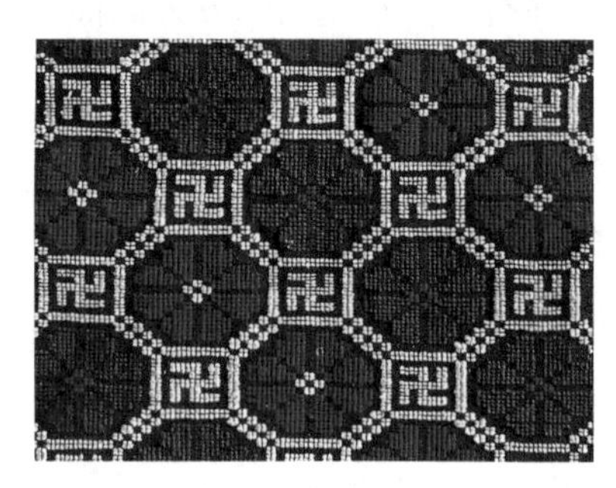

图5　菊花纹

菊花纹（图5）是通道侗族人民用于头帕的装饰纹样之一。菊花是一种在我国传统文化中具有特殊寓意的植物。《山海经·中山经》有云：“岷山之首曰女儿之山，其草多菊。”菊花是一种“长寿”的植物，传说朱孺子曾经喝过甘菊和梧桐的茶水，就是为了长生不老。古代的人们相信，菊花可以增强体质，使人长命百岁。菊花也被誉为花丛中的“隐逸者”，人们称赞其风劲而不绝，霜而不寒不艳，人们经常称其“君子”，故而菊花图案也被汉中原人民赋予不同的意义，同时传播到各民族地区。侗族人民根据中原传统文化中菊花的寓意，将其视作长寿的象征。并常与“卍”字纹组合使用，寄托“万福万寿”的含义，或与“寿”字纹一同使用，寓意万寿无疆、儿孙满堂，反映了侗汉在文化上的交往交融。

三、文字类纹样

侗族人民拥有属于自己的本民族语言，但不具备自己的本民族文字。随着民族交往，汉族文化对侗族百姓的生活产生影响，汉字逐渐成为侗族人民生活的一部分。文字不仅能起到表情达意的作用，其造型也具有独特的艺术审美价值，灵敏聪颖的妇女便将文字抽象为图案，织造于服饰之上。通道侗族织锦服饰中常见的文字类纹样有“卍”字纹（图6），“田”字纹，“日”字纹等。

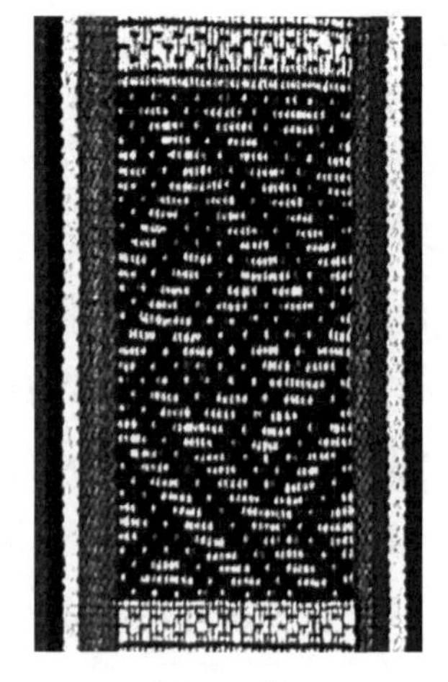

图6　万字纹

据考古发现，“卍”字纹在新石器时代就已经出现，但那时大多只是对自然的象征意义摹写。及至南北朝时期，随着印度佛教的传入，其含义发生改变。“卍”字纹中的“卍”读作“万”，其作为佛教的护符与标识，乃显现于佛及十地菩萨胸臆等处之德相，是见于释迦牟尼胸前的瑞象，有吉祥、万福和万寿之意。随着唐朝佛教的兴盛，武则天长寿二年（693）将“卍”作为汉字使用，并以“万”为读音。在中、晚唐之际，由于佛教的兴起，在铜镜上也出现了“卍”字图案。此后的宋元明清时期，“卍”字纹作为一种吉祥纹样而被民间广泛使用于工艺美术品之上，并随着民族间的民族交往传播到其他民族地区。

侗族地区的“卍”字纹作为吉祥纹样的代表，具有富贵绵延，吉祥不断的含义。同时侗锦服饰上的万字纹大多通过组合，彼此连接不断，四向绵延回旋，使多个“卍”字首尾相衔而演变出许多象形图案，寓意子孙不断，后继有人。通道侗族对汉传佛教“卍”字纹的吸纳与使用，是汉侗民族团结交融的生动体现。

四、景观类纹样

通道侗族人民在生活中见到丰富的天文自然景观，未知与对自然力量的崇拜促使他们将这些自然景观织造在服饰上，以期获得自然力量的守护，规避灾祸。将自然景观织造在服饰上，不仅是自然崇拜的反映，也体现出人类对人与自然关系的朴实思考。常见的纹样有太阳纹，云纹，山水纹等。

通道侗族服饰常见太阳纹（图7）。当代侗锦纹样中仍有一些纹样与新石器时代文化陶器纹样有诸多相似之处，太阳纹是其典型代表。太阳纹基本的造型理念并没有因时代的更替而改变，它们之间的类同之处反映远古与当下之间存在的内在联系。将太阳纹抽象成放射状的图案可以用来祈求小孩能够平安长大，逢凶化吉。有的图案与星辰相连，在图案的中心有一颗巨大的太阳纹图案，周围有几颗小型的星

图7　太阳纹

辰，以衬托太阳纹。或是将太阳纹与榕树纹结合在一起，在中间绣一个大的向日葵造型的太阳纹，在四角绣上四棵大榕树纹样，纹样布满整个平面。这些图案的构图内核都是对太阳的崇拜，体现了太阳在侗族人民心中的守护神地位。对太阳的崇拜不仅发生在侗族地区，征集于黎族地区的北流型铜鼓也铸造有太阳纹样，古代帝王礼服和吉服上的十二章纹，其第一位便是太阳纹，“日中有乌，彩云托之”，《说文》：“日者，太阳之精。”说明太阳纹具有表达光照大地、天下祥和安乐这一吉庆寓意，体现了各民族在自然崇拜上的共性特征。

历史时期各民族间的交往交流交融是形成民族共同体的历史遵循。故本文以湖南省怀化市通道县侗锦服饰为研究对象，挖掘侗锦服饰图案背后的文化内涵，探索图案反映出的民族交融历史，以期为传承优秀侗文化与维护各民族大团结提供经验与助力。

参考文献

[1] 刘琼，成雪敏. 侗锦图案文化内涵研究[J]. 民族论坛，2015(2)：62-65.

[2] 张智艳，吴卫. 运用符号学原理阐释传统蝙蝠纹样[J]. 艺海，2011(12)：80-81.

[3] 吴志文，吴松原，杨淑军. 梧桐·凤凰·女皇——梧桐的女皇历史文化象征及其生态文明价值[J]. 北京林业大学学报(社会科学版)，2009, 8(4)：175-180.

[4] 华俐. 新疆维吾尔族纺织品典型植物纹样研究[D]. 乌鲁木齐：新疆师范大学，2012.

从黎族龙被看黎族与周边民族织锦技艺的交流与融合

刘婧昳

中南民族大学美术学院　武汉　430074

摘要： 龙被作为黎族最具本民族特色的手工艺品，不仅是黎族文化的重要组成部分，也是黎族历史文化的一个呈现。龙被不仅反映了黎族上千年的传统文化、生活环境、审美情趣和宗教信仰，还蕴含了丰富的历史信息和文化内涵。黎族龙被作为传统织锦中的艺术珍品，经纬交织中展现了黎族的历史进程。各民族文化的相互交融，也对黎族龙被的形成和发展起到了重要的推动作用。本文从黎族龙被的织造工艺着手展开研究，对其织造材料、工序、工具和技法等方面进行分析，并探讨了黎族与同源的百越族群在纺织技艺上的共同特征。龙被的独特性与交融性，为深入了解和铸牢中华民族共同体意识提供了重要的参考价值。

关键词： 传统纺织；黎族；龙被；民族交流与交融

黎族人民在长期的社会生产和生活实践中，创造出许多绚丽多彩的工艺美术品，其中传统织锦工艺最为突出，展现了黎族人民的审美和艺术创造才能。黎族龙被是黎锦的精华，是纺、织、染、绣四大工艺中难度最大、文化品位最高的织锦美术工艺品。因被面上绣的龙图案特别突出，故被黎族称为龙被或大被，又因产地为古崖州（今三亚、乐东一带），所以又称“崖州被”。龙被最早的雏形产生于东汉明帝时期。东汉光武帝建武十六年（公元40年），海南撤县并入广西地区合浦郡，使海南地区与当时朝廷的关系更加密切。由于黎锦色彩绚丽，远比当时中原布匹更佳，朝廷权贵对其青睐有加，黎族织

锦成为贡品，黎族龙被便因此诞生并异军突起。保留至今的龙被大多织造于明、清时期，表现形式多种多样。其精美程度和当时的价值，在屈大均《广东新语·货语》就有记载："组织绵线如布帛状，绣人物花鸟其上，有十金一具者，名曰帐房，俗称儋、崖二账。"①

根据语言学家的研究，黎语与壮、布依、侗、水、傣等族语言属于汉藏语系壮侗语族。这些语言在语音、语法和词汇上存在显著的相似之处，表明它们之间具有紧密的渊源关系，并与古代越族有着密切的联系。大部分黎族居住的地区都可以发现其受百越文化的影响，例如文身、干栏式居屋、踞地式纺织、儋耳、树皮布、贯首衣、筒裙、犊鼻挥、寮房、不落夫家、占卜、铜鼓铜锣、竹排和独木舟等。这些文化现象都是百越文化在海南岛传播的结果。从秦始皇时期开始，崖州就成了黎汉文化交汇的地区。作为中国历史上南方三郡之一的象郡的"外檄"（边境），崖州一直扮演着重要的角色。自唐朝至元朝期间，崖州共有20多位贤相名士和流寓名士因受朝廷贬谪或流放而居住在此。经过黎族先民的辛勤劳动和大胆创造，他们在百越民族文化的基础上，接受了中原汉文化的影响，逐渐发展壮大了具有自己独特特色和地域特色的黎家文化。在这个历史背景下，龙被艺术经历了千百年的演变和发展，最终得以形成。笔者将从纺、染、织、绣这四个方面分析黎族龙被织造技艺所体现的多民族文化交流与融合。

一、黎族棉花初加工工序与周边少数民族的一致性

（一）选棉，就地取材

黎族地区常见的棉花品种包括草棉和木棉。草棉和木棉是黎族妇女常用的棉纺原料，但它们在纤维长度、粗细、柔软度和强度等方面存在差异。由草棉纺制的织物品质细腻、柔软、坚韧，是制作龙被底布的理想原料。相对而言，木棉纤维比草棉纤维短，但它的纤维直径较粗，将木棉夹杂在其他纺线中使用，可以增加龙被绣面的质感和立体感，让纹饰看起来更具有观赏

① 见参考文献［1］。

性和艺术性。

（二）脱籽

黎族妇女在采摘完棉花后需要将其脱籽碾开以备纺纱。木棉的脱棉籽工具结构相对简单，分为竹制镂空藤筐和搅拌木棒两个部分。使用时先将去壳的木棉放入藤筐中，再用手反复搓动搅拌棒，使之产生离心力从而将棉籽、棉芯分离脱落。而草棉摘回来后，则多使用脱棉籽机去棉籽。操作时右手摇动把手，左手填喂棉，当两轴相向转动时，棉籽就被挤压出来，落下时木板正好挡住棉籽不落入脱籽后的棉花中，而棉絮通过木轴落于机外。

（三）弹棉

去除棉籽后，使棉花蓬松的过程在黎语中称为“达贝”。即用弹棉弓将棉花弹打松软，以便于纺纱。传统的弹棉弓常由竹子或木头制成，整体呈“D”形状，黎族妇女在操作时需一手握住弓，将弦伏于棉花上，另一只手拉动弦，使弦震动将棉花弹松。

（四）抽纱纺线

黎族妇女在抽纱纺线时，通常会使用两种不同的工具：手捻纺轮和脚踏纺车。手捻纺轮制作简单、便于操作和维护，适合在室内和室外使用，是一种灵活、方便的纺织工具。相比之下，脚踏纺车可以更快地生产纱线，更适合在家庭和农村的生产中使用。使用时可以通过调整脚踏板的速度来控制主轴的转速，从而调整纺纱的速度。同时，还需注意控制拉动棘轮的力度，以确保纱线的均匀度和质量。

侗族、壮族、水族和布依族的棉花初加工工艺与黎族大致相同，都是将棉花晒干、脱籽、弹棉后将棉花搓成棉花条、最后抽纱纺线，其所使用的工具形制也基本一致。布依族古歌《造万物》中唱道：“棉花有棉籽，有籽难纺纱，她爷做木架，给她脱棉籽；她爷做弹弓，给她弹棉花；把车摆在竹楼中央，取出棉条细细纺；一节节棉条吐出细纱，纱锭积在纺车上……”形象生动地描述了这一过程。

二、黎族染色技艺与周边民族的相似性

（一）原料：因地取材

黎族先民渡海到达琼岛腹地后，发现周围的自然环境中有很多具有神奇染色效果的植物，包括叶、花、干、皮、根、茎等部分，稍加助染就能获得理想的色彩。于是他们开始将这些自然材料应用于纺织上，通过反复实践，黎族先民逐渐掌握了制作植物染料的工艺流程，熟知各种植物的色彩属性，并将这些知识广泛应用于日常生活之中。常用的染材有蓝靛、木蓝、姜黄、苏木、文昌锥树皮、乌墨树皮、海南谷木等。

（二）造靛技法

龙被多以蓝色或黑色为底布。黎族先民创造了一种独特的染蓝技艺——造靛法。造靛就是提取蓝草中的靛蓝，将采摘好的蓝草嫩茎和叶片放入染缸中，倒入适量清水将其浸泡，并在阳光下暴晒约一周，使茎叶充分腐烂发酵。经过一段时间的发酵，茎叶中的靛蓝颜料会被释放出来，此时，染缸中的浸泡液从黄绿色渐变为深蓝色。为了去除浸泡液中的杂质，需要加入一定量的草木灰或石灰水，并用搅棒在缸内反复搅拌，直至液体均匀混合。接着，将混合物放置数天等待其沉淀，当缸内混合物分离成清水和沉淀物时，将清水倒出。最后，将富含甲醇的米酒和具有提高染物亮度和固色效果的石灰水投入清水中，放置6天等待再次发酵，从而制成了靛蓝染料。这种染料具有渗透性强、入染均匀的特点，能够染出绚丽、鲜艳、生动的蓝色棉线。

黎族先民在染蓝黑的技艺中，除了传统的熬煮染色，还采用了媒染法。为了让纱线颜色变得更加浓重，聪明的黎族妇女将其放在黑色的稻田污泥中，反复揉搓，让纱线与污泥混合。之后，他们会将混合后的纱线放在稻田里沤发，直至纱线完全变黑。最后，将纱线取出，洗净污泥。此时，纱线已经完全呈乌黑色的状态。

壮族的纺织品中染蓝是最常见的，并且历史悠久。壮族人民同样也是利用蓝草通过制靛和入染两个步骤完成蓝色的染制。侗族人的服装有黑色、紫青色和白色三种颜色，除了白色，黑色和紫青色服装都是以蓝靛为主要染料，侗族民歌中记载“石灰拌蓝靛染色牢，布染蓝靛永远青。”在广西龙胜侗乡，至今还保留着种棉、种蓝的风俗。当地青年男女定了婚期以后，双方都全力以赴为结婚作准备。等到开春，男青年便上山开荒种棉，女青年则开荒种蓝靛草。青蓝与白色是水家布的主色调，三都县南部九阡镇与荔波北部水族聚居区所产的“九阡青布”，在西南蓝靛染面料中独具特色。“九阡青布”虽属蓝靛染的一种，但是它独有的反复染制、捶打及稻田泥染黑工艺，造就了其色泽黑亮、质地柔软又固色耐洗的特色，形成了它与其他水族地区及周围其他民族蓝靛染面料所没有的独特魅力。这种利用黑色的稻田污泥作为染媒，反复揉搓，让纱线与污泥混合变黑的手法与黎族染黑的手法一致。布依族是一个崇尚纺织的民族，靛蓝染色是布依族最为传统的技艺之一。靛蓝染色的织物除服用功能外，对于布依族人来说还有着巨大的精神价值。每逢盛大的节日，布依族人必穿靛蓝染色的民族服装，几乎每个布依族家庭都会用蓝草制靛、染色。

三、黎族织锦技艺与周边民族的相似性和关联性

踞织腰机是黎族最古老的纺织工具之一，其名称源于纺织时用力部位集中在腰部上。张庆长在《黎岐纪闻》中对踞织腰机有这么一段描述：“复基经之两端，各用小圆木一贯之，长出布阔之外，一端以绳系圆木，而围于腰间，一端以足踏圆木。于是加纬焉，以渐移其木而成匹，其亦自有匠心也。”[①]腰机原机虽然简单，但展示了构成织物的基本原理。踞织腰机的最重要成就在于使用综杆、分经棍和打纬刀等构件，使其具有了机械功能。综杆可以让需要吊起的经纱同时起落，纬纱也一次引入。打纬刀则将纬纱打紧，产生紧密均匀的织物。此外，腰带、腰力圆木棍、布轴、打纬机刀、拉经棍、提综木杆等也是腰机不可或缺的构件。

由于一个民族的经济文化不是孤立发展的，其纺织文化也是如此，它同周边民族相互交流和影响，有着密切的联系。现藏于海南省博物馆的明代邓

① 出自张庆长《黎岐纪闻》。

廷宣绘制的《琼黎风俗图》中，最早展现了原始腰机织造的图像信息。不得不说黎族踞织腰机是了解中国古代纺织技术史和文化的“活化石”。

现在的新疆、西藏、海南、四川、贵州、云南等许多少数民族地区都留存有古老的腰机织布技艺，通过这些古老的纺织工艺，各族人民都接续着中华服饰文明。海南省五指山市南圣镇牙南村苗族妇女大多擅长织锦，家里都备有织锦用的小腰机、织机。织机采用通经断纬的方法织布，主要是织围巾、腰巾等。凉山彝族的织布工具就是原始的“腰机”，其结构简单，属于水平式背带织布机。基诺族是我国最后一个被识别的民族，基诺族很早就向傣族人民学习种植棉花，他们织的布大部分用纯棉纱线，有的是用棉麻混纺纱线。随着民族迁徙和时间的推移，有些腰织机在结构上稍有变化。原始的腰织机靠双脚固定，而有些则用木桩固定在地上。例如，佤锦的织造也采用原始踞织的方法，织造者席地而坐，把经线一端系在腰背，另一端系在房柱或树上；基诺族妇女织造砍刀布所用的腰织机亦是如此，织布时，把纱线的一端系于木柱或横木上，另一端通过分线板固定在一横木棍上，此横木棍的两端系一布带，横跨织布人的腰际，为另一支点，织布人坐的位置以绷紧纱为度，操作时席地而坐，双手持木梭将纬线来回牵引。

四、黎族双面绣技艺及平绣技艺与汉族刺绣具有一致性

大部分的龙被是织绣结合的产物，刺绣是表现龙被图案的重要手段。其刺绣技艺十分地精湛，具有很高的艺术水准，并在明清时期达到顶峰。黎族的刺绣针法涵盖多种风格，包括平绣、十字绣、轮廓绣、回针绣、直针绣、锯齿绣、扣眼绣、长短针绣、锁绣、辫绣、连针绣、缎面绣、贴布绣、珠绣、饰片绣等。其中，平绣是用于创作龙被图案的主要针法，该针法适用于同色大面积刺绣，使用单一颜色的线沿着图案绣直线，创建均匀分布和平行的线条。它的特点是针迹平直，绣线铺于织物表面，排列整齐、均匀，不露地、不重叠。平针适宜于表现平面，完成后表面平整泛丝缕光泽。通常采用多种颜色的绣线搭配绣制，色彩丰富。平针有不同形式，名称也各不相同，常见的有齐针、套针、纀针、戗针和刻鳞针等。龙被纹饰中对龙纹的刻画使用较多的就是刻鳞针，刻鳞针为表现鳞片的针法，有叠鳞、抢鳞和扎鳞三种。叠鳞采

用长直针和短直针套绣，鳞片里面深，边缘浅。抢鳞在绣底上直接用戗针绣出鳞片，鳞片间留水路。扎鳞先用直针铺底，再用缉针绣出鳞片形状。

平绣是我国四大名绣中应用最广泛、最基础的针法。一般平绣的背面会出现很多错综复杂的线交织在一起，但是黎族平绣表面采用传统平绣，背面却采用原地回针，只留下点点轨迹。背面平整利落的关键在于把需要绣花的区域的头针和尾针在正面做挑针，使得所有的线在正面交错，形成图案。这要求每次挑针都不能出错，否则将破坏图案。织造龙被所用绣线的制作工序复杂且价格昂贵，这种绣法充分利用了所有绣线，最大限度地填补图案。2012年，苏州高级刺绣工艺师卢招娣严格按照这种针法进行龙被的复制，将其命名为"V型滴针绣"，其复制品表现出来的刺绣效果与原件十分相似。

海南黎族润方言地区双面绣的针法也值得一提，如垂直针、斜针和"一"字直针等。锁绣，主要用于锁边和勾边。从反面入针正面出针，将绣线贴着正面绕一个小圈，用手压住，再从正面入针反面出针，接着从正面出针时，针尖从线圈中通过，再绕圈，如此反复，最后形成条状的圈圈相扣的锁线条。在中国苏绣艺术中，双面绣是它皇冠上的一颗明珠，集中体现了苏绣的技艺水平。如今的双面绣已发展为双面异色、异形、异针的"三异绣"，把双异绣技术发展到神奇莫测的境界。绣制"双面异色绣"和"双面三异绣"，技艺的难度就更高了，除了双面绣的一般要求，还要照顾到双面针脚、丝缕，做到两面色彩互不影响，针迹点滴不露，使两面异色分明，天衣无缝。《广东新语》中描述："拆取色丝，间以鹅毳之绵，织成人物花鸟诗词，名曰黎锦，浓丽可爱。白者为幛，杂色者为被，曰黎单。四幅相连曰黎幕，亦曰黎幔，以金丝者为上。"[①]这说明绣体需要拆取色丝、夹杂鹅绒一样的椴棉。作为皇家贡品，还要加上金丝线才会显得雍容华贵。与海南隔海相望的广东地区，其粤绣分支中的潮绣也善用钉金绣的手法在图案周边加强轮廓，使刺绣作品富贵华丽。钉金绣，又称金银绣；以金银线为主，绒线为辅的叫金绒混合绣。钉金绣针法复杂，有过桥、踏针、捞花瓣、垫地、凹针、累勾绣等60多种针

① 见参考文献［1］。

法，其中“二针龙鳞”针法为其他绣种所无。即用金线作旋涡状钵绕成小于图钉盖片，片片相叠盖，之下可翻动，模样形象生动。在绣制时，先用白描勾勒出表现物象的造型、轮廓，然后垫棉或垫上各种绣娘们自制的纸钉，再在垫料上铺绣金线或银线，并用各种色彩的丝绒包上纸钉，勾描出线条以及构造的纹理。

龙被的制作工艺展示了黎族人民对于其他民族文化选择性接纳、融合和创造的能力，同时对元朝江南地区棉纺织业的发展起到了一定的推动作用。元末文学家陶宗仪《南村辍耕录》卷二四载：“国初时，有一妪名黄道婆者，自崖州来，乃教以做造捍、弹、纺、织之具。至于错纱、配色、综线、挈花，各有其法。以故织成被褥、带帨，其上折枝团风棋局字样，粲然若写。人既受教，竞相作为，转货他郡，家既就殷。”[①]根据他的描述，黄道婆借鉴和吸收黎族织造崖州龙被的方法和经验，她从“去籽”“弹棉”“纺纱”“织布”四个方面入手，对当时使用的搅车、绳弦大弓、三锭纺车和配色提花工具进行了改良，织造出具有江南特色的乌泥泾被。她对这些工具的改进使得纺织工艺更加高效，质量更加优良，为棉纺织业的发展提供了坚实的技术基础。黄道婆的改良技术离不开黎族同胞的倾囊相授，黎族的棉纺技艺不仅促进了中国棉纺织业的繁荣发展，还成了联系黎、汉两族文化的桥梁，在民族和谐交流、社会生产发展、技术传播等方面起到了重要作用。这一过程也表明，黎族与其周边民族之间的文化交往和交流是畅通的。

综上所述，龙被作为一种复杂的手工艺品，凝聚了黎族人民数千年的智慧和经验，不仅在技术和审美上达到了高度的成熟和卓越，而且在文化内涵上也具有非常深远的意义，更是民族文化交融的见证。从龙被的准备过程和染色技法我们可以看到黎族人民对于生活、自然和神秘力量的理解和表达，这种表达在壮族、侗族、布依族、水族等少数民族的纺织艺术语言中也同样强烈。而在其制作过程中，不仅融合了黎族自身的纺织技巧和文化，也融入了汉族刺绣的纹饰的元素和技法，这是黎汉文化相互交融和促进的有力鉴证。研究黎族龙被的制作工艺，能更深刻地认识到其背后所蕴含的深厚

① 见参考文献［2］。

文化内涵和历史信息，对于推广和保护黎族传统文化，促进中华文化多元发展，以及铸牢中华民族共同体意识方面，具有积极的意义。

参考文献

[1] 屈大均. 广东新语：下卷[M]. 北京：中华书局，1987：454.

[2] 陶宗仪. 南村辍耕录：卷二十四[M]. 北京：中华书局，1959：297.

[3] 王伟. 黎锦——绣面龙被研究初探[D]. 北京：中央民族大学，2012.

[4] 林毅红，程伟. 嬗变·交融·创新——略谈海南黎族织锦艺术的传承与发展[J]. 贵州大学学报（艺术版），2004（3）：44-47.

[5] 丁静静. 论黄道婆对棉纺织技术的革新[J]. 苏州教育学院学报，2013，30（6）：76-78.

[6] 洪寿祥，蔡於良. 黎族织贝珍品·龙被艺术[M]. 海口：海南出版社，2003.

[7] 黎珏辰，陈强. 黎族植物染色技艺的工艺流程及传承现状研究[J]. 纺织报告，2022，41（6）：7-9.

[8] 徐昕. 壮族传统纺织工艺及其文化研究[D]. 上海：东华大学，2016.

[9] 桑童. 贵州侗族纺织艺术研究[D]. 苏州：苏州大学，2010.

苗族百鸟衣中服饰纹样的共享性元素解读

罗　焱

中南民族大学民族学博物馆　武汉　430074

摘要：为使我们能更好地了解并传承苗族民族文化特色，又有效地增强民族凝聚力和对中华民族共同体共同意识的培养，以贵州苗族百鸟衣服饰纹样为研究对象，解读其服饰纹样的文化内涵。运用民俗文化理论研究方法进行查阅资料和实地调研，结合苗族服饰典型纹样阐述了百鸟衣的题材样式，分别从内涵、分类以及几个典型纹样的融合着手，梳理出百鸟衣纹样在与其他民族融合过程中的共通点以及变异。研究结果表明苗族百鸟衣服饰纹样中具有鲜明的地域文化和独特的审美意识，它不仅是苗族独有的艺术成就，也是各民族互相学习借鉴的结果。

关键词：苗族；汉族；百鸟衣；纹样；融合；共享

一、贵州苗族吉祥图案的内涵、分类与融合

（一）苗族传统吉祥图案的分类

首先在刺绣上，贵州苗族的刺绣按地域划分，可划分为三个类型：清水江型刺绣、都柳江型刺绣和其他类型刺绣。其次根据苗族服饰吉祥文化图案造型的构成方法，其形象构成方法可总结为三种：单独纹样构成方法、适合纹样构成方法、组合纹样构成方法。这些构成方法不仅属于苗族的纹样构成方法，也是在西南地区大范围的共有地域文化所共享的纹样特征。第一种构成方法受中原汉族文化的影响，仙桃石榴花纹也是苗族妇女最常用的纹样之一，牡丹花造型具有花开富贵和生活美好的寓意，大多运用在面积较

大的装饰部位，同时寓意着多子多福和长寿。第二种构成方法是将图案设计在一定的外轮廓线中，装饰感较强。第三种纹样的构成方法充分体现了苗族对福、禄、寿的追求和向往，百鸟衣上的蛇龙图案由蛇的身体和龙的头组合而成，寓意着能事事如意，各种各样的组合图案有着不同的吉祥寓意。

图1　湘西苗族百鸟衣

（二）贵州苗族传统吉祥图案的内涵

在汉苗文明的传播与碰撞中，苗族吸收汉文化和周边民族文化元素，同时又顽强地保留着自身的特点。牯藏节是苗族举行的隆重祭祖仪式，其间举行杀牛祭祖等活动，而百鸟衣是节日中不可或缺的一部分，它体现了苗族人民渴望用古朴厚重的仪式以及流光溢彩的服饰来唤起祖先的灵魂的愿望。古籍上记载了贵州苗族百鸟衣中深受中原汉文化影响的花鸟纹、龙纹和几何纹样等，纵观中国几千年来传承下来的祥瑞图案，它们的显著特点是求吉避凶。无论是政要还是老百姓，都离不开这些，它们深深扎根于中国人民的心中。我们能从无空白的百鸟衣的图案中找到中华传统文化中“充分美”的理念，即苗族妇女们用鸟类、流行的花卉、双鱼和古老的“卐”字纹等纹样填补空间，不留空白。百鸟衣中的图案看似不规则，但仔细观察后会发现，纹样多是上下均匀，呈左右或对角对称的，而中国自古以对偶为吉祥，认为“对称式”是物质和精神的统一，此衣中的图案带着吉祥寓意的同时，构图同样充分展现独特对称美和东方艺术的韵律美。总体而言，苗族喜爱运用各种动植物组合而成各种图案，表现形式多以鸟、鱼、蝴蝶等动物组成对称二方连续

或四方连续的图案。

由于多是靠女性手工织造，苗族百鸟衣中图案跟许多民族一样也都承载着女子情思，许多原始的颜色深深地影响了整个南方文化，在色彩上对生命主题的隐喻长期存在于他们社会发展中。尤其自明代以来，中国红被许多民族作为生命、热情、高贵和家庭的象征，大红色一直渗透到中国文化中。作为春秋战国时代的超级大国楚国，那里盛行的拜日、崇火等民俗信仰对中国文化也产生了巨大的影响，楚人称自身是充满红色的火神祝融的后代，楚人在生活器具和祭祀用品中大量运用自然提供的红漆为原料，创造出无数尚赤精品；在汉代，赤色为最流行的颜色，寄托着成功的寓意，在王朝文化中，红色象征着庄严、荣誉、喜悦和幸福，也象征着身份。苗族也运用大量的红、黄色调来绘制姜央图案，寓意着幸福吉祥、子孙满堂，那些红火的纹样表明苗族人民对于封建统治者的不满，同时包含了苗族人民对于平淡生活的点缀和对于美好生活的向往。纵观华夏，在不同时期、不同区域，人们的尚赤迹象已成为一种共通文化，融入人们的日常生活中并延续至今。但这些纹样中的程序化的因素有一部分是不能随意更改的，因此成了代代相传、程序化了的叙事性图案，保存至今不仅是因为美观，而且是因为其蕴含着深刻的文化内涵。

（三）贵州苗族传统吉祥图案演变中的交融与变异

在秦汉时代，对居住在今四川成都西北、西南，云南、贵州南省及广西西部广大地区诸少数民族总称为西南夷。随着该地区军事、政治地位的凸显和商贾的涌入，移徙者的比例持续上升，不可置疑，在文化上贵州苗族受到汉族以及周边民族的影响也随之加深。贵州是中国古代民族交汇的大走廊，历史上不同民族在不同时期，从不同方向进入贵州，文化与土著宗教和图腾意识密不可分，不同民族文化的交融，导致了苗族传统纹样的变化，从中还可以看到一个类似活化石的演变过程，最原始的建筑工艺、汉代的制陶工艺、唐代的蜡缬工艺和清代的服饰工艺等，我们都或多或少能在苗族纹样中找到异曲同工之处。

百鸟衣中夸张变形的吉祥图案，与秦汉以前的中国民间工艺美术造型的理念与风格一脉相承；西周中期青铜器大克鼎中的变体夔纹、环带纹与贵州黔西化屋、关岭向阳苗族蜡染纹饰相同，以及西周中期父庚壶中鸟纹同贵州丹寨、三都白领苗族蜡染鸟纹类似。贵州苗族施洞式刺绣采取的二维空间式构图，富有流动感。“方中寓圆”的构图，我们也能在商周青铜器纹饰中找到来源。百鸟衣上的图案反复出现，这种连续方式的排列使整个空间显得既绚丽又典雅，犹如音乐轻柔悠扬，明暗、色调、疏密、虚实、开合形成的节奏感与对比形成的视觉效果凸显出苗族人民对美好生活的憧憬。

据文献记载，由于苗族先民曾经活动在长江中游地区，所以他们的生活习俗和文化与荆楚有着紧密联系。据考古发掘，春秋战国时期楚绣要求光滑平整，轮廓清新自然并且光亮，贵州刺绣保存了楚绣所使用的锁绣、辫绣、嵌绣的制作方法，以及艺术风格和材料，今天贵州的少数民族妇女仍在其刺绣中广泛使用着。马王堆汉墓出土辛追夫人的T形帛画，与苗族的贯首服和背扇形制类似，其中刺绣的鹡宇鸟纹与楚绣的凤纹也极其相似。据专家考证，贵州施洞式苗绣的双头鸟造型与河姆渡文化象牙匕首雕刻的双头鸟也十分近似，虎纹极像青铜器上的饕餮纹，与此同时，许多动植物共生等吉祥图案都体现了施洞苗族巫文化的思维方式。

二、百鸟衣服饰纹样中共性元素之解读

（一）百鸟衣中的龙纹

中国古代原始社会人们就开始崇拜具有特殊意义的动物，开始产生对龙的崇拜，直到商代象征天命神权的青铜器的发展使龙纹的形象更加明确。苗族是从黄河流域经过长江流域直至迁徙到西南云贵高原才稳定下来的，他们在长期的迁徙过程中认为龙是引领者，而龙是汉文化背景下的臆造之物，对一个传说中的神秘动物，苗族先民也充满了好奇，激发了他们无穷的探求欲。龙图腾因此成了苗族曾经在中原一带生活过的证据，阅读百鸟衣上的“龙”纹样时可以发现，苗族人利用地理因素，不仅在纹样创作中保留自己的特色，还借鉴吸收了多族裔的创作，最后创造了属于他们的龙纹。曾有学者说过，中国龙在苗疆是真正自由的，各种各样龙的形态随意进行

组合、拼接，创造出的龙纹包含了各种形态，狭义和具象并不是苗绣龙的代名词，为了更贴合人们生活，苗绣龙纹是万物客体及灵魂发展升华的最高境界。汉苗在龙纹上的共通点在于都希望通过龙纹来传达风调雨顺、吉祥丰收的美好愿望，是人民憧憬美好生活、太平安康的精神寄托。

从新石器时代的彩陶装饰和青铜器时代的青铜器中的“螺旋纹”作为装饰纹样出现，至商周时期发展为“龙”等具体形象，苗族绣者对“螺旋纹”与“寿字纹”的组合表达是结合时代不断创新的体现，楚人服装纹饰中以龙凤为主体，而苗族喜尚彩服佩戴鸟羽，这两者都体现了巫道文化所特有的精神风貌，这些都代表了苗族姑娘高超的审美能力和丰富的精神世界。制作黑领苗式蜡染的黑领苗与制作丹寨式蜡染的白领苗一样，语言都属苗语中部方言南部土语。据田野调查，《苗族古歌》是他们共同的史诗。因此，丹都式蜡染中的许多形象也在黑领苗式蜡染中出现，虽造型不同，但含义近似，龙在丹寨式蜡染中都是从鱼的原型演变而来，而在黑领苗式蜡染中是从鸟的原型演变而来，形象是鸟头龙身，蜈蚣在丹都式中仅偶尔出现，只在沟通中充当补白的角色，流动感非常地强，具有浪漫主义艺术效果。

（二）百鸟衣中的鸟纹

我们能在百鸟衣中找到“西园啼鸟”和“栖栖南越鸟”影子，也能听到若隐若现的百鸟啼，苗族妇女们将衣中每一只鸟都安排好了归宿。“崇鸟”文化贯穿了中华上下五千年，在中国新石器时代各大文化圈遗址均有所发现，前文字时代，湖南洞庭湖和江西鄱阳湖一带为苗蛮一族的聚集地，其代代相传的祖先神驩头（又称驩兜）即被描述为人首鸟身、能力非凡的神人而流传至今，湖南高庙文化白陶器出土的凤鸟纹，以及南方的良渚文化玉器与湘西苗人传说的祖先神——驩头具有共性。秦汉时期“三头鸟”的表现尤为突出，摆动垂直和曲线之间的弧线，增强了韵律感和行动的自由；魏晋隋唐时期受到外来纹样影响，鸟纹样更具装饰性和对称性；明清鸟纹则凸显了写实主义表现特征。

居住在丹寨县境内的苗族，这一支系的苗民是上古蚩尤集团中以鸟为图腾的“羽族”的后裔，服饰遍体布满蜡染或刺绣的图案，主要图案一般是巨大的鸟和鸟头龙，次要图案中数量最多的还是各样的鸟，对鸟连体纹，其内涵是繁衍生殖。鸟纹在苗族纹饰中是不可或缺的一部分，其造型丰富而且历史悠久。例如，在黔中云雾山区的苗族妇女的服装背牌上的鸟纹样，衣服刺绣像鸟的翅膀形状，贴在双肩上如同翅膀；川黔滇安顺普定一带的花苗支系的鸟纹，主要呈几何形状，鸟身是以挑花技法完成的平面造型，两翅对称作飞翔状，头顶如同孔雀开屏。

鸟图腾的产生，从苗族古歌中叙述氏族来源的片段可以得知，由于鸟有功于苗族先民，他们将鸟视为氏族始祖，并作为图腾崇拜，是基于人的感恩心理。鸟纹在祖先崇拜和巫术传说中开始以各种姿态诞生，除了满足人们对外观的追求，其中还多了一层劳动人民对大自然以及日常生活的情感外露。百鸟衣中包含着鸟、蝴蝶、蛇龙等造型，有的将鸟肥大的身躯画在中间，再添上鸟的翅膀、尾巴、颈子、头、嘴、脚等，鸟身肥大是健康的象征，鸟身上的羽毛不按鸟的结构描绘，而是用鲜艳花朵和几何纹组成各种的装饰图案来美化，放在如今的时尚圈中仍然是能立刻让人眼前一亮的。鸟头往往画得很小，甚至是随意在头上点个小的鸟嘴，有的鸟身是一个桃形，在鸟颈处顺着桃形飘着有树根柳条叶，这就是翅膀，有的鸟翅由尖锥三角组成，或由花瓣纹组成，鸟翅有大有小，往往鸟翅比整只鸟更长，有的小到鸟身上的一根羽毛，有的鸟翅长在后背上等。该支系的苗族鸟纹在整个传统蜡染被面中占有重要地位。有的传统蜡染被面由花、鸟、铜鼓组合的圆形，放在蜡染被面中间，四周的鸟纹一般互相对称，也有的不对称。鸟纹中有侧面、有正面、有俯面，总而言之鸟的形态千姿百态。榕江摆贝苗族和滚仲苗族这两个支系的程式性纹饰，他们传统蜡染中的服饰飘带裙脚都必须有白色羽毛。

图2　百鸟衣上的鸟纹

（三）百鸟衣中的几何抽象纹样

早在8000多年前，几何纹样就出现在中国彩陶装饰上，于新石器时代早期，人们开始运用各种点线面来装饰各自的日常生活用品，古朴浓厚并且样式繁多，丹寨、三都苗族传统蜡染背带中有治病的“机机豆”草药程式性图案。历代沿用的纹样经过各种融合经久不衰，流传各地，从而共同开启了中华民族原始艺术的先河。我国原始陶器上的圆点纹、旋涡纹、“卐”字纹、回纹和图案式的鸟纹、鱼纹，运用二维、三维视觉空间将对象进行夸张放大，把结构打乱之后再进行重新组合以意为先，具象为后，用象征、借喻、暗喻等方式对各种动物、植物、人物进行互相转换和融合，最终以复合型造型将其表现得淋漓尽致，这种类比推断的艺术表达，我们也可以从贵州苗族百鸟衣中独特而怪异的艺术效果，具有神秘而诡异的美学风格中找到诠释，而这种类比手法不仅在苗族，在汉族和其他民族也是最常使用的手法。

在百鸟衣的大量纹饰结构中，存在一些变异的图案，百鸟衣刺绣的底部是手织青色土布，动物纹样周围的几何纹和几何化的花形纹、云勾纹、蛙纹和飞蛾纹，绣法主要是数纱绣和锁绣结合使用。刺绣和蜡染的组合使用，形成了彩色和蓝白的映衬，相得益彰。百鸟衣中有无数的小线条，是记载该支系苗族在迁徙途中渡过的许多河流。采取若干方框，周围填充细碎的蝴蝶、花等图案，百鸟衣正中图案由大小不同的菱形套叠结合而成，象征江河纵横交叉，分布密集。据专家介绍，这种形式是追念蚩尤与黄帝大战后，苗族先民在中原失去的家园，包括四方的城池屋宇、纵横的阡陌道路、平整的田园和茂盛的庄稼。也有传说认为，乌蒙山蜡染衣被上的方形图案是为了追思在战争中遗失的“苗王印”的印文；而他们裙上的一道道花边是纪念苗族迁徙过程中经过的一条条河流，与白裤瑶女装背后绣有的“瑶王印”方布的用途异曲同工。共同点在于：族人在艰苦的生存环境中生活劳动，认真观察，仔细体味，从劳动中开始对大自然崇拜和模仿，从其中提炼元素，在服饰上寄托对未来的美好愿望的祈祷，这也是祖先崇拜在服饰上的反映。

三、结语

整体而言，苗族服饰祥瑞吉祥纹样的构成和意蕴不仅是苗族服饰重要组成部分，也是汉族和其他民族特色文化不可或缺的一部分。因为对于处在迁徙和不断开拓新生地的过程中，苗族一方面靠统一的苗衣、苗绣来强调民族的团结，把它当成曾经灿烂辉煌的文化和传统加以保持并使之影响其他民族，另一方面也不断地吸收其他民族文化的精华，为中华民族文化增添了生机和活力。在冲突中进行的交流，使这个多样的民族文化整合成一套具有东方特征的文化。在关注苗族历史文化的同时，也体现了对其他民族文化群体的认同感。民族文化的特性是一个静态的内部过程，也是一个有意识的和充满活力的过程，是一个群体共同的文化。探索这个有机团结的过程，使我们能更好地了解并传承其中的民族文化特色，从而更有利于增强民族凝聚力和对中华民族共同体共同意识的培养。

参考文献

[1] 梁惠娥，时蕾. 论苗族服饰中龙纹图案染织绣技艺之美[J]. 丝绸，2011，48（4）：32-34.
[2] 夏在希. 贵州苗族服饰图案探析[J]. 艺术科技，2019，32（4）：121-122.
[3] 杨鹍国.苗族服饰：符号与象征[M].贵州民族出版社，1997：6+225+97+161+207.
[4] 安丽哲. 符号·性别·遗产——苗族服饰的艺术人类学研究[M]. 北京：知识产权出版社，2010：96.
[5] 杨正文. 苗族服饰文化[M]. 贵阳：贵州民族出版社，1998：184.
[6] 赵欣柳，张超. 丹寨白领苗传统蜡染设计中的窝妥纹样解读[J].设计，2022，35（11）：42-45.
[7] 申茂平. 走进最后的鸟图腾部落——贵州省丹寨县非物质文化遗产探寻[M]. 贵阳：贵州人民出版社，2006：59.
[8] 郭若虚. 图画见闻志：第六卷[M]. 北京：人民美术出版社，1963.
[9] 孙丹昱，夏志民，张冬梅. 中国传统纹样概说[J]. 吉林工程技术师范学院学报，2008，24（1）：13-14.

[10] 马燕琪. 苗族百鸟衣浅析［J］. 西部皮革，2020，42（19）：100-101+103.
[11] 陈豫. 中国传统几何形纹样装饰特征流变研究［D］. 开封：河南大学，2006.
[12] 周霞. 湖南高庙文化凤鸟纹的艺术风格和设计哲学研究［J］. 艺术研究，2022（3）：44-48.

从少数民族法衣看中华文化之交融

——以中南民族大学民族学博物馆馆藏法衣为例

王海诺

中南民族大学民族学博物馆　武汉　430074

摘要： 中华民族是一个多民族统一的大家庭，在漫长的历史演进过程中，各民族之间互相学习、共同进步，通过彼此交往、交流、交融共同创造了灿烂辉煌的中华文化。中南民族大学民族学博物馆是一个民族文化教育基地，馆内藏有大量少数民族文物，这些文物是不同民族之间文化交融的见证物。本文以馆藏法衣为例，通过对五件少数民族法衣的梳理，在其纹样、形制等方面阐述汉民族文化对少数民族的影响，以期证明各少数民族之间及与汉民族之间的文化交融，在中华民族一家亲的新时代奏响民族团结的主旋律，铸牢中华民族共同体意识。

关键词： 法衣；道教；文化交融

中南民族大学民族学博物馆是中国最早创立的民族博物馆，也是一个民族文化教育基地，馆内藏有大量的少数民族文物，这些文物见证了不同民族之间的文化交融。本文以馆藏法衣为例，拟通过对五件少数民族法衣的梳理研究，在其纹样、形制等方面阐述汉民族文化对少数民族服饰的影响，以期证明各少数民族之间及与汉民族之间的文化交流融合。

一、馆藏法衣基本信息及文物解读

海南琼中黎族法衣，缝制年代为民国，衣长120厘米，肩宽67厘米，袖长56厘米，棉质，20世纪50年代于海南琼中征集。款式为低领右衽宽袖长袍，

左右侧缝开衩；领口、袖口均镶黑底白色花边，法衣前后片为白底（已发黄）印花，图案为满地龙纹、云纹及仙鹤纹，衣襟底部为海水江崖纹围圈，并二方连续团花纹，印花工艺。此法衣为当地黎族法师做法事时所穿。

湘西吉首苗族白底法衣，缝制年代为民国，衣长139厘米，肩宽79厘米，袖长59厘米，棉质，20世纪50年代于湘西吉首征集。法衣款式为无领右衽中长款上衣，印花工艺，色彩为白底（已发黄）青蓝花，法衣主体纹样为云龙纹，袖口及底部为海水江崖纹。法衣为湘西苗族巫师做法事时所穿的宗教服装。

湘西吉首苗族法衣，缝制年代为民国，衣长128.5厘米，肩宽71厘米，袖长77厘米，棉质，20世纪50年代湘西吉首征集。法衣款式为无领右衽中长款上衣，两边侧缝开衩；印花工艺，颜色为红底小龙纹，领口滚黑边。法衣为湘西巫师做法事时所穿的宗教服装。

图1　海南琼中黎族法衣

图2　湘西吉首苗族白底法衣

图3　湘西吉首苗族法衣

湘西吉首苗族红底法衣，缝制年代为民国，衣长130厘米，肩宽71.5厘米，袖长55厘米，棉质，20世纪50年代于湘西吉首征集。法衣款式为一字对襟长款上衣，胸口系绳带，左右侧缝开衩；法衣主体为红色，在领口对襟、袖口、侧缝开叉处用蓝布绲边。法衣为湘西苗族巫师做法事时所穿的宗教服装。

图4　湘西吉首苗族红底法衣

广西宜山瑶族法衣，缝制年代为民国，衣长123厘米、肩宽66厘米、袖长39厘米，丝质，20世纪50年代于广西宜山征集。法衣为竖领对襟式长袍，以红色丝绸绣花而成，两侧开衩，法衣正面胸前平绣凤凰、蝙蝠和花卉，并有4对布纽扣，两只衣袖各绣蝙蝠一只，背部平绣南极仙翁，绣工细致平整。为广西宜山瑶族巫师所穿。

图5　广西宜山瑶族法衣

二、馆藏法衣纹饰解读

云纹：云形纹饰，是古代中国传统的吉祥图案，象征着高升和如意。古代云和雨对人们的农耕活动会产生影响，人们对云也逐渐产生期盼和敬畏之意，云纹不仅作为纹样大量使用，在道教文化中也代表着神人物象的一种固定化模式。

仙鹤纹：仙鹤是中国人民喜爱的吉祥鸟，是集圣洁美丽、高雅品性、生命长寿于一体的中华明鸟。仙鹤纹是从古至今人们最为喜爱的装饰题材之一，寓意健康长寿、美德高雅。

海水江崖纹：海水江崖纹是中国的一种传统吉祥纹样，由“海水纹”和

"江崖纹"两个部分组成，明代正式确立，寓意福山寿海、江山永固。

团花纹：团花纹是各种动物、植物和吉祥文字等共同组合而成的圆形图案，广泛应用于服饰之中，"圆满"是团花纹最为重要的寓意，代表了古人今人从不间断的一种精神追求，在法衣中使用时，代表了一种完美的宇宙观和生命品格的民族凝聚力。

云龙纹：云龙纹是龙纹的一种，由龙和云组成，在构图上，以龙为主要纹饰，云为辅助纹饰，寓意一帆风顺、吉祥福瑞。

三、馆藏法衣是民族交融的产物

馆藏的黎族、瑶族、苗族等民族的法衣是民族间交往交流交融的产物，具有以下特性。

（一）法衣是各民族对中国道教文化认同的体现

作为中华传统文化儒释道三教之一，道教最初由华夏先祖崇拜自然、崇拜鬼神，盛行沟通人神意愿的占卜的原始宗教按照其内在的逻辑经过长期的历史发展逐渐演变而来。道教在创立与发展过程中，积极汲取了少数民族民间信仰的元素，是汉民族和少数民族传统民间信仰相互交流、相互融合而形成的结晶，对中华各民族文化分别产生了不同程度的影响。

汉族道教对南方少数民族的影响较大，道教不仅影响着汉族人民的生活和思想观念，也深刻改变着南方少数民族的日常生活，受道教影响较深的族群有苗族、瑶族、彝族、壮族、仡佬族、毛南族、纳西族等。清姚柬于道光二十八年所撰《连山绥瑶通志·风俗》中有"瑶道自为教，亦有科仪"的记载，瑶族道教通过抄经、度戒等方式从古至今代代传承。法国学者雅克·勒穆瓦纳指出"瑶族宗教及其宗教仪式只能从一个更为强大的传统中借鉴而来，这个传统就是中国道教。"我们由此可以看出道教对于瑶族的影响之大，由于道教在瑶族社会产生了深刻影响，所以瑶族社会的很多仪式活动都称为建醮。建醮是指在某个特定的日子里，设坛为亡魂超度或为新庙落成、神像开光等事祈求平安顺遂所做的法事。道教科仪是具有完备体系的，道教通过仪式行为表达登仙成真的基本信仰，各类科仪的不断举行使得道教的信仰认同在各个民族中加强，使得道教文化在有形的时间维度内不断延续，并且与文化体系内的其他群体仪式尤其是神祠宗教礼仪相互关联。此外，南方许多民族的神话传说都与道教有关，道教也从其文化中得到灵感和源泉，如道教盘古开天辟地之说源自苗、瑶民族之盘瓠神话传说；纳西族火把节的起源与道教神仙信仰传说有关；土家族中流传的牛王节来历的神话传说反映出道教影响土家族的历史事实；贵州侗族送灶神的习俗，也有道教文化传播影响的痕迹。由此我们可以看出道教文化对南方少数民族文化影响之深。

鉴于道教在各民族中的广泛影响，研究其做法事时所穿服饰也就自然而然成了民族间道教文化交往交流交融的见证之一，通过对不同民族法衣的研究，揭示更深层次的文化认同。法衣作为做法时所穿服饰，集民间信仰与道教文化于一体，在瑶族、苗族、彝族等民族中普遍使用。在宗教仪式中，法衣颜色的选择有着严格的要求，不同颜色法衣代表着不同的等级，法衣的服装形制、色彩、纹饰等都是民族间文化交流交融的一个体现。

（二）右衽及对襟的服装形制是民族间相互交融的结果

南方少数民族法衣有右衽和对襟两种形制。随着各民族文化的不断交融，右衽和对襟的服装形制也被用在不同场合的服饰穿着中，法衣即为一个很好的表现。右衽是将右边的衣襟掩覆于内，左前襟掩向右腋下系带，是中国汉族传统服饰的形制特征之一。右衽作为汉民族传统服装形制在华夏族群形成之初就已显露，《文化人类学理论方法研究》中写道："蓄发冠带右衽是华夏族的重要特点，有别于四夷的披发左衽，断发文身。"不管时代如何更迭，服装样式如何演变，右衽的服装形制始终作为中华民族服饰最显著的特征之一，少数民族法衣中所使用的右衽形制是吸收汉民族服饰文化的结果，同时代表了其对汉民族文化的认同。

对襟是指在衣服开启交合的部位在衣片前中心线处，左右两边衣片相互对开，作为传统服饰门襟形式之一，对襟常见于衫、褂中。中国的对襟服饰有着漫长的发展演变过程，各种长短不等、款式多样的对襟服饰成为中国传统特色的服饰形制之一，在中国服饰史中占有重要地位。随着民族间交往交

流的加强，对襟逐渐被少数民族所使用，并从款式、穿着方式或美观性等方面，演变出了各式各样的特点。中国服饰史上出现得最早的对襟服饰资料发现于安阳四盘磨村出土的商代着翻领绣文衣白石雕像。此外，楚墓出土的对襟衣是目前中国发现的第一件对襟形制服饰的实物，从其形制和面料来看，这种款式的衣服的基本形制已经成熟。对襟的服装形制不仅体现在法衣中，也体现在日常服装中，穿对襟上衣加短裙是南方少数民族女子最常见的着装方式。

（三）法衣纹样代表了各民族的审美情趣和文化信仰

传统汉族纹样的使用代表了各民族共同的审美情趣和文化信仰。

黎族和苗族法衣在衣襟底部使用的海水江崖纹是中国的一种传统纹样，因“潮”与“朝”同音，“江崖”又称“姜芽”，寓意山川昌茂、国土永固，故在明清之际常饰于古代汉族龙袍和官服下摆处。传统经典的汉民族纹样在法衣中使用不仅有磅礴大气之意，也代表着各民族山水相依、吉祥昌盛的愿望。

团花纹的基本形制是圆形，圆作为最完美的形式不仅表现在平面形态上，也折射出博大精深的中国文化。在道教文化中，“圆”寓意“功德圆满”，是修行理想的最终目的。从古至今，从方方面面都可以看出人们对“圆”的认可。此外，团花纹蕴含着中国各民族对美好事物的追求和精神寄托，是民族间精神文化交流的结果。

仙鹤在中国文化中，是仅次于凤凰的一品鸟，有着“一鸟之下，百鸟之上”的美誉，仙鹤代表着风度翩翩、仙风道骨的贤达君子。仙鹤是长寿之禽，据《相鹤经》记载：“鹤寿千岁，以极其游”，故仙鹤多用其比喻人寿命长久，直到现在，人们都常以“鹤寿”来作为对德高望重的长寿老人的赞誉。可以说，仙鹤是集圣洁美丽，品性高雅，生命长寿于一体的中华名鸟。仙鹤纹作为汉民族传统纹样在中华文化中占有极其重要的影响，在清代时，仙鹤纹被装饰在一品文官服装前胸和后背的补丁上，成为官员服饰的重要元素之一。黎族在法衣中所使用的仙鹤纹便是对汉民族文化的一种借鉴和融合。

四、结语

道教是我国传统宗教，至今已有1700多年的历史。随着民族间的交往日益频繁，道教也与少数民族有着密不可分的联系，并逐渐影响着其生活方式和思想观念。本文通过对少数民族道教做法事时所穿服饰法衣的分析，来寻绎不同民族之间在法衣上所呈现出的共同元素，通过道教文化对少数民族的影响、法衣在形制与纹样上与汉民族的共同性等方面进行详细阐述，继而证明了在统一的多民族国家的背景下中华文化的一体性及不同民族间的互动交融性。

参考文献

[1] 夏添，王鸿博，崔荣荣. 清代及民国时期汉族道教服饰造型与纹饰释读——以武当山正一道、全真道教派法衣为例[J]. 艺术设计研究，2018（3）：54-60+69-70.

[2] 魏德东，黄德远. 法衣与《坛经》——从传宗形式的演变看禅宗的中国化历程[J]. 云南民族学院学报（哲学社会科学版），1993（3）：65-68.

[3] 孙浩然. 铸牢中华民族共同体意识视域中的宗教文化功能及其引导[J]. 世界宗教研究，2022（9）：1-9.

[4] 申莉. 武陵民族走廊少数民族宗教研究的意义[J]. 宗教学研究，2022（2）：180-187.

[5] 王倩倩. 20世纪以来中国道教文学研究史论[J]. 玉溪师范学院学报，2022，38（2）：28-34.

[6] 李生柱. 中国地方道教仪式学术史回顾与前瞻[J]. 宜春学院学报，2020，42（4）：6-13.

[7] 文海鸿. 道教以人为维度的“和谐”思想外延探析[J]. 文化创新比较研究，2020，4（13）：30-31.

[8] 谢德明. 从丧葬看巍山彝族民间信仰与道教的融合[J]. 红河学院学报，2019，17（3）：38-41.

[9] 李卫青. 藏羌彝走廊民间信仰与道教文化的互融与整合[J]. 青海社会科学，2019（3）：192-198.

苗族百褶裙的价值研究

张　泷

中南民族大学民族学博物馆　武汉　430074

摘要: 苗族历史悠久，在我国分布广泛且支系众多，在漫长的发展过程中形成了独一无二的苗族服饰文化，但无论何种支系，百褶裙都是苗族女性必不可少的服饰。本文从苗族百褶裙的历史、纹样、工艺以及在苗族儿女生活中的影响等方面入手，分析其具有的历史价值、艺术价值、手工艺价值、文化价值、当代价值。

关键词: 苗族；百褶裙；价值研究

引言：百褶裙是苗、侗、彝等中国众多民族女子常穿的一种裙式，流行于云南、四川、贵州、广西等民族地区。百褶裙是一种下摆较宽裙身由许多细密、垂直的皱褶构成的裙子，裙裥间距约在2厘米至4厘米，百褶裙褶皱多而密，少则数十褶，多则数百褶。苗族的百褶裙根据长度分为长、中、短三种，长的曳地，短的及膝，因生活习性不同，各地苗家穿裙的长短也不相同。苗族女性的服饰因地域、支系、年龄、婚姻的不同，服饰的颜色和款式也稍有不同，但纵观古今，几乎各个地方的苗族女性，日常服饰中都离不开百褶裙，这与苗族的历史传承有着很大的关系。百褶裙上的图案花纹充满了神奇的想象，同时是隐藏在苗族服饰中的文化基因，体现着苗族对祖先和自然的崇拜。繁复多样的纹样，缤纷绚烂的色彩既是苗族好“五色衣”的见证，也是苗族独特审美内涵的表现。百褶裙独特的抽褶工艺是其制作精髓所在，裙上再辅以挑花、刺绣、蜡染以及织锦作为装饰，这是世代相传的结果，是苗族女性智慧的结晶。

一、苗族百褶裙的历史价值

苗族服饰素有“穿在身上的史书”之称，每一个花纹和造型都有苗族历史的印记。所以百褶裙不仅是一件精美华丽的手工艺品，而且也承载着一个民族的历史文化。苗族作为一个不断迁徙的民族，百褶裙上的每一个褶皱象征着祖先曾经翻越的高山。在裙子上打百褶的民族大多是迁徙民族，百褶裙上的每一个褶都象征着这个民族在迁徙过程中所遇到的沟沟坎坎。①苗族是我国一个非常古老的民族，同时是一个不断迁徙的民族。根据史料记载和口头资料，苗族先民原本居住于黄河中下游平原地带，后来经过历史上的多次大迁徙，迁徙到长江中游地区，再进入武陵、五溪地区，从武陵、五溪地区继续向西进入云贵川等地区，向南迁入湘西和广西，在清代迁徙远至印支和东南亚各国，近现代又移居欧美各国。这是历史上苗族无数次的由北而南、从东到西迁徙的结果。②

百褶裙上的花纹图案虽然复杂多变，但核心内涵体现了苗族人民不断迁徙的历史。在裙腰和裙脚处各缝一条两指宽的黑色或红色的布条分别代表黄河和长江，裙子上的点缀线条或表示天与地，或表示祖先，体现了苗族从黄河区域向长江以南迁徙的历史，也是苗族人民对祖先的怀念。几何图案表示苗族生活的山区、土地和五谷等。百褶裙上的图案为我们打开了苗族精神世界的大门，它以抽象化和符号化的图案来记录苗族悠久的历史和信仰，不仅是苗族历史的生动展现，并且是以一种活态的方式将民族文化和信仰传承，能够为我们提供历史认知价值，进而影响社会。

二、苗族百褶裙的艺术价值

苗族百褶裙的艺术价值可以从以下几个方面来理解，因为百褶裙是多种艺术表达和审美意蕴的集中呈现，其包含纹样、色彩、工艺等。

聪明勤劳的苗族儿女们善于从生活和自然中汲取灵感，创作出以自然纹为主的各种蜡染花纹、刺绣图案以及织锦图案。这些纹样充满了浓厚的乡土

---

① 见参考文献［1］。

② 见参考文献［2］。

气息，线条简练流畅，造型生动活泼又夸张，表明苗族对自然有着极为敏锐的细致观察，对纹样的生动再造，以及热爱自然的审美特征。自然纹包括花草植物纹和动物纹，植物纹有梨花、莲花、辣椒花、石榴花、菊花、桃花、兰花、牡丹、葫芦、鸡冠花、水草等纹样。动物纹中有一些纹样最具苗族特色，例如蝴蝶纹、牛纹、龙纹等，这些纹样是古老苗族传说的重要见证和载体，体现着苗族悠久的历史。以夸张的手法描绘和刻画了现实事物与灵感想象，体现了苗族人民对自然的崇拜与对精神世界的美好向往。①通过固定化和程序化的基础图案，进一步拓展到更多的复杂图案，反映出苗族人民不断追求一种简单和谐又美好幸福的生活愿景。

苗族服饰的颜色主要有蓝、黑、红、黄、白五种，称为“五色”，经常以黑色或者红色作为底色，搭配蓝黄白等色彩，创造出富丽华美的视觉效果，这种颜色的使用和搭配同样也表现在百褶裙上。苗族好五色的历史源远流长，《后汉书·南蛮传》中有苗族“好五色衣裳”的记载。中国历史上自古就有五色之说，在《周礼·考工记》中，记载了象征东南西北中五个方位的五种色彩：“画缋之事，杂五色。东方谓之青，南方谓之赤，西方谓之白，北方谓之黑，天谓之玄，地谓之黄。”青、赤、白、黑、黄，构成了中华传统的审美五色，这种独特的色彩审美观念直接影响了中国古代生活的方方面面。同时，苗族服饰的色彩审美在某种程度上也受到了传统五色观的影响，但颜色的搭配却和苗族深厚的历史文化和生存环境息息相关。

苗族在不断迁徙的过程中受制于地理环境的影响形成了众多的支系，每个支系的不同可从方言、服饰、习俗等方面来区分。其中服饰的颜色是最容易让人区分和辨识开来的一个方面，比如“白苗”“红苗”“青苗”“黑苗”等，不同支系的服饰色彩有不同的搭配和使用。大部分苗族服饰喜欢用高纯度的色彩，其基调一般是蓝、红、黑三种颜色，配以浅黄、白、紫、橙等色彩。②在百褶裙的色彩搭配中，注重色彩的组合关系和色调上的互补。不同的色彩之间可以相互搭配组合，同一种色彩还可分为深浅不一的色系，既可以作为色彩的陪衬，又可以作为色彩的柔化调和。色调上的互补体现在：如

---

① 见参考文献［3］。

② 见参考文献［4］。

果是以黑色等冷色调打底，那么就采用红色或者绿色等暖色调搭配来突出服饰本身的特性，若用红色等暖色调打底，则采用黑色和绿色进行调和，最终会形成一种色彩反差明显但又充满愉悦的调和美感。对于高纯度色彩如红色的使用，代表苗族对光明与希望的崇尚，对生命与未来的期许。在古代对于颜色使用有限制的情况下，多种色彩的广泛使用也体现出苗族人民不畏权威、追求平等的民族特征。

三、苗族百褶裙的手工艺价值

百褶裙是苗族手工艺精品，从原材料到成布，素布再到装饰布，最后经过抽褶成裙，这一系列过程要经过众多手工艺技术的参与才能完成，无不体现着极高的手工艺价值。

中国古代主要是利用麻的纤维织布，制成衣服鞋帽，用来蔽体保暖，麻布是棉布普及前一般人民最主要的衣着原料。苗族是个勤劳智慧的民族，几千年自给自足的自然经济，使苗族学会了利用各种植物的纤维和动物皮毛制作成衣饰。其中麻是苗族衣饰的主要原材料，南方地区气候温暖湿润，非常适宜麻类植物生长，苗族人便因地制宜、就地取材把麻作为纺织的材料。苗族服饰经过种麻、收麻、绩麻、纺线、漂白、织布等一系列复杂的工艺到刺绣、蜡染、裁缝，最后制成一套精美的服装，这一系列的过程不但反映出苗族妇女的勤劳和耐性，也充分体现了苗族服饰的制作工艺具有较高的手工艺价值。

苗族手工制作的麻布百褶裙主要有五道工艺程序，从前到后分别是成线、成布、蜡染成色、补绣装饰和加工成裙。其中在补绣装饰阶段包含蜡染和刺绣两种技艺，蜡染百褶裙的制作工艺主要包括点蜡、染色、去蜡三个主要工序，颜色以蓝底白花为主，但花纹的类型丰富多样，形成了成熟的蜡染艺术。这种蓝底白花、细腻精致的蜡染艺术在我国苗族、布依族、瑶族等少数民族地区盛行，成为服饰中不可或缺的重要部分。

百褶裙离不开苗族的刺绣工艺，苗族刺绣可以称之为精工巧作，是苗族传统服饰的灵魂所在。使用的主要刺绣技法有：平绣、破线绣、打籽绣、辫绣、贴花绣等。苗族刺绣的构成形式丰富多样，有单独处理、自由运用的单

独纹样，有组织在一定轮廓线以内的适合纹样，以及向四周有规律重复排列的连续纹样三种构成形式。①通过各种形式的刺绣技法，绣出了各种各样的纹样来装扮百褶裙，也使得百褶裙整体更加富美华丽。

加工成裙是最后一道工序，也是最简单的一道工序，这一过程需要用到抽褶工艺。百褶裙采用的抽褶工艺可谓是民间手工艺智慧的创造。将已经装饰好的布料在裙腰处按线条折叠成宽窄相同且重叠相连的褶皱，并将裙的两端用线缝牢，然后将其绑在半圆形的竹片上接着装入大竹筒内蒸一小时，最后取出晾干，从而形成经久不变的裙褶。在我国的服装发展史上，百褶裙由来已久。褶裥造型在我国已经存在了上千年了，各民族服饰文化经过数千年的相互渗透，交流融合，现今褶裥造型在南方少数民族盛装服饰中依然很普遍，也充分体现了褶元素在服装中持久的生命力。

四、苗族百褶裙的社会文化价值

苗族先民经历了多次的迁徙至西南山区，山区环境较为恶劣，因此苗族人民制作的百褶裙不仅方便劳作和行走，也透气舒适。随着历史的发展，百褶裙在苗家儿女的心目中还具有与众不同的文化价值和独特的社会意义，承载着苗族迁徙的历史，记录着苗族的社会文化生活。首先百褶裙在苗族女性日常生活中扮演着重要的角色，是女孩必不可少的服饰，也是女子陪嫁中不可或缺的物品。其次，百褶裙的多少、好坏、做工精细与否都被视为苗族新娘是否能干的重要因素。百褶裙也是苗族妇女在苗族社会生活中被视为智慧和力量的象征，也被赋予了保佑平安、吉祥幸福的社会功能。虽然苗族没有直接将百褶裙称为吉祥物，但是在苗族的社会生活中，百褶裙实际上已经承担了吉祥物的功能。②不仅如此，苗族还形成了“麻文化”，在出生礼、成年礼及葬礼等重要仪式中，麻布或相关的麻布制品扮演着重要角色。如婴儿出生后，要用母亲穿过的麻布百褶裙包裹，在给婴儿带来温暖的同时，传递母亲善良温柔的品格；婆婆送给儿媳妇麻布裙子，寓意儿媳妇应继承婆婆勤劳持家的本领。百褶裙也是苗族女性在参加重大节庆活动或者祭祀仪式时

---

① 见参考文献［5］。

② 见参考文献［6］。

所穿的礼服，如姊妹节、踩花山、四月八等重要节日，杀牛祭祖、接龙等盛大的祭奠节日，过年、结婚等喜庆节日典礼。一般色彩较为鲜艳明快，以红色为主色调，而且制作精良，纹饰繁复精美。

五、结语

苗族百褶裙造型丰富，做工考究，纹样繁多，展现着苗族女性对蜡染技艺和刺绣技艺的熟练掌握，透露着苗族女性丰富的想象力和巧妙的构思，因此苗族百褶裙在当下对于服装设计有着特殊的文化价值。民族服饰在当代的发展只能从创新中寻求突破，我们要对服饰的历史和传统进行不断地回溯，寻求一个与当下大众的审美与潮流的契合点，以此来促进服饰新的改良与发展进步，同时是实现传统服饰文化传承与融合的重要途径。苗族百褶裙可以从形式与内涵两方面出发，在传统工艺基础上设计制作出更符合当下审美的服饰。原有的苗族百褶裙较为庄严神秘，需要删繁就简地进行纹样的选择与再设计，同时选取新型的面料，创新打褶方式，改变颜色的择取与搭配方式进行形式设计。此外，凝练苗族百褶裙蕴含的文化内涵，提取其代表的形式美感和审美观念，创造出具有中国风格、民族特色的现代服饰。

服饰不仅是人们遮羞避寒的生活物品，随着社会的发展也记录了这个民族经历的点点滴滴，同时被赋予更多的文化内涵。苗族百褶裙无论是从形式上还是内涵上都蕴藏着很大的研究价值与实用价值，值得我们进一步挖掘，让古老的百褶裙在当今社会焕发新的光彩。

参考文献

[1] 刘思彤，贺阳. 苗族百褶裙褶裥造型研究——以北京服装学院民族服饰博物馆馆藏为例[J]. 设计，2020，33(3)：15-17.

[2] 伍新福. 苗族迁徙的史迹探索[J]. 民族论坛，1989(2)：30-37.

[3] 陈默涵，张士伟，田晓东. 苗族传统百褶裙初探[J]. 艺海，2011(5)：175.

[4] 张玉华. 苗族服饰的色彩特征及其成因分析[J]. 美与时代(中)，2013(1)：66-68.

[5] 林崇华，渠晓光. 苗族刺绣艺术的当代装饰内涵启示[J]. 美术大观，2017（8）：94-95.

[6] 熊丽芬. 苗族妇女百褶裙的祈吉妙用[J]. 今日民族，2004（12）：41-42.

浅析中国民间虎头帽

谭　艳

中南民族大学民族学博物馆　武汉　430074

摘要：虎头帽是中国民间儿童服饰中比较典型的一种童帽样式，在我国有着悠久的历史，它原本是虎文化图腾在民间生活的发展和延伸，代表长辈对下一代的美好祝愿，也同样是千万年来虎俗信仰世俗化下的具象产物，其在造型、色彩、装饰手法以及工艺等方面具有丰富的艺术特征和象征意义。虎头帽作为民间传统手工艺之一，反映着中国古老的文化现象，有着极其深刻的文化内涵和艺术价值。

关键词：虎头帽；虎俗信仰；艺术特征

一、民间虎头帽的源起和发展

虎，作为山林百兽之王，很早就成为我国先民崇拜与信仰的对象。在生产力低下的原始社会时期，力量象征着地位，凶猛的虎便成为人们心中崇拜的对象。《风俗通义·礼典》上记载："虎者，阳物，百兽之长也，能执搏挫锐，噬食鬼魅。"在黑龙江、内蒙古地区的岩画中，早在万年以前，就有老虎的图像了。从河南濮阳"西水坡"古墓出土的龙虎摆件来看，在远古氏族社会的晚期，人们已把它们当作一种神兽来崇拜。之后人类社会开始出现部落、氏族，这一时期主要的部落都有对其图腾物的某种崇拜和祭祀仪式。当时，有些部落的图腾中就开始出现了祭祀老虎的现象，由此可见老虎在当时已经被当成了一种图腾，有着很高的地位。到了奴隶社会，各种青铜器、玉器和衣服上都有老虎的形象，需要说明的是，这个时期的礼制是具有一定的政治意义的。比如在中国古代，"白虎堂"是一个专门处理军事事务的地方，而虎符则

是一种权力的标志，武士们的帐篷被称作“虎”，也有“虎”形的盾牌，老虎历来是军队中英勇善战的象征，如“虎贲”“虎臣”“虎牙”“虎将”等。

传说在战国时期的齐国大沽河流域，战乱后受瘟疫、野兽的威胁，为了保护幼儿，齐民在布鞋上绣虎头，缝制带有小披巾的虎头帽，借以威慑百兽，避灾免祸，后渐成习俗。根据考古发现，虎头帽最早出现于唐朝，西安市文物研究中心收藏的一件唐代虎头帽襁褓陶俑，这是中国现存的最早的婴儿虎头帽实物标本，婴儿俑塑造细致，尤其是对帽子做了细部表现，是对唐代儿童服饰中虎头帽形象的真实反映，更令人惊讶的是，与现代流传的民间虎头帽大致造型几乎一模一样。很显然，经过了千百年的演变，人类还是保持了最初的原始形态。

虎头帽是中国民间儿童服饰中比较典型的一种帽子样式，虎头帽与虎头鞋、老虎枕、虎围嘴等一起构成了民间孩童的传统服饰。潜明兹《中国神话学》一书中写道：“至西周初，龙、凤与虎的纹样逐渐增多……经汉、唐至宋，由于龙凤的贵族化，虎的神秘色彩依次减弱，广泛深入运用到民间生活，成为民间信仰而后逐渐世俗化，才成为民间艺术的重要母题之一”。

虎俗信仰自新石器时代至今已有数万年，从中衍生出最具代表性的虎头图案被广泛运用。早期虎头纹用于图腾，之后用于各种器皿，青铜器玉琮，随后逐渐成为百姓的民间信仰，开始融入百姓的日常生活中，再到各种童饰衣物之上，虎头纹样连绵不断，并有所继承和发展。

二、民间虎头帽的艺术特征

（一）造型

大部分民间虎头帽都有实用功能，即具有保护婴幼孩童头部安全以及保暖的功能，虎头帽的帽身可以大致分为三个部分，即帽顶、帽身和帽帘。根据这三个部分的构成，把虎头帽的造型划分为两个类型，这两种类型的虎头帽，因为帽身结构的组合形式不同，导致帽子的长度和立体程度也会有差异，从而可以在不同季节中进行佩戴。

第一类为帽顶与帽圈相连，无帽身。虎头帽帽圈的造型一般简洁，其形制如同明清女子眉勒，可将头发扎成发髻固定在眉勒中，使两鬓的头发不会散乱，从而使前额整洁。在中原地区民间虎头帽中，其帽圈一般为左右对称两片式，在其前中处缝合，并在后中处左右两片叠加固定，其功能是为了适应儿童随着年龄增长，头围加大后，可进行大小调节。

第二类虎头帽为帽顶、帽身与帽帘相连而成，它的造型比第一类要复杂得多。整个帽身分为三层结构，即面料层、里料层和夹层，夹层多为棉絮手缝固定制成。帽顶立体仿生虎型，帽身下垂，长及过耳，其虎的面庞位于头顶之中，虎眼有神，十分形象生动；背部有遮住颈部和颈部的帽帘，有些帽子顶上还缝着各种式样的缎带，顶部常饰以五颜六色的穗子，走动时穗子轻轻抖动，形体自然而生动。颌下用彩色棉绳系扎，以起到固定虎头帽的作用，穿戴也更加便利。

（二）颜色

中国民间虎头帽色彩搭配浓烈热情，没有一成不变的颜色搭配，通常是运用多种色彩的结合，来产生对比和差异。通过间隔、镶嵌、叠加等不同的处理手法，产生强烈、活泼、多样的色彩效果。人们巧妙地运用色差较大的颜色以构成浓烈对比，比较常见的有红与绿、蓝与黄、黄与红、蓝与红、紫与浅绿等，使之具有强烈的，清晰的视觉效果。在实际应用中，常以黑、蓝、红为底色，并在其上缀以五颜六色的丝线和面料。

当代虎头帽在全国各地的乡村和城镇都有一定程度的普及和流行，由于受到不同地区或不同民族的风俗习惯与审美偏向的影响，虎头帽在造型、功能等方面既有共通之处，又在艺术表现等方面有着自身的特点。中原地区往往使用亮黄、大红、翠绿等鲜艳的颜色作为其主色，颜色对比鲜明，十分喜庆；东北地区往往使用黑、绿、蓝、白等颜色，风格粗犷敦实；以江浙为主的南方地区颜色雅致，层次丰富，风格端庄秀丽；除汉族外还有很多少数民族的虎头帽也广泛流行且具有独特辨识度，例如彝族的黑额虎头帽和白族的虎头帽，两者宗教色彩十分浓厚，具有少数民族的异域特点。

（三）装饰

现存虎头帽多是清代及以后的民间手工艺品，清代虎头帽大致可分为三种类型，其一为黄地虎头帽，以贴花绣虎眼、耳、口、鼻，以线制流苏作为长长的虎须，额头贴“王”字，整体造型风格伶俐乖巧。其二为黑地平绣虎头帽，多采用贴花和刺绣两种手法制成，其老虎造型也更加完整，帽檐上贴有虎爪，帽后还缝有虎尾，整体造型风格及老虎脸部表情在黄底的衬托下增添了几分粗狂与顽皮。其三为银饰虎头帽。与前两者相比，装饰性工艺更多，也更精湛，其虎额、眉、眼、鼻等虎面组件都是用银饰片制成，有的还缀有银铃铛，帽身用刺绣或布贴增加了许多吉祥图案，十分精致。

民国时期受到多种因素的影响，儿童病死率大大增加，民间借助威猛的老虎来祈祷保佑孩子远离病魔，使得全国各地开始流行给小孩们穿虎头鞋、戴虎头帽、穿虎衣等，虎头帽一度盛行起来。这一时期的虎头帽主要以贴花绣来制作虎面，颜色丰富，黑虎面、白眼、彩鼻，多层堆叠的饰片使其显得格外热闹，在此期间，地理上的差异也逐渐显现出来。

当代大部分民间地区的虎头帽重在“虎脸”的塑造，不拘泥于写实，重在神韵。在基本帽型的基础上，使用刺绣、补绣（贴绣）、堆锦等传统工艺手法，非常夸张地将老虎的五官缝制出来，风格粗犷敦厚，重点突出老虎的威猛，但又不乏细腻可爱。“虎脸”突出眼睛的炯炯有神，北方民族多做成“吊睛”，类似京剧脸谱中眼睛的形态，眼珠夸张，多为南瓜、柱子等立体造型，或以玻璃珠镶嵌；而对眉毛的刻画却显得柔情似水，多做成树叶造型，以刺绣或贴补的方式“精雕细琢”；虎鼻模拟人鼻，以堆锦方法强调鼻梁的挺拔；虎口宽阔，边缘呈花瓣或如意造型，镶嵌虎牙，既显得刚毅，又符合传统审美中“鼻直口方”的中上等相貌，寓意耿直豁达、心直赤诚、能吃四方；两只虎耳的制作更是显得工艺精湛，内侧大多用刺绣装饰或做镶边处理；有的额头上有“王”字纹设计得更是独具匠心。此外，在帽顶、帽身和小披风上，还会装饰有多种图形纹样，比如花鸟草虫、云纹、五毒纹样、“卍”字纹等，使得整个帽子缤纷多姿，充满艺术的魅力。

（四）工艺

一般人们较多地利用碎布、丝线等材料，自行设计、制作，具有自发性、自娱性，兼具实用性和审美性，其工艺手法和装饰繁杂精细，构思奇特，充满想象力，反映出了劳动人民的勤劳和智慧以及中国民间深厚的服饰文化底蕴。

虎头帽制作工艺非常烦琐复杂，要经过很多工序才能完成。缝制的手法多样，针法细巧多变，除普通精美的刺绣外，还有打籽绣、拉锁子绣、镶、滚、贴、补、编、结、缀、钉、串珠等。此外，对面料进行立体塑造，营造生动的浮雕效果也是虎头帽的一种代表性工艺。

工艺手法比较明显地体现在对帽圈的装饰，尤其在图案装饰的刺绣手法上，常用打籽、平针、辅针、散针、盘金等针法进行工艺刺绣。由于刺绣针法丰富，所形成的图案多以生活实景为主，如以石榴、荷花、梅花等为题材，从而形成相应的石榴帽圈、荷花帽圈、梅花帽圈等。

三、民间虎头帽的文化内涵

民间虎头帽是中国百姓自古以来虎俗信仰及民俗文化的承载之一，也是历代妇女根据自己的理念，参考自然和传承沿袭的形制工艺而创造出来的一种造型艺术品。它是父母、长辈对孩子爱的寄托，在它的一针一线、每一个细节中，都能将慈母之心、父母之爱表现得淋漓尽致，也反映出深植人们内心的中华民族文化认同和对美好生活向往之情。民间虎头帽是兼具实用价值与避邪、祈福、审美、亲情等丰富文化内涵的传统民间手工艺品，每一顶虎头帽都代表着一颗虔诚质朴的心灵，代表着尚未进入工业文明时代的纯净艺术，这是一种植根于民间的、经久不衰的、壮丽凝重的美。

虎头帽作为一种文化符号的象征，它是中华民族“虎文化”在民间生活中的一种具体表现，是几千年来人们的一种情感寄托，也是人们对虎文化的一种审美、价值的认同和道德内涵的心理表征。虎文化贯穿于华夏几千年的文明之中，中国古代是一个传统的农耕社会，虎作为一种积极的象征意义，被人们认作庇护神，可以阻挡一切灾难。虎文化不同程度地贯穿于各地和各

民族的生活中，人们对虎文化都存在着不同程度的认同，虎图腾被多个民族在众多镇邪的崇拜中传承至今。

民间虎头帽是承载中华民族虎俗信仰的物质表现。首先，虎作为山林百兽之王，强壮威猛，因此人类对虎产生崇拜爱慕之情，父母长辈制作虎头帽寓意孩童像猛虎一般威风和勇敢；其次，虎在历史发展中深受统治者喜爱，其象征着权力和地位，儿童戴虎头帽也凝结着父母美好的祝愿与希冀；最后，虎是四大神兽之一，人们认为虎有上通神界，下降吉祥、驱邪御凶的能力，在虎头帽中，寓意通过神虎为孩童辟邪祈福，借虎驱魔，保佑平安，希望孩童能无病无灾、健康快乐地长大。与此同时，在民间虎头帽上，不仅有虎的纹样图案，还与其他不同的吉祥纹样进行了相互交织组合，它们代表着普通百姓对幸福生活的向往和追求，这也在一定程度上使虎头帽的象征意义和文化内涵得到了丰富。

四、结语

民间虎头帽代表的传统文化是中华民族劳动人民智慧的结晶，有着悠久的历史，表达着民族文化内涵和辉煌灿烂的中华文明。民间虎头帽存在地域广泛，这种民间艺术作为中国悠久的虎文化符号的深刻象征，反映了千百年来中华民族的一种情感寄托和美好祝愿，更是民族特征和民族精神的深刻体现。

参考文献

[1] 张晨暄. 民间虎俗信仰下儿童虎饰研究[D]. 苏州：苏州大学，2017.

[2] 汪玢玲. 中国虎文化[J]. 文史知识，2007(10)：97.

[3] 汉声编辑室，曹振峰. 虎文化[M]. 上海：上海锦绣文章出版社，2009.

[4] 田玉玲. 浅析虎头帽传统文化的传承[J]. 大众文艺，2012(13)：204-204.

[5] 孙有霞. 虎头帽与现代服装设计[C]//Information Engineering Research Institute, USA.Proceedings of 2012 International Academic Conference of Art Engineering and Creative Industry(IACAE 2012). USA: Information Engineering Research Institute, 2012: 6.

[6] 潜明兹. 中国神话学[M]. 上海: 上海人民出版社, 2008.
[7] 於凌, 洪文进, 苗钰. 近代中原民间虎头帽形制及其手工修复针法研究[J]. 丝绸, 2016, 53(12): 70-74.
[8] 侯姝慧. 传统虎形儿童服饰的文化功能解读[J].凯里学院学报, 2007(5): 108-110.
[9] 曹勇. 浅谈虎头帽的艺术与审美[J]. 艺术与设计(理论), 2010, 2(4): 286-288.
[10] 苑国祥. 中国传统儿童服饰——虎头帽[J]. 艺术设计研究, 2007(3): 41-42.
[11] 解霖. 民间虎头帽图案造型在儿童服饰设计中的应用研究[D]. 武汉: 武汉纺织大学, 2021.
[12] 宋敏. 民间布艺中的虎形装饰艺术研究[D]. 苏州: 苏州大学, 2012.

中国民族服饰研究会工作报告

杨 源

中国民族服饰研究会创立于2005年，由中国民族学学会倡导和支持，经报中华人民共和国民政部批准成立，至今已走过十八年的发展历程。在中国民族学学会的直接领导下，在北京服装学院和中国妇女儿童博物馆的支持下，在理事会和全体会员的共同努力下，中国民族服饰研究会在促进学术发展、整合研究资源、保护服饰文化遗产等方面做出了显著成绩。

一、中国民族服饰研究会缘起

2004年11月，中国民族学学会与北京服装学院共同举办中国民族学学会2004年年会暨“文化遗产与民族服饰”学术研讨会，会议受到全国政协和文化部、国家文物局、北京市政府的高度重视，有关领导出席开幕式或写贺信祝贺。与会著名学者李绍民先生提出了成立“中国民族服饰研究会”的倡议，得到了来自全国98位参会学者的热烈响应。2005年3月，为了整合社会各界研究力量，促进中国民族服饰的保护传承，建构民族服饰研究的理论体系，推动民族服饰文化研究学科的建设，中国民族学学会正式提出与北京服装学院共同成立“中国民族服饰研究会”，研究会秘书处设在北京服装学院民族服饰博物馆的建议意见。

在中国民族学学会、中国社科院民族研究所的支持下，北京服装学院民族服饰博物馆正式提交了成立“中国民族服饰研究会”的申请报告，得到中国社会科学院科研局的批准，并上报民政部审批同意。2005年9月18日，在中国民族学学会何星亮会长的主持下，召开了“中国民族服饰研究会”成立大会，选举产生了理事会。理事会决定由李绍民先生担任首届中国民族服饰研究会会长，由北京服装学院民族服饰博物馆馆长杨源教授担任常务副会长兼秘书长，理事会讨论制定了研究会章程和会员发展计划。同时，举办了首届中国民族服饰学术研讨会。《光明日报》《北京日报》《中国服饰报》《中国文物报》等多家媒体对此进行了报道。

二、依托单位实力雄厚

作为中国民族服饰研究会的挂靠单位，北京服装学院民族服饰博物馆是一个集收藏、展示、科研、教学为一体的文化研究机构，馆藏品有中国56个民族的服饰文物精品。它致力于中华民族服饰文化遗产抢救和保护工作，多次成功举办国内外服饰展览，弘扬民族文化，同时承担教学任务和重大科研课题，出版多部民族服饰专著，被中华人民共和国教育部誉为“全国高校中一流的博物馆”。

2007年，中国民族服饰研究会的依托单位移至中国妇女儿童博物馆。作为中国民族服饰研究会的挂靠单位，中国妇女儿童博物馆是一个国家级的博物馆，主要收藏、研究和展示妇女儿童历史文化的见证物，以彰显妇女在中国社会发展中的地位、作用和贡献。其中，传统服饰、织绣染技艺等中国女红是中国妇女儿童博物馆主要的展览主题之一。中国民族服饰研究会在这些展览的组织策划方面，发挥了专业学术团体的作用。

三、学术研究与学术活动

自成立以来，中国民族服饰研究会以学术会议为平台，与社会各界专家学者共同开展民族服饰研究以及古代服装织绣研究等学术工作，致力于中国民族服饰这一珍贵的文化遗产的保护传承与创新发展。

2005年9月18—19日，举办首届中国民族服饰学术研讨会时，专家学者围绕民族文化遗产保护、民族服饰的传承与创新两大主题进行了深入讨论，提出的主要观点有：一是民族服饰的保护传承，不仅要有博物馆收藏展示，还需要进行活态保护，鼓励民间传承人传授技艺。二是加强与服装企业的合作，做到收藏、保护、研究与开发利用相结合。三是拓宽和深化民族服饰研究理论，建构民族服饰研究的学科体系。

2006年11月24—26日，中国民族服饰研究会第二届学术研讨会在广州中

山大学举办，会议主题为“民族服饰与非物质文化遗产保护”。来自中国大陆、港台地区以及美国、日本、韩国、马来西亚等国家和地区的70多位专家学者出席了会议，国内外著名学者从各自关注的领域，就“民族服饰与非物质文化遗产保护”论题发表了富有前瞻性和学术性的主题演讲，参会代表展开了充分的讨论。会议彰显了中国民族服饰的丰富多彩，提升了中华民族优秀文化的影响力。

2009年7月，在云南举办国际人类学与民族学联合会第十六届世界大会民族服饰专题会议。国内学者主席由杨源教授担任，海外学者主席由Sr. Maryta Laumann（德国）教授担任，共同负责专题会议的学术讨论。本次会议是首次在中国举行的国际民族学和人类学界的盛会，来自世界各地的专家学者出席了会议。同期，中国民族服饰研究会以保护和弘扬民族服饰文化为宗旨，召开了第三届学术研讨会，以“民族服饰与文化遗产保护”为专题，会议邀请了国内外60多位关注民族服饰研究和服饰文化遗产保护的研究专家以及青年学者参会并提交论文，会后编辑出版了论文集。

2010年11月，在上海美特斯邦威服装艺术博物馆举办了中国民族服饰研究会第四届研讨会及理事会议。本次会议以“中国服装——历史记忆与时尚”为研讨主题，共有中外专家学者52人参会并进行了学术发言。会议在美特斯邦威服装集团公司的大力支持下圆满举办，开展了广泛的学术交流，对民族服饰文化遗产的保护及传承提出了丰富的研究思路。本届理事会一致同意今后将继续邀请具有较强组织能力和研究实力的会员单位承接中国民族服饰研究会学术会议。

2012年3月，中国妇女儿童博物馆举办了“华装风姿·中国百年旗袍展”，与此同时，中国民族服饰研究会作为挂靠的专业学术团体，召开了第五届“传统服饰与现代时尚应用”主题研讨会。会议邀请著名专家学者和服装设计师出席会议并做主旨发言，中国民族服饰研究会的16位专家出席会议。专家学者与服装设计师就服饰文化的传承与创新进行了深度对话，强调中国旗袍是一种能够体现传统与时尚、文化和艺术、彰显中国女性风采的经典华服，百年不衰。此次研讨会旨在讲好中国服饰文化特色，展现丝绸魅力，彰显绚丽多彩的中国服装文化。

2013年8月，中国民族服饰研究会在福建泉州（厦门）七匹狼中国男装博物馆举办了第六届“服饰文化研究与文化创意产业发展”学术研讨会暨2013年年会，会后组织专家学者参观了福建七匹狼男装博物馆丰富的国内外男装服饰收藏，并召开了企业如何参与传统服饰文化传承弘扬专题座谈会，专家学者与企业人士进行了广泛交流，对男装博物馆的收藏服饰展示、研究保护进行了指导。

2015年12月，中国民族服饰研究会作为“祥和吉美——中国服装三百年”展览的学术支持单位,协助中国妇女儿童博物馆策划并成功举办该展览。展览旨在契合当今“一带一路”国家发展战略，讲好中国文化特色，彰显中国丝绸和中国服装的绚丽与多彩。展览表现了三百年来的中国服装以其华丽的丝绸面料、精美的织绣工艺、丰富的纹样装饰和当代时尚经典,创造了中国服装史上的一个巅峰。展览内容和形式受到专家学者、时尚界人士和社会各界公众的广泛好评。

2017年11月，中国民族服饰研究会联手爱艺起（北京）文化艺术有限公司，策划并举办“绣艺人生——中国刺绣大师精品展”，利用中国妇女儿童博物馆的展示平台，彰显中国刺绣大师的精湛技艺以及中国刺绣文化的深厚底蕴。开幕式当天举办了中国民族服饰研究会第七届学术研讨会，探讨中国当代服装设计师如何联手刺绣艺术家，共同诠释弘扬传统、演绎时尚、服务社会的完美追求。展览受到专家学者、时尚界人士和社会各界公众的广泛好评，提升了中国刺绣大师的艺术影响力以及公众对刺绣艺术的关注度。

2019年11月，中国民族服饰研究会应邀与西南民族大学西南民族研究中心共同举办“盛典·盛装：中华民族传统节日文化符号资源创新与共享”主题研讨会。旨在以各民族服饰文化资源与文化创意产业发展为主题，发掘中华民族服饰文化资源的深厚底蕴及丰富形式，探讨交流如何利用民族传统节日文化符号资源开发文化创意产品以及如何将传统演绎为时尚，如何更好地传承、创新、展示中华民族节庆文化及其节日服饰，做到为现代生活服务，实现文化价值与实用价值的有机统一。

2020年9月，举行了中国民族服饰研究会在京理事会议。此次会议由民族服饰研究会会长杨源主持，参加会议的有贺琛、严勇、马晓华、贺阳、李佳

祺、韩澄、沈强、李晓哲、贾玺增等理事会成员。会议总结了近年来民族服饰研究会所开展的主要工作，讨论了民族服饰研究会今后的工作任务和研究重点，强调了中国民族服饰研究会应积极落实国家关于文化创意产业发展的指导意见，为民族服饰、织绣染技艺的保护研究和创新发展作出贡献。理事会重点商议了民族服饰研究会2021年学术会议主题和筹备工作事项，计划于2021年7月在鄂尔多斯蒙古源流博物馆举办中国民族服饰研究会第八届学术论坛。论坛主题“民族服饰文化与文旅融合发展”。因疫情影响，论坛延期。2023年5月29日，本次论坛在浙江桐庐县顺利举行，值得庆贺。

四、服务于会员单位及社会需求

中国民族服饰研究会力求成为一个有影响力的专业学术团体，凝聚和团结相关行业的专家学者并能够服务当代社会。根据会员单位及社会各界的需求，中国民族服饰研究会积极做好人员培训、业务咨询等工作的组织、协调和社会服务，提供相关信息、咨询、科研教学等服务，为学科建设和发展出谋划策。社会服务主要内容有：与会员单位北京服装学院继续教育学院合作，为少数民族织绣非遗传承人培训班开设课程；与北京市妇联合作，为巧娘培训班开设课程；与北京联合大学艺术学院合作，为织绣染专项人才培训班开设课程；等等。使中国民族服饰及其织绣染技艺这一重要的优秀文化遗产，能够真正做到“在保护中传承，在传承中保护”，实现文化价值与实用价值的有机统一。

为传承和保护中国传统服饰文化，提升服装企业的文化品位，使服装企业在传统服饰与现代时尚之间走出一条新路，促进中国服装产业发展，并逐步改变中国的服装博物馆明显偏少的现状，中国民族服饰研究会专家团队，帮助和支持服装企业建立服装博物馆。目前已有上海美特斯邦威服装艺术博物馆、盛锡福中国帽文化博物馆、福建七匹狼中国男装博物馆、深圳艺之卉百年时尚博物馆、山东岱银纺织服装博物馆等。这些服装博物馆的建成，有效地突出了行业特色，发挥了企业优势，展现了中华服饰文化的一个精彩侧面，对于保护民族文化遗产、弘扬优秀传统服饰文化，具有十分积极的现实意义。在中国的物质与非物质文化遗产中，传统民族服饰最具有保护与传承价值，可以古为今用，时尚创新，丰富当代人的生活。

目前中国民族服饰研究会已具有广泛的社会基础，初步统计有会员1800多人，学术研究成果丰硕。今后，中国民族服饰研究会将继续以中国民族服饰及传统织绣染技艺的研究保护、创新发展为己任，与时俱进，开拓进取。我们将更加努力地研究和保护中国民族服饰这一珍贵的文化遗产。同时，也将继续对当今中国各民族地区的民族服饰文化传承发展提出指导性建议，努力尽职。

中国民族服饰研究会

2023年6月28日

会议总结

各位领导、专家学者：

大家好！

本次论坛经过热烈而和谐的学术讨论、互动，已经履行完所有的议程，即将顺利结束。受本次论坛筹委会的委托，特别是中国民族服饰研究会名誉会长杨源教授的委托，我对本次学术论坛做一个简要的总结。尽管我努力倾听了每一位专家的发言，但毕竟精力有限，没办法把各位领导和专家学者的精彩发言做完整的记录，只能做一个“挂一漏万”的总结。有不到位甚至理解错误的地方还请各位专家批评指正。

本次论坛的主题是民族服饰文化研究与文旅融合发展。参会代表提交的绝大多数论文，论坛上的主旨发言，分论坛的学术研讨等，都是紧扣着会议主题展开的。在开幕式上，原文化部副部长励小捷的致辞，对本次论坛的举办给予了充分肯定，称赞本次论坛是中华民族服饰文化、民间艺术保护的一次盛会。桐庐县委常委、统战部部长余荆棘在欢迎词中也给予本次论坛高度赞扬并提出了殷切希望，他期盼参会的专家学者为桐庐县的文旅融合产业发展提出宝贵建议，也相信论坛将会对推动桐庐县打造最美县域、打造休闲旅游名片和美丽乡村建设产生积极的影响。

总而言之，本次论坛的学术研讨集中在如下几个方面：

第一，无论是论坛主旨发言或学术分论坛，始终围绕着一条清晰的主线展开。这条主线就是：从民族服饰是中华文明的重要表征到这一中国元素走向国际设计舞台，再到中华传统服饰文化是中华文化软实力的体现。出席会议的原文化部两位老领导，无论在致辞或在主旨发言中，都将民族传统服饰文化视为中华文明的重要组成部分，指出在中国历史上，丝绸、夏布等通过“丝绸之路”传到了阿拉伯、罗马、地中海、欧洲，是中华文明影响世界的重要标志。北京服装学院王羿教授的主旨发言，介绍了她的学术团队以中国民族服饰元素为创作源，走向国际时尚服装设计舞台并取得成功的经验，充分显示出中国民族传统服饰文化所蕴含的强大生命力，也很好地诠释了习近平总书记关于传统文化“创造性转化，创新性发展”的重要论述。张惠琴教授的主旨发言从另一个侧面很好地向我们呈现了如何结合中国传统服饰文化优势，讲好中国故事，扩大中华文化影响力。这其实是践行国家倡导的建设国家文化软实力的重要工作内容。这些学术发言讨论，充分显示出中国民族服饰研究会一直以来推动民族传统服饰文化的传承保护和创新发展的工作成绩及重要意义。

第二，围绕传承保护与创新发展的探讨。周和平副部长在主旨发言中系统介绍和探讨了我国“非遗”保护以及作为“非遗”重要组成部分的民族服饰文化保护传承问题。周建新教授的主旨发言，结合客家服饰文化讨论传统文化活化传承路径的问题。周教授列举了很多生动的案例，论证了传统服饰蕴含着丰富的创意文化元素，可以通过创意、创新，活化传承传统服饰文化的可能性。他最后提出了四点具有可操作性的建议，并强调了“添加非遗元素，实现跨界融合”的观点。

在传承与创新发展方面，在分论坛讨论中，有不少学者的发言都有所涉及，还有不少是列举了具体的实际案例。黑龙江省艺术研究院季敏研究员认为，在民族文化的挖掘、保存和传承创新工作中，民族服饰是民族文化不可或缺的重要组成部分，其创新发展也是守护好中华民族美好的精神家园的重要内涵。同时，呼吁民族服饰在今后的发展设计中，要遵循各民族原有的服饰文化特点，在此基础上进行创新，确保民族服饰发展不会丢掉民族原生态的根基，这是民族原本的根和原本的魂。还有如来自四川凉山的彝族服装企业设计师阿牛阿呷介绍，他们团队以服饰文化服务地方发展的创新实践，来自广西的青年学者梁颀婧介绍其团队参与的民族服饰传承创新工作实践，都是很好的案例。

第三，聚焦在“融合”这一关键词上的探索和讨论。主要有两个方面：一是通过服饰文化呈现多民族文化的融合。故宫典藏部严勇主任的发言结合清代宫廷服饰中满汉民族文化元素交织，向我们呈现了清代宫廷服饰中

源自中国古代的十二章纹以及皮料马蹄袖等满族文化特征。这种民族文化融合在不同地方的民族服饰中都有体现，是中华民族文化的特色之一。二是结合“非遗”、传统服饰与文化旅游及其他文化产业发展的融合展开的讨论。杨源教授的发言主旨是，结合桐庐县艺术乡建的实践，并以她长期从事传统民族服饰传承保护研究与创新设计开发的生动案例，探讨了“非遗”的创新发展与美丽乡村建设融合发展等问题。分论坛的很多学者的发言也围绕此问题展开讨论。如张蕾教授提出当今刺绣传承要在日常生活中融合发展才可持续的问题。这些研讨非常重要。各民族传统服饰及制作工艺，原本是支撑家庭日常生活的技能，但受社会变迁影响，走向式微，乃至消失了；如何通过回归生活，激发其活力，是一个值得讨论的问题。除了在传承与创新发展方面探讨，还有不少涉及了“传统与现代”“传统与时尚”“科技与文化”的融合等的讨论，这些讨论非常有意义，有待不断深化提升。

第四，围绕传统服饰及其制作技艺本体的探讨。中国民族博物馆贺琛研究员的发言，回溯了“织锦”发展的历史，指出随着历朝历代的发展，织锦的内容和形式也不断变化，并深深打上了民族与时代的烙印。不同的生活环境、风俗习惯，织锦工具和材料也各有特色，而织造方式、图案配色等也不尽相同。故宫博物院王鹤北副研究员的发言，结合故宫服饰收藏来源的权威性，对清代宫廷服饰各时期风格进行了细微考察，比对早期文献与图像，明确了清代女性朝服在结构与装饰风格上逐渐演进的过程。还有不少的发言讨论涉及各地区民族传统服饰的传统织染绣工艺及其演变的问题。

概而言之，参会的专家学者怀着对民族服饰学术研究的崇敬之意，发肺腑之言，献真知灼见，使每位参会者都收获满满。

本次论坛，除学术研讨外，还召开了中国民族服饰研究会的2023年度工作会议，杨源名誉会长做了中国民族服饰研究会成立十八年来的工作总结报告，并明确了研究会今后的工作目标。理事会给新任会长、副会长、秘书长、常务理事等理事会成员颁发了聘任证书，强化了新一届领导班子的建设。我们相信，中国民族服饰研究会将会一如既往地推进中华民族传统服饰文化研究的传承保护与创新发展工作，为繁荣发展中华文化，铸牢中华民族共同体意识作出新贡献。

最后，我代表中国民族服饰研究会表达谢意。首先要感谢桐庐县政府的大力支持，感谢桐庐县委统一战线工作部、莪山畲族乡人民政府，你们的大力支持，为本次学术论坛的顺利召开提供了坚实的保障。感谢为本次会议做了细致而艰辛筹备工作的会务组各位领导、各位年轻学子和桐庐县的各位工作人员，是你们的付出确保了论坛和谐有序地召开并取得圆满成功。我们最要感谢的是已经就任名誉会长的杨源教授，中国民族服饰研究会走过卓有成效的十八年，与杨源教授的责任担当和热情付出是分不开的，十八年来的每一次学术会议、学术活动的成功举办都与她的领导与组织协调是分不开的。最后，还要感谢每一位参会者，是大家不辞辛劳，拨冗从四面八方而来，会聚在这里，才成就了本次论坛的圆满。

谢谢大家！

中国民族服饰研究会副会长　杨正文

2023年5月29日